OHNE LIMIT

Vom Rallye-Weltmeister zum Umweltvisionär

Roland Gumpert, geb. 1944, studierte in Graz/Österreich Maschinenbau (Abschluss: Maschinenbauingenieur). Von 1969 bis 2002 war er in verschiedenen Funktionen bei Audi tätig. Nach seinem Ausstieg bei Audi entwickelte er in seiner Manufaktur mehrere Supersportwagen. Mit dem neuesten Projekt, dem Sportwagen Nathalie, stellt er der Öffentlichkeit einen bisher einmaligen emissionsfreien Antrieb auf Methanolbasis vor.

Matthias Thiele, geb. 1972, studierte Psychologie (Dipl.). Er ist Autor mehrerer Sachbücher und Romane.

ROLAND GUMPERT
UNTER MITARBEIT VON MATTHIAS THIELE

OHNE LIMIT

Vom Rallye-Weltmeister zum Umweltvisionär

Autobiografie

mitteldeutscher verlag

Umschlagfotos: vorn: Roland Gumpert, 2022 (Foto: Thomas Naumann, www.unser-fotograf.de); hinten: Roland Gumpert mit Jörg Bensinger (links) vor dem ausgebrannten Prototyp des Audi quattro in der Sahara, ca. 1978 (Foto: Archiv Roland Gumpert)

Abbildungen im Buch: Archiv Roland Gumpert/Harald Schlegel,
außer: Unternehmensarchiv der AUDI AG: Nr. 15, 29 (Foto: Ferdi Kräling), 30, 31 (Foto: Ferdi Kräling), 32

Bibliografische Information der Deutschen Nationalbibliothek
Die Deutsche Nationalbibliothek verzeichnet diese Publikation in der Deutschen Nationalbibliografie; detaillierte bibliografische Daten sind im Internet über http://dnb.dnb.de abrufbar.

1. Auflage

www.mitteldeutscherverlag.de

Gesamtherstellung: Mitteldeutscher Verlag, Halle (Saale)

ISBN 978-3-96311-707-7

Printed in the EU

INHALT

PROLOG

— 2018, Peking

Frühling in Peking, es ist sonnig draußen. In den riesigen Hallen der Peking Motor Show herrscht taghelles Kunstlicht, unterbrochen von bunten Farben an den Ständen mit den modernsten Autos der besten Hersteller der Welt. Blitzlicht, Presse.

Die Auto China ist neben dem Genfer Autosalon und der IAA in Frankfurt eine der bedeutendsten Automessen der Welt. Jährlich wechselt sie zwischen Shanghai und Peking. Von Mercedes über VW bis Bentley und Lamborghini zeigen die großen Autofirmen ihre neuen Modelle, zu einem großen Teil Elektroautos, keiner will den Trend versäumen. Inmitten all dieser Giganten der Stand einer Ingolstädter Manufaktur namens Gumpert Aiways.

Mir ist der Trubel solcher Messen aus meinen Zeiten als Entwicklungsingenieur für Audi und durch die Vorführungen der Sportwagen aus eigener Manufaktur mehr als vertraut. Dieses Mal jedoch präsentieren wir das wahrscheinlich aufregendste Projekt meiner Karriere.

Nur neun Monate ist es erst her, als wir begannen, einen Sportwagen zu entwickeln, mit dessen Antrieb wir auf fossile Brennstoffe vollständig verzichten, aber auch die bisherigen Nachteile des reinen Elektroantriebs vermeiden konnten. Das Prinzip ist erstaunlich einfach: Um nicht vom Stromnetz abhängig zu sein, produziert das Auto während der Fahrt seinen eigenen Strom.

Dazu wird es in nur drei Minuten mit Methanol betankt, einem Alkohol, der in großen Mengen grün, also ohne fossile Rohstoffe, hergestellt werden kann und überdies preiswerter als die herkömmlichen Brennstoffe ist. Der Antrieb ist das Herzstück unseres Projekts, verpackt in einen eleganten allradbetriebenen Sportwagen mit bis zu 600 kW, über 300 km/h Höchstgeschwindigkeit und einer Reichweite bis zu 850 Kilometern – wir können uns sehen lassen.

Die Konkurrenz ist riesig geworden. Vor allem chinesische Autofirmen sind in den letzten Jahren wie Pilze aus dem Boden geschossen. Während wir in Deutschland und Europa ein gutes Dutzend erfolgreiche Marken kennen, sind es in China mittlerweile mehr als hundert. Während meiner Rundgänge über die Messe entdecke ich Automarken, von denen ich noch nie gehört habe. Und doch sind sich die meisten Modelle zum Verwechseln ähnlich. SUVs, natürlich elektrisch, die sich im Wesentlichen nur durch das Markenlogo unterscheiden.

Ich kann ein Lächeln nicht unterdrücken, als ich an meinen ersten Arbeitseinsatz in China denke, damals noch für Audi. 1986 begann die Kommunistische Partei Chinas sich dem westlichen Markt zu öffnen. Ihr ehrgeiziges Ziel war es, eine eigene Autoindustrie aufzubauen, und sie griff dafür auf das Know-how amerikanischer und deutscher Firmen zurück. In den wenigen Fabriken wurden damals Limousinen für hohe Funktionäre gebaut, die Bevölkerung hingegen fuhr Fahrrad. Wir bauten im Rahmen eines Joint Venture Fabriken und konstruierten eine Variante des Audi 100 für den chinesischen Markt. Nun, das ist lange her. Heute gibt es wohl kein Land, das über mehr Autofirmen verfügt als China. Vielleicht ist Audi nicht ganz unschuldig daran.

Der große Moment. Meine beiden zauberhaften Töchter Magdalena und Nathalie ziehen unter dem Blitzlichtgewitter von Presse und Publikum das glänzende Tuch von unserem Supersportwagen, der nach meiner älteren Tochter den Namen Nathalie trägt. Die Themen der Generationen verbinden sich. Die technologische Erfahrung eines altgedienten Ingenieurs und das Engagement der Jugend für Umweltschutz werden zu einem innerfamiliären Joint Venture der besonderen Art. Die Probleme kennen wir – uns geht es um die Lösungen. Nathalie hält eine kurze Rede auf Englisch, in der sie das Prinzip des umweltfreundlichen Methanolantriebs erläutert. Ich bin nicht minder aufgeregt als sie. Wir werfen uns ein erleichtertes Lächeln zu, als sie fertig ist, und stellen uns den neugierigen Fragen der Journalisten und Besucher. Nach der Show liegen wir uns in den Armen. Unsere Idee ist in der Welt, wir haben große Pläne.

— 1952, Eutin/Schleswig-Holstein

Gibt es Ereignisse, die bereits in der Kindheit vorwegnehmen, was einmal Lebenssinn und Aufgabe sein wird? Ich glaube schon.

Meine Augen müssen vor Freude geleuchtet haben, als ich zu Weihnachten 1952 ein großes rotes Feuerwehrauto geschenkt bekam.

Die Familie war arm, und die heute übliche Geschenkeflut kannten meine drei Brüder und ich nicht. Vor Weihnachten schrieben wir unsere Wunschzettel, und meine Mutter führte akribisch Buch, wer was und wann bekommen hatte, um Gerechtigkeit walten zu lassen, was angesichts der vier wilden Jungs wahrscheinlich notwendig war.

Dieses Jahr also war ich mit einem größeren Geschenk an der

Reihe. Neben dem unvermeidlichen Teller mit Nüssen, Keksen und einer Orange stand dieser Schatz. Ein in meinen kindlichen Augen riesiges Feuerwehrauto, ganz aus Blech, mit Doppelachse hinten und mit einer Leiter, die man hochfahren konnte. Der entsprechende Mechanismus war allerdings unter dem Blech versteckt.

Anfangs spielte ich mit dem Auto, wie man es üblicherweise von Kindern erwartete, schob es also hin und her, fuhr die Leiter aus, um ein imaginäres Feuer in der Schublade einer Kommode zu löschen. Der Reiz des stupiden Hin- und Herschiebens verflog allerdings recht bald. Die brennendere Frage war, was sich unter dem Blech verbarg. Wie funktionierte der in den Augen eines Achtjährigen geheimnisvolle Mechanismus, der es erlaubte, die Leiter auszufahren? Kaum fühlte ich mich unbeobachtet, drehte ich das Auto um – eine Hebebühne stand mir damals noch nicht zur Verfügung – und untersuchte den Unterboden. Ich entdeckte fingernagelgroße Laschen aus Metall, die alle paar Zentimeter durch einen Schlitz mit dem oberen Teil der Karosse verbunden waren. Ich holte aus der Werkzeugkiste meines Vaters einen Schraubenzieher und bog die Laschen auf. Fasziniert entdeckte ich im Inneren des Autos Seilwinden, Zahnstangen und Zahnräder, mit denen man die Leiter über eine Kurbel hoch- und ausfahren konnte. Öffnete man die Fahrertür, war es sogar möglich, das Lenkrad zu bedienen, und mit der Befriedigung eines künftigen Ingenieurs erkundete ich den einfachen Mechanismus, der über eine Lenkstange und ein Zahnrad die Lenkbewegung, fast wie bei einem richtigen Auto, auf die vorderen Räder übertrug. Ich hatte ihm sein Geheimnis entrissen.

Das Zusammenbauen erwies sich allerdings als ungleich schwieriger. In einer wahren Sisyphosarbeit fügte ich die aufgebogenen Laschen wieder in die dafür vorgesehenen Schlitze und bog sie behutsam um, bis sie hielten. Das Auto war wieder ganz. Pro forma schob ich es ein bisschen hin und her, kurbelte die Leiter nach oben und wieder nach unten. Wie langweilig.

Material ist mir immer Einladung und Aufforderung gewesen, mit ihm zu arbeiten, ob nun als Kind aus spielerischer Neugier oder später als Versuchsingenieur und Autokonstrukteur. Es dauerte daher nicht lange, bis ich den Unterboden wieder ablöste, im Inneren des Autos neue Untersuchungen durchführte und auf bewährte Weise anschließend alles wieder zusammenfügte. Nur hatte ich nicht mit der Materialermüdung gerechnet. Man kann dünne Metallösen nicht unzählige Male umbiegen, ohne dass sie irgendwann brechen. Ich war erschrocken, die Mutter würde sicher schimpfen. Ich versuchte, die Laschen sogar zu löten, aber dadurch verbanden sie sich mit dem umliegenden Metall, und ich musste sie mühselig freikratzen und mit einer Feile bearbeiten. Und irgendwann war das Auto kaputt. Die Mutter schimpfte, und nichts war mir schrecklicher als der Umstand, dass ich meine geliebte Mutter traurig machte.

„Ich dachte, du spielst damit!“, sagte sie vorwurfsvoll.

„Aber ich spiele doch damit, Mutti, das ist mein Spiel!“

— 2020, Ingolstadt

Rückblickend erkenne ich in dieser kleinen Episode die erste Skizze dessen, wie und womit ich mein Leben verbringen würde. Ein erfülltes Leben ist vielleicht eines, das genau jene Interessen fortsetzt, die sich bereits im frühen Kindesalter zeigen. Im Grunde war der Tisch, auf dem ich das Feuerwehrauto auseinandernahm und wieder zusammenbaute, meine erste Werkstatt.

Mein ganzes Leben habe ich nichts anderes getan, als das Prinzip „Werkstatt“ weiterzuführen.

Fünfundsechzig Jahre später, auf der Pekinger Automesse 2018 und etwas später auf dem Genfer Autosalon stelle ich den weltweit ersten methanolbetriebenen Sportwagen aus eigener Manufaktur der Weltöffentlichkeit vor. Vor dem Publikum steht in Form dieses Autos die Lösung für eines der drängendsten Probleme unserer Zeit, die Umweltbelastung durch Emissionen. Die Lösung kann nicht darin bestehen, auf die individuelle Mobilität des Autofahrens generell zu verzichten, sondern vielmehr praktikable Technologien zu entwickeln, die es uns gestatten, weitgehend emissionsfrei Spaß am Autofahren haben zu dürfen.

Über mein gesamtes Leben spannt sich dieser Bogen, von dem blechernen Feuerwehrauto bis zum 800 PS starken Supersportwagen, indem ich meinem Traum und meinen Idealen folgte.

Ich schreibe dieses Buch im Jahr 2020, in jenem Jahr, in dem Corona die Welt in Atem hält. Während des Frühjahr-Lockdowns ist die ganze Familie zu Hause – meine Frau Lia, die beiden großen Töchter Nathalie und Magdalena und unser Nesthäkchen Lucrezia, das in diesem Jahr ins Gymnasium eingeschult wird. Die Schulen aber sind vorerst geschlossen, die Universitäten setzen auf Online-Kurse. Nathalie und Magdalena fahren nur selten zur Universität, und die kleine Lucrezia freut sich über die unverhoffte freie Zeit.

In der Manufaktur ist es ungewohnt still. Die meisten Mitarbeiter sind in Kurzarbeit. Manchmal schaut jemand vorbei, wenn es um unaufschiebbare Dinge geht. Martin, ein Mitarbeiter, kommt, um die Reifen seines Privatautos zu wechseln. Das darf man nur zu zweit, so ist die Vorschrift. Aber ich bin ja da. Ich habe nichts dagegen, wenn meine Leute die Hebebühne für ihre privaten Zwecke nutzen, zumal die Produktion im Moment sowieso ruht.

Corona hat all unsere Pläne gründlich durcheinandergebracht. Für mich als Geschäftsführer gibt es natürlich nicht die Möglichkeit einer sogenannten Kurzarbeit. Und ich habe alle Hände voll zu tun. Unten in der Manufaktur stehen mehrere Prototypen der „Nathalie", eines Elektrosportwagens mit einer Wasserstoffbrennstoffzelle, betrieben mit Methanol als Träger für den ansonsten kreuzgefährlichen Wasserstoff, zu hundert Prozent emissionsfrei. Ein Auto, das während der Fahrt seinen eigenen Strom produziert und seine Batterie auflädt. Mit einer eigens für Automobile modifizierten Brennstoffzelle, der Gumpert Power Cell. Mit einem Reformer, klein und handlich, nicht größer als ein Auspufftopf, ein Problem, an dem Mercedes noch vor zwanzig Jahren scheiterte und dann das Projekt entnervt aufgab. Nein, man sollte nicht aufgeben, wenn es um lohnenswerte Projekte geht, und vor allem nicht, wenn wir dringend technologische Lösungen für die globalen Herausforderungen unserer Zeit benötigen.

Es gibt viel zu tun, trotz des Lockdowns. Ich treffe mich mit Investoren, habe Pressetermine. Fernsehbeiträge für deutsche und internationale Sender stehen an.

Wir müssen in diesen Zeiten improvisieren, wir müssen auf Sicht fahren und neue Möglichkeiten eruieren. Nicht selten kommt es vor, so meine Erfahrung, dass genau diese Improvisationen brauchbare Lösungen hervorbringen und den Entwicklungen unerwartet gute und neue Wendungen zu geben vermögen.

Dieses Buch zeichnet meinen Weg nach, vom jungen Ingenieur, der sich in den wilden Siebzigern seine ersten Sporen verdient hat, über der Entwicklung des Allradantriebs für den Audi quattro und die Erfolge der Rallyezeit mit vier Weltmeisterschaftstiteln bis zur Gründung einer eigenen Manufaktur und der Entwicklung von Supersportwagen und einem zukunftsweisenden Antriebssystem.

Mögen Sie die Leidenschaft, die mich Zeit meines Lebens antrieb, in den Zeilen spüren, und mögen Sie Freude beim Lesen dieses Buches haben. Und sollten Sie Laie in Fragen der Ingenieurskunst sein – seien Sie ganz unbesorgt, Sie benötigen für die Lektüre keinerlei Vorkenntnisse. Mir ist es wichtiger, von den aufregenden und bisweilen absurden Begebenheiten zu berichten, die mein Leben begleiteten, als ein staubtrockenes Fachbuch zu verfassen. Dieses Buch soll Ihnen, wie auch mir beim Verfassen, Spaß bereiten.

Das wichtigste Anliegen dieses Buches aber wäre erfüllt, wenn es Sie, liebe Leserinnen und Leser, darin ermutigt, Ihren Träumen zu folgen und angesichts heutiger Probleme nicht zu kapitulieren, sondern neue Wege zu finden, sei es in technologischen, sei es in sozialen oder gesellschaftlichen Bereichen. Wir leben in einer Welt, die sich innerhalb kurzer Zeit stark verändert hat. Damit stehen wir vor globalen Problemen, die man nur bewältigen kann, wenn man mit Zuversicht und mit den vorhandenen Möglichkeiten brauchbare Lösungen entwickelt. Ich möchte zeigen, dass Gewinnen und Scheitern nicht darüber entscheiden sollten, ob man seinen Werten und Träumen treu bleibt, sondern dass es für alles eine Lösung geben kann, wenn man nur daran glaubt und beharrlich an dieser arbeitet.

KAPITEL 1
DIE ERSTEN JAHRE

Neuanfänge in der jungen Bundesrepublik

Ich war das jüngste Kind einer Vertriebenenfamilie und „zu Hause" war ich dort, wo wir gerade wohnten. Die eigentliche Heimat verlor ich, bevor ich sie bewusst zur Kenntnis nehmen konnte. Eine wirklich tiefe Verwurzelung mit einem Ort, den ich Heimat nennen könnte, kenne ich bis heute nicht. Heimat ist für mich dort, wo meine Familie ist, meine Kinder und meine geliebte Frau, und wo ich gut arbeiten kann.

1944 wurde ich in der kleinen Stadt Ziegenhals, die heute nicht weit von Breslau in Polen liegt, geboren. Kaum ein halbes Jahr später rückte die Rote Armee ein. Die Friedensverhandlungen der Alliierten zerschnitten die Länder, und die Einflusssphären der Nachkriegszeit wurden mit schnellen Federstrichen festgelegt. Kein Volk wurde dabei gefragt, die Deutschen und Österreicher aus naheliegenden Gründen ohnehin nicht, aber auch nicht die Polen, Tschechen, Slowaken, Ungarn oder Ukrainer. Es war eine Zeit der Brüche. Nach dem Krieg wurde die deutsche Bevölkerung vertrieben, und stattdessen wurde der Ort besiedelt mit Ostpolen, deren Gebiete wiederum an die Sowjetunion gefallen waren. Alles und alle waren in Bewegung. Die Welt ordnete sich neu. Die Familie Gumpert wurde in den reißenden Fluss dieser Veränderungen geworfen, und insofern ist mein Leben auch ein Spiegel dieser historischen Ereignisse.

Als Säugling bekam ich von all dem natürlich nichts mit. Nur langsam verdichteten sich im Laufe der späteren Jahre die Szenen, die ich während des Abendessens aus den Gesprächen der Eltern mitbekam oder die mir erzählt wurden, zu einem ganzheitlichen Bild. Insofern war meine Kindheit eine behütete und weitgehend sorgenfreie. Ja, wir lebten nach der Vertreibung aus Schlesien in Armut, aber ich war ein kleines Kind, das nichts anderes kannte.

So erfuhr ich erst später, dass der Vater eine Papierfabrik in Ziegenhals besessen hatte, die, wie auch all der andere Besitz meiner Familie, von der sowjetischen Armee konfisziert worden war. Mit dem, was man tragen konnte, teilten die Gumperts das Schicksal von Millionen anderen Familien und begaben sich auf einen langen Weg Richtung Westen.

Über die nordrhein-westfälischen Städte Dorsten und Wuppertal landeten wir in dem kleinen Städtchen Eutin in Schleswig-Holstein. Meine Eltern folgten den Möglichkeiten, Geld zu verdienen und für sich und die vier Söhne eine bezahlbare Wohnung zu finden. Es war die entbehrungsreiche Nachkriegszeit, in der überall Armut und Mangel herrschte. Gleichzeitig aber war es die Zeit der jungen Bundesrepublik mit all den vielen Möglichkeiten, die große gesellschaftliche Umbrüche mit sich bringen.

Ich erfuhr erst Jahre später von einem ältesten Bruder, Dieter, der kurz vor Kriegsende, als wir noch im inzwischen polnisch besetzten Ziegenhals wohnten, an Tuberkulose erkrankte und in ein Tuberkuloseheim in der Nähe eingeliefert wurde. Die Wirren des Krieges zogen über das Land, und Dieter wurde ohne das Wissen meiner Eltern nach Berlin in ein Krankenhaus überwiesen. Zwei

Jahre lang wussten die Eltern nicht, wo Dieter war und lebten in allergrößter Sorge um ihn.

Eines Tages bekamen die Eltern eine Postkarte von einer Cousine des Vaters aus Berlin. Sie schrieb, dass ein Pastor eine Annonce aufgegeben hätte, in der ein Dieter Gumpert nach seinen Eltern suchte. Meine Mutter beschloss sofort, nach Berlin zu reisen, was sich als schwierig herausstellte. Sie ging zum polnischen Konsulat und bat um die Erlaubnis, ausreisen zu dürfen. Der Konsul lehnte ab. Mutter fragte ihn, was er denn tun würde, wenn sein Kind krank und allein in der Fremde in einem Krankenhaus liegen würde. Der Konsul gab ihr daraufhin dezent zu verstehen, dass es ja auch eine grüne Grenze gebe. Mutter machte sich also auf einen abenteuerlichen Weg nach Berlin, immer auf der Hut vor den Russen, die gemeinsam mit den Polen die Gegend kontrollierten.

Sie fand das Krankenhaus, in dem Dieter lag, und die Wiedersehensfreude war natürlich riesig. Sie konnte leider nicht ewig in Berlin bleiben, man brauchte damals Aufenthaltsgenehmigungen, und außerdem hatte sie noch vier Söhne in Schlesien, die ihre Mutter brauchten. Der Abschied musste ihr das Herz zerrissen haben.

Auf ähnlich abenteuerliche Weise, über Kornfelder und durch Grenzflüsse watend, aber auch durch die Hilfsbereitschaft der Menschen sowohl in Deutschland als auch in Polen schaffte sie es wieder nach Hause. Etwas später bekamen wir die Nachricht, dass Dieter gestorben war.

Ich selbst hatte ihn nie kennengelernt, meine Brüder aber schon. Ich spürte die Trauer der Familie auf jene diffuse Weise kleiner Kinder, die über feine Antennen für die Stimmungen in der Familie verfügen.

Ich hörte auch davon, dass Vater einmal von den Polen verhaftet worden war, und dass seine Buchhalter ebenfalls in Gefangenschaft gerieten und man später von ihnen nichts mehr hörte.

Aber all das sind Geschichten, die mich selbst nicht direkt betrafen. Die Gnade der späten Geburt.

Meine ersten halbwegs zuverlässigen Erinnerungen sind die Gerüche einer Nerzfarm, die sich in unserer Nachbarschaft in Eutin befand. Nerze stinken, sie sind Raubtiere und fressen jede Menge Fleisch. Das sollten die Damen, die gern Nerzmäntel tragen, vielleicht wissen.

Am Ufer des Eutiner Sees, im Schilfgürtel, lernte ich mit fünf Jahren schwimmen und wenig später auf einem viel zu großen Fahrrad das Radeln. Meine Beine waren noch zu kurz, ich kam schlicht nicht an die Pedale. Mein Ehrgeiz und Trotz aber waren geweckt, ich wollte es unbedingt können. Ich steckte ein Bein durch den Rahmen und hielt das Fahrrad schief. So schien es zu gehen, aber ich fiel natürlich ständig hin. Regelmäßig kam ich mit aufgeschürften Knien und blauen Flecken nach Hause. Ich verstehe nicht, warum heute die Kinder von solchen Erfahrungen ferngehalten werden. Wird man durch diese Überbehütung gut auf das Leben vorbereitet? Auf kleinere und größere Rückschläge? Kleine Unfälle dieser Art verhindern doch die Wahrscheinlichkeit größerer und gefährlicherer Unfälle. Lieber ein paar Mal aufgeschürfte Handflächen und Knie, als einmal eine schwere Kopfverletzung, weil man es nicht gelernt hat, beim Fallen die Hände zu gebrauchen.

Dank der Disziplin der Eltern, ein geregeltes, wenn auch spartanisches Familienleben aufrechtzuerhalten, litt ich unter der Kargheit unseres Haushalts nicht sonderlich. Sparsamkeit durchzog auf allen Ebenen meine gesamte Kindheit. Ich kann mich erinnern, in der dünnen Suppe nach den wenigen Fleischstückchen gesucht zu haben, die sich unter den Fettaugen verbargen. Und entdeckte ich eines, war ich glücklich wie ein Schatzsucher.

Auch Süßigkeiten waren ein rares Gut. Einmal naschte ich mit einem Teelöffel ein bisschen Zucker. Ich wähnte mich auf der sicheren Seite, ich hatte aufgepasst, nichts zu verschütten, und die paar Krümel, die ich naschte, würden nicht auffallen. Und dennoch waren mir wohl ein paar Körner auf den Boden gefallen, und die scharfen Ohren meiner Mutter vernahmen das verräterische Knirschen unter ihren Schuhen. Mein Leugnen blieb ergebnislos, die Beweislast war zu erdrückend, und ich musste die entsprechende Standpauke über mich ergehen lassen.

Rückblickend sehe ich vor allem die Vorteile für meine Entwicklung, die der Mangel an Spielzeug und, wie man heute sagt, Konsumgütern mit sich brachte. Ein Kind, das wenig Spielzeug sein eigen nennt, muss sich etwas einfallen lassen. Es wird kreativ. Obendrein war mein Vater handwerklich außerordentlich geschickt, und er kannte alle möglichen Tricks und Kniffe, aus dem einfachsten Material etwas Spannendes herzustellen.

Es gab damals diese hölzernen Garnspulen, die auf die Nähmaschine gesteckt wurden, und waren diese aufgebraucht, wurden sie zu begehrten Objekten für uns Kinder. An den Enden waren sie dicker, so dass sie für uns zu den zwei Rädern eines Autos wurden. Mit einem Schnipsgummi und einem Streichholz verbunden, konnte man die Konstruktion dann aufdrehen, und die Garnspule sauste los wie ein echtes Auto. Riss ein Gummi, standen wir vor einem Problem. Heute bekommt man eine Tüte mit fünfhundert Schnipsgummis für ein paar Cent, damals aber war alles rar. Wir bettelten die Mutter an, „Mutti, wir brauchen einen neuen Gummi", und sie sagte nur, wir sollten den alten erst einmal wieder zusammenknoten und wiederverwenden.

Weggeworfen wurde nahezu nichts, und diese Angewohnheit habe ich bis heute beibehalten. Man vergisst schnell, dass allein schon das Vorhandensein von Material einen Einladungscharakter zu bisher ungedachten Ideen haben kann. Selbst heute, wenn im Haushalt etwas kaputt geht, eine Lampe oder ein Küchengerät, und meine Frau mich auffordert, das zu reparieren – nicht zu Unrecht, wie ich finde, denn wer Supersportwagen konstruiert, sollte auch eine Lampe reparieren können, oder? –, gehe ich in meine Kellerwerkstatt mit unzähligen Regalen und Schubkästen, schaue mich um und frage mich, welche Gegenstände mir jetzt helfen könnten. Fast immer finde ich eine Möglichkeit, das entsprechende Teil zu reparieren. Ich komme auf Ideen, die mir im Traum nicht eingefallen wären, wäre ich am Ort des Geschehens, etwa im Flur, bei der kaputten Lampe geblieben. Nach dem gleichen Prinzip entwickelte ich als junger Versuchsingenieur beispielsweise den Geländewagen Iltis von Audi, oder das leider nie in Serie gegangene und bisher einzige Motorrad, das Audi je konstruiert hat, und das heute im Museum steht.

Natürlich war auch meine Stellung als jüngstes Kind einer Reihe von vier wilden Jungen ausschlaggebend für meine Entwicklung. Mit Bodo, dem nächstälteren Bruder, raufte ich oft, und so wurde ich stark und lernte mich durchzusetzen. Manchmal gewann ich sogar einen Ringkampf gegen ihn. Unser Haushalt war durch uns vier Rabauken ziemlich testosterongeschwängert. Die Mutter versuchte mit preußischem Gerechtigkeitssinn das Gleichgewicht zu bewahren. Vier wilde Brüder zu bändigen, war keine leichte Aufgabe, und meine Mutter meisterte diese mit Bravour. Ohne eine gewisse Strenge war das natürlich nicht möglich. Und Gelegenheiten, in denen wir unsere Lausbubenstreiche durchführen konnten, ohne dass ihr wachsames Auge uns daran zu hindern vermochte, gab es zur Genüge.

Ich liebte meine Mutter abgöttisch. Für sie tat ich fast alles, sogar für die Schule lernen. In Wirklichkeit hasste ich dieses stupide Lernen. Stundenlang in einem Klassenzimmer zu sitzen, während draußen die Sonne lachte, schien mir eine unverzeihliche Zeitverschwendung, zumal man stattdessen durchaus sinnvolle Dinge hätte tun können. Etwa mit Pfeil und Bogen durch den Wald zu streifen und Tiere zu erlegen, obwohl man die ja nie erwischt hat. Aber man konnte so tun, als ob.

Brachte ich eine schlechte Note nach Hause, sah ich, wie traurig Mutter darüber wurde, und ich nahm mir vor, fortan mehr für die Schule zu tun. Ich glaube, den Satz „Du lernst doch nicht für die Schule, sondern für das Leben“ hat wohl ein jeder meiner Generation oft genug gehört. In Wahrheit habe ich weder für die Schule noch für das Leben, sondern ausschließlich für meine Mutter gelernt.

Mein Vater war evangelisch, meine Mutter hingegen katholisch gewesen, aber er beharrte darauf, evangelisch zu heiraten. Ihm war der, wie er es nannte, katholische Schnickschnack zuwider. Vermutlich fühlte er sich durch das verborgene Heidentum all der Heiligen und Madonnen und die pompöse Bilderflut in seiner Intelligenz beleidigt. Vater war außerordentlich klug. Man konnte ihn fragen, was man wollte, man bekam Antwort. Er kannte sich nicht nur in der Ingenieurskunst aus, sein Geist war vielfältig, und sein Interesse galt schlicht allem, egal ob es sich um medizinische, biologische, philosophische oder politische Dinge handelte. Von ihm lernte ich viele grundlegende handwerkliche Fähigkeiten. Er zeigte mir und meinen Brüdern kleine Tricks, wie man aus irgendwelchem Material Spielzeug herstellen konnte. Ich glaube, ein gehöriger Teil meiner Konstruktionsleidenschaft ist auf seinen Einfluss zurückzuführen.

In Vater und Mutter verkörperte sich im besten Sinne der alte preußische Geist. Auch vor meiner Zeit, in Ziegenhals, hielt die Mutter zum Beispiel Hühner; sie war sich nicht zu fein, als Frau des Fabrikdirektors solch bodenständige Tätigkeiten wie das Ausmisten der Ställe oder das Füttern der Tiere selbst durchzuführen. Genügsamkeit und Fleiß galten in der Familie als Tugend. Und doch vermochten es meine Eltern, die Balance aus Disziplin und Liebe im täglichen Umgang zu halten. Ich bin davon überzeugt, dass ein solches Wertesystem für Heranwachsende eher von Vorteil ist. Später, etwa in den Rallyezeiten, war es für mich selbstverständlich, an vorderster Front zu sein und mit Hand anzulegen, Reifen zu wechseln oder ein Getriebe aus- und wieder einzubauen. Schmutzflecken auf meiner Kleidung empfand ich nie als Makel, egal wie meine offizielle Position gewesen sein mochte.

Tatsächlich habe ich meine späteren Teams nicht viel anders geführt, als es meine Eltern mit uns Brüdern getan hatten. Ich kümmerte mich darum, dass es allen gut ging, half, wo es nur möglich war, hatte für alle ein offenes Ohr, motivierte, erzeugte ein Gefühl des Familiären. Im Gegenzug erwartete ich, dass jeder sein Bestes gab. Ich denke, dass dieses Konzept aufging. Sicher könnte man kurzfristige Erfolge auch mit eiserner Strenge erzielen, nie aber auf lange Sicht. Die Kunst ist es vielmehr, ein Gefühl der Zusammengehörigkeit zu erzeugen und zu pflegen, und das ist nur durch echte und erfahrbare Zuwendung möglich.

Die einprägsamsten Erlebnisse der Schulzeit, an die ich mich erinnere, hatten mit dem Unterrichtsstoff nichts zu tun. Das heißt nicht, dass man in der Schule nichts lernen würde, aber es ist eben nicht der Lehrplan, der die wirklich wichtigen Lehren für das Leben bereitstellt, sondern vielmehr die Begleiterscheinungen, etwa die Notwendigkeit, sich durchzusetzen oder mit unmöglichen Personen in Machtpositionen zurechtkommen zu müssen.

Da ich evangelisch war, genoss ich eine Freistunde mit anderen Kindern der gleichen Konfession, wenn der katholische Religionsunterricht stattfand. Der Hausmeister kam auf die Idee, mich und die vier oder fünf anderen Schüler in dieser Zeit den Schulhof fegen zu lassen. Ich sah das aber nicht ein. Es war ja unsere Freistunde, warum sollten wir in dieser Zeit den Job des Hausmeisters erledigen. In dieser Situation erwachte mein Widerspruchsgeist. Ich weigerte mich. Der Hausmeister versuchte, seine zweifelhafte Autorität auszuleben, stieß aber bei mir gegen eine Mauer aus steinerner Dickköpfigkeit. Er tobte und schimpfte, alles umsonst. Da veranlasste er, dass ich zum Direktor beordert wurde. Mir schlackerten auf dem Weg zum Direktorenbüro so sehr die Knie, dass ich kaum laufen konnte, und mein Herz sank mir bis zum Hosenboden. Aber ich blieb standhaft. Der Direktor hörte sich meine Argumentation ruhig an, und letztlich wurde der Missbrauch des Hausmeisters sogar eingestellt. Die anderen Protestanten hatten sich wortlos den Befehlen des Hausmeisters gefügt. Meine Dickköpfigkeit aber hatte für uns alle Erfolg gebracht.

Ich lernte bereits frühzeitig, mich in bereits bestehende Hierarchien und Gruppen einzufügen. Was blieb mir auch anderes übrig? Wir zogen oft um, ich verließ also meine Klassenkameraden, an die ich mich über einige wenige Jahre gewöhnt hatte, kam in eine neue Stadt, in neue Schulen, in neue Klassenverbände. Niemand kannte mich, ich kannte niemanden. Bisweilen musste ich im Inneren die Zähne zusammenbeißen, wenn ich in der

Fremde die alten Freunde vermisste. Anfangs schrieben wir uns noch Briefe, doch irgendwann kam keine Antwort mehr. Verständlich, denn die zurückgelassenen Freunde konnten auf ihre Freundeskreise und Klassenkameraden zurückgreifen, Kinder leben im Augenblick. Und doch fühlte es sich bitter und enttäuschend an. Mit jedem Umzug fing ich wieder bei null an, Freunde zu gewinnen und mir Respekt und Achtung zu erarbeiten.

Ich war für mein Alter ziemlich groß und auch recht kräftig; die vielen Trainingsstunden mit meinen älteren Brüdern hatten sich bezahlt gemacht. Als wir von Alfeld an der Leine nach Jülich zogen, zu Beginn des Gymnasiums, stand ich also wieder vor fremden Jungs, die sich kannten, die ihre Hackordnungen bereits ausgehandelt hatten, und die sich fragten, wer denn dieser Neue war und was er wohl draufhaben mochte. Der Stärkste der Klasse forderte mich zum Zweikampf. Es gelang mir, diesem eine Woche lang aus dem Weg zu gehen, aber die anderen aus der Klasse waren auch neugierig, und ich wusste, ab einem bestimmten Punkt würde mir meine Verweigerung nicht mehr als gelassene Friedfertigkeit, sondern als Feigheit ausgelegt werden. Es kam zum Kampf, und ich gewann. Ab diesem Zeitpunkt war ich akzeptiert und in die den Erwachsenen oft unverständliche Jungengemeinschaft aufgenommen.

Noch schwieriger war es für mich, als wir nach Österreich zogen. Ich hatte den Vater über all die Jahre oft erschöpft von der Arbeit kommen sehen. Er, der studierte Ingenieur, der in Schlesien eine große Fabrik besessen und geleitet hatte, verdingte sich in den ersten Nachkriegsjahren als Schlosser, später als Tischler oder nahm andere Tätigkeiten an, um das nötige Geld für die Familie zusammenzubekommen. Seine Beharrlichkeit aber zahlte sich aus, als ich etwa sechzehn Jahre alt war. Er, der alles verloren hatte, schaffte es, wieder Direktor einer Fabrik, wenn auch in einem kleinen österreichischen Ort, Niklasdorf, in der Nähe von Leoben in der Steiermark, zu werden. Natürlich stand nicht infrage, dass wir für diese Stellung Deutschland verlassen würden.

In Leoben besuchte ich nun das Gymnasium, und einmal mehr stand ich vor fremden Kindern, nunmehr Jugendlichen von sechzehn Jahren, und diesmal war ich der Piefke. Für die Österreicher der Steiermark waren alle Deutschen Piefkes. Erstmals hatte ich nun auch mit einer Sprachbarriere zu kämpfen. Ich verstand den harten Dialekt einfach nicht. Machte jemand einen Witz, lachte ich erst eine Minute später, wenn ich das Kauderwelsch übersetzt und den Witz verstanden hatte. Daraufhin lachten sie mich aus und meinten, ich stünde auf der Leitung und sei wohl ein bisschen blöd. Im Grunde aber war es ein gutmütiges Hänseln. Irgendwann standen alle siebzehn Mann um mich herum, drückten mich in eine Ecke, schubsten mich, nicht derb, aber immerhin, und ich musste gute Miene zum bösen Spiel machen und lachte mit, wenn sie lachten. Mit dem Kräftigsten allerdings maß ich mich dann im Armdrücken, konnte mich mit einem Unentschieden gegen ihn behaupten, und die Hänseleien hörten auf. Man muss nicht immer der Sieger sein, um den Respekt der anderen zu gewinnen. Oft reicht dafür auch der Mut, den man beweist, indem man sich einer Herausforderung stellt.

Ich hätte auch zum Lehrer gehen und mich beschweren können: „Die sagen immer Piefke zu mir." Aber was hätte es gebracht? Ich wäre unwiederbringlich als Feigling deklassiert worden.

Man lernt als Fremder zwei Dinge: Man darf nicht zu empfindlich sein und sich nicht gleich beleidigt fühlen. Man muss verstehen, dass man als Fremder in eine bereits bestehende Ordnung hinzukommt und dass man, indem man sich dort einfügen möchte, diese Ordnung in gewisser Weise stört. Man zwingt die Mitglieder einer Gemeinschaft, sich zugunsten der Integration des Neuen neu zu justieren. Diese Veränderung vonseiten der Gemeinschaft ist nicht selbstverständlich, und so lernt man – das ist der zweite Punkt – sich zu beweisen und auf diese Weise Achtung zu erwerben. Niemand hat ein grundsätzliches Recht darauf, irgendwo aufgenommen zu werden, ohne dass er dabei eine gewisse Vorleistung erbringen muss. Man selbst muss als Neuankömmling den anderen zeigen, wer man ist, was man kann und auf welche Weise man Achtung und Respekt verdient, und nicht umgekehrt.

Es gibt natürlich einen grundlegenden Unterschied zwischen dem, was ich erfuhr und was ich als legitime und sogar nötige Tests verstand, und dem, was man heute Mobbing nennt.

Meine Tochter Nathalie ist durch ihre Mutter halbe Italienerin. Einige idiotische Nachbarn waren der Meinung, sie „Spaghettifresserin“ nennen zu müssen. Die Kinder warfen ihr immer wieder einen schweren Medizinball in den Rücken, riefen „Italiener raus!“, aber da die Situation im katholischen Unterricht stattfand, konnte sie sich nicht angemessen wehren. Natürlich intervenierte ich in diesem Fall, besuchte die Eltern der Kinder, sprach mit ihnen und klärte das.

Im Allgemeinen aber, wenn Kinder sich wehren können, sollten sie lernen, sich durchzusetzen und ihre Probleme weitgehend selbst zu klären. Nur so lernt man das Selbstbewusstsein und Durchsetzungsvermögen, das man im späteren Leben braucht.

Wenn man bereit ist, sich selbst zu beweisen, etwas einstecken und hinreichend Verständnis für die Mitmenschen aufbringen kann, sollte es meiner Meinung nach jedem gelingen, auch in der Fremde erfolgreich Fuß zu fassen.

Heimliche Rendezvous

Zwei Jahre vor dem Abitur lernte ich Sylvia kennen. Sie war die Tochter des Poliers in der Fabrik meines Vaters, vor allem aber war sie die schönste unter allen Mädchen in der Schule. Leider hatte sie einen Freund. Gunther war, da er in der Volksschule eine Klasse wiederholen musste und zudem aus gesundheitlichen Gründen zwei Jahre ausgesetzt hatte, etwa drei oder vier Jahre älter als wir alle, recht charismatisch, aber auch jähzornig, wild und herrschsüchtig. Er war Teil eines Dreiergespanns, und als ich neu in die Klasse kam, gefielen die drei mir am besten. Es dauerte nicht lange, und ich war in diesem Bund der vierte. Ich kam mit Gunther trotz seiner Unbeherrschtheit recht gut zurecht, aber als ich seine Freundin kennenlernte, kühlte sich unser Verhältnis für eine Weile recht schnell ab. Mir gefiel nicht, wie er mit ihr umging. Sie stand sichtbar unter seiner Fuchtel.

Sylvia wohnte wie ich in Niklasdorf, sieben Kilometer von Leoben entfernt, und so nahmen wir gemeinsam morgens den Bus. Später, als ich mit dem Motorrad zur Schule fuhr, nahm ich sie oft mit.

Ich sprach Gunther auf sein Verhalten gegenüber Sylvia an, sagte ihm, auf diese Art ginge man nicht mit so einem feinen Mädchen um, das gehöre sich nicht. Was mich das anginge, gab er zurück. Die beiden verstrickten sich immer wieder in Streitereien. Ich jedoch verliebte mich immer mehr in Sylvia. Rücksicht auf die schon zerrüttete Beziehung der beiden konnte und wollte ich nicht nehmen, und so warb ich um sie.

Ich verabredete mich mit ihr zu einem ersten Rendezvous auf einer verschwiegenen Halbinsel am Ufer des kleinen Flüsschens Mur. Meiner Mutter sagte ich, ich mache Hausaufgaben, oben in meinem Zimmer in der Dachmansarde. Wir wohnten damals auf dem Fabrikgelände in einem schönen Herrschaftshaus, aber es gab nur zwei Zugänge zu dem Grundstück, und beide wurden von Pförtnern mit Argusaugen bewacht. Ich hatte aber schon vor einiger Zeit aus dem Zaun um den weitläufigen Obstgarten einige Schrauben entfernt, so dass ich die Zaunlatten zur Seite schieben und so unerkannt hinausschlüpfen konnte, wann es mir beliebte. Diesen kleinen Privatausgang nutzte ich auch diesmal. Es sollte ja niemand wissen, dass mein Herz in Flammen für die schöne Tochter des Vorarbeiters meines Vaters stand. Die Eltern wünschten sich eine gute Partie für mich, vielleicht die Tochter des Bürgermeisters oder eines Arztes, aber diese Überlegungen ließen mich kalt. Nur durfte man uns eben nicht erwischen. Die Pförtner hätten mich gefragt, wohin ich ginge, oder hätten die Eltern von meinen Ausflügen unterrichtet. Ich schlich also hinaus, nicht ohne Herzklopfen, brachte einen Strauß Blumen mit, lud Sylvia ein, sich zu mir setzen, auf das Gras der Halbinsel, und es gelang mir, ihr einen Kuss zu geben, ohne dass ich eine Ohrfeige bekam.

Recht bald überwarf sie sich mit Gunther. Er roch natürlich Lunte und warf mir vor, ihm die Freundin ausgespannt zu haben. Ich entgegnete, dass er sie halt besser behandeln hätte sollen. Wenn er in seiner Unbeherrschtheit handgreiflich werden würde, dürfe er sich nicht wundern, dass sie ihm davonliefe. Es dauerte nicht lange, bis er sich ins Unvermeidliche gefügt und die neue Situation akzeptiert hatte.

Ganz anders meine Eltern. Sie ahnten zwar, dass zwischen Sylvia und mir etwas lief, aber sie wussten nichts Genaues.

Eines Tages gingen sie aus, fuhren nach Leoben zum Tanz, und ich wusste aus Erfahrung, dass sie nicht vor vier Uhr morgens zurückkommen würden. Ich hatte bereits eine Strategie entwickelt, um meine Mutter zu täuschen, wenn ich selbst abends heimlich ausging. Ich ließ meine Zimmertür unversperrt und drapierte das Bett so, dass sie in der Dunkelheit, wenn sie nach dem Rechten schauen wollte, annehmen musste, dass ich da läge und schliefe.

Ich lud Sylvia an dem betreffenden Abend ein, zu mir zu kommen. Sie hielt sich an meine Instruktionen, schlich sich durch den Gartenzaun aufs Grundstück und zu mir auf mein Zimmer. Unerwartet aber kamen meine Eltern viel zu früh heim. Vielleicht hatten wir auch die Zeit vergessen. Ich hörte die Türklinke, hatte aber dieses Mal abgeschlossen, ich war ja nicht allein. Die Mutter pochte gegen die Tür.

„Roland, mach auf!"

„Moment", rief ich, „Moment, ich bin noch nackt."

Hastig bedeutete ich Sylvia, sich anzuziehen. Das dauerte eine Weile und die Mutter hatte bereits den Vater gerufen.

„Roland, im Ernst, mach sofort die Tür auf!"

„Ja, ja, gleich …"

Ich wartete, bis Sylvia endlich angekleidet war, dann öffnete ich und bemerkte zu spät, dass ich selbst noch halbnackt war.

Mutter starrte mich an, der Vater legte die Stirn in Zornesfalten, es gab einen Riesenkrach.

In den folgenden Wochen erwies sich diese Situation als eine Machtprobe. Ich war zum ersten Mal in meinem Leben wirklich sauer auf meine Eltern. Ich weigerte mich, mit ihnen zu reden, blieb wortkarg und ging ihnen aus dem Weg. Die Mutter weinte darüber, aber ich blieb hart. Sylvia war mein Mädchen, und niemand, auch meine Eltern nicht, hatte darüber zu bestimmen, wen ich liebte und wen nicht. Ich suchte mir mein Mädchen und meine spätere Frau selbst aus.

Rückblickend hatten mich der preußische Geist, die Disziplin und Sittenstrenge der Eltern auf zweierlei Weise beeinflusst. Einerseits, denke ich heute, sind Disziplin und Konsequenz unerlässlich, wenn man ein erfülltes Leben anstrebt, und meine Eltern lebten diese Eigenschaften vorbildlich vor. Sie zeigten mir, wie die Balance zwischen echter familiärer Liebe und konsequenter Erziehung erfolgreich gelebt werden kann – ein für mein späteres eigenes Familienleben und sogar für meinen beruflichen Werdegang unschätzbares Erbe. Andererseits bot mir ihre Sittenstrenge die Chance zu erkennen, was ich für mich wirklich wollte, und ich lernte mit genau jener Konsequenz, die meine Eltern mir mitgaben, mich gegen sie durchzusetzen, wenn ich eine Entscheidung für mein Leben gefällt hatte. Und die Beziehung mit Sylvia war eine solche Lebensentscheidung, die ich gegen alle Widerstände abschirmte.

Ein weiterer wichtiger Entschluss war es, möglichst schnell finanziell unabhängig zu werden. Die Eltern waren zwar bereit, nach dem Abitur mein Studium zu finanzieren, aber mir war das unangenehm, nicht zuletzt wegen der Auseinandersetzungen bezüglich meiner Freundin. Ich sagte ihnen, dass ich nun erwachsen sei und mein Geld selbst verdienen könne. Tatsächlich waren es wohl mein Stolz und das Wissen darum, dass sie mir künftig nicht mehr in meine Angelegenheiten hineinreden würden, wenn ich bewies, dass ich für meinen Unterhalt selbst sorgen konnte.

Nachdem wir unser Abitur in der Tasche hatten, beschlossen Sylvia und ich, zum Studium nach Graz zu ziehen. Bevor sie etwas später nachkam, wohnte ich in einem Kellerloch, in dem die Ratten ein- und ausgingen, es war feucht und modrig, und das konnte kein Dauerzustand bleiben.

In der Maigasse fanden dann Sylvia und ich eine bezahlbare

Wohnung, zwar mit nur einem Zimmer, dieses aber war groß und bot Platz genug für uns beide. Meine Mutter muss Höllenqualen gelitten haben. Ihr Sohn zog in wilder Ehe mit einem Mädchen in eine kleine Wohnung. Unvorstellbar. Wir versuchten daraufhin eine Lösung zu finden, um den familiären Frieden, der noch etwas wacklig war, nicht weiter zu strapazieren, und beschlossen, eine Trennwand einzuziehen. Sylvias Vater half uns, indem er uns mit Sperrholzplatten aus der Fabrik versorgte. Wir verbauten sie zu Wänden, die das Zimmer so teilten, dass jede Kammer über ein Fenster verfügte. Improvisierte Türen mit Magnetschloss erzeugten so den Eindruck von Anstand und Sittlichkeit. Meine Mutter konnte nun ihren Freundinnen, ohne allzu rot zu werden, erzählen, dass ihr Roland mit seiner Freundin zwar in einer Wohnung, aber natürlich in getrennten Zimmern wohnte.

Studentenleben

Es stand nicht infrage, was ich studieren würde. Schon immer gab es nur zwei Alternativen, zu denen es mich zog: Arzt oder Ingenieur. Die Entscheidung für Ingenieurstechnik fiel ein paar Jahre zuvor, als ich Zeuge eines schweren Motorradunfalls in der Nähe von Niklasdorf wurde. Das Gehirn des Fahrers lag auf der Straße verteilt, die frische Leiche daneben, alles war abgesperrt und blutig, und ich dachte, ich werde wohl doch lieber Ingenieur. Sylvia hingegen schrieb sich für ein Studium der Betriebswirtschaft ein.

Bereits mit siebzehn Jahren, bevor ich meinen Führerschein machte, kaufte ich für ein paar hundert Schilling meines ersparten Taschengeldes ein gebrauchtes Motorrad aus den Beständen der Fabrik meines Vaters. In den fünfziger Jahren fuhr die österreichische Polizei noch die Puch 250, eine Zweitaktermaschine mit Doppelhubkolbenmotor, und als diese ausgemustert wurden, erwarb mein Vater für die Fabrik einige dieser Motorräder für Kurierdienste. Ich zerlegte das restaurationsbedürftige Motorrad wie damals das Feuerwehrauto, richtete es wieder her, strich es komplett blau und fuhr auf dem Fabrikgelände Probe. Währenddessen machte ich schon den Führerschein für Auto, Lkw und Motorrad, und als ich achtzehn wurde, holte ich das Papier sofort ab.

Um das Problem der Finanzierung meines Studiums zu lösen, nahm ich verschiedene Ferienjobs an. In Jülich etwa, meiner alten Heimat, verdingte ich mich bei einer Gärtnerei, die Autobahnböschungen mit Grasballen auslegte. Es war kein Spaß, in der Hitze des Sommers den ganzen Tag auf den Schrägen am Rande der Autobahn zu stehen und Grasballen auszurollen.

Einige Male nahm ich Sylvia auf dem Motorrad mit. Es war eine ziemlich weite Strecke, und erschrocken fühlte ich während einer dieser ermüdenden Fahrten, wie sich Sylvias Arme um meinen Bauch lösten. Sie war eingenickt und wäre fast vom Motorrad gefallen. Schnell hielt ich an und schnürte uns kurzerhand mit einem Gummiband aneinander.

Bald konnte ich mir sogar ein Auto leisten. Nun ja, es war ein alter Puch 500 (ein damaliger Lizenzbau des Fiat 500) mit einem Zwei-Zylinder-Boxermotor, den ich mühevoll wieder herrichtete.

Kurz darauf ergab sich eine ungleich lukrativere Möglichkeit, Geld zu verdienen. Meine Brüder arbeiteten gelegentlich in den Ferien in einer Papierfabrik in Schweden, in der Nähe von Stockholm, und sie verdienten viel mehr als ich in der Gärtnerei. Ein verdammt weiter Weg war es dorthin, aber ich hatte ja nun ein Auto. Die Sommer in Schweden waren kurz, und in dieser Zeit arbeiteten dort viele Studenten, auch aus Deutschland und Österreich.

Auf einer Fahrt nach Schweden aber brach schon in Süddeutschland bei einem der beiden Zylinder ein Ventil ab. Ich überlegte hin und her. Im Auto lag das Gepäck für viele Wochen. Reparieren konnte ich den Schaden allerdings nicht in der Kürze der Zeit. Ich rechnete aus, wie lange ich brauchen würde, wenn ich mit nur einem Zylinder weiterfahren würde. Es müsste möglich sein, pünktlich die Fähren zu erwischen und zur ersten Schicht anzukommen, wenn ich Tag und Nacht durchfuhr. Ich biss die Zähne zusammen, zuckelte langsam über die Autobahnen und kämpfte den alten Puch dann über die Hügel Dänemarks. Die leichten Steigungen auf den Straßen konnte ich noch bewältigen, doch aus dem Stand die Gangway auf die Fähre nach Schweden hochzufahren, schaffte mein Puch 500 dann doch nicht. Ich bat Passanten, den Wagen hochzuschieben. Auf den Autobahnen hupten die Lkw-Fahrer verärgert, weil ich sie mit meinen höchstens 50 km/h unfreiwillig ausbremste. Meine Beharrlichkeit allerdings zahlte sich – wie noch oft in meinem späteren Leben, etwa während der Rallye Paris–Dakar – aus, ich kam rechtzeitig zu meiner ersten Schicht an.

Die Arbeit wurde zwar sehr gut bezahlt, die Anforderungen waren jedoch auch entsprechend hoch. Das hergestellte Papier befand sich auf riesigen Rollen mit bis zu zwei Metern Durchmesser, und diese mussten mit einem Kran erfasst und auf kleinere Rollen, die transportiert werden konnten, umgerollt werden. Fiel meine Ablösung durch Krankheit aus, musste ich deren Schicht auch noch übernehmen. Es ist zwei oder drei Mal vorgekommen, dass ich insgesamt vier Schichten in Folge durcharbeitete. Während des Übertragens des Papiers hatte ich zum Glück nicht viel zu tun, und so legte ich mich neben die Rollen ins Altpapier und holte mir ein oder zwei Stunden Schlaf. Doch die Anstrengungen lohnten sich. Ich verdiente in den Ferienmonaten genügend Geld, damit Sylvia und ich die restlichen Monate in Österreich wie die Maden im Speck leben konnten.

Ich erwähnte ja bereits meine Abneigung gegen schulisches Auswendiglernen. Für das Studium war es unvermeidlich, aber natürlich verspürte ich deutlich mehr Lust darauf, an meinem Auto und dem Motorrad zu basteln oder mit Freunden abends ein Bier zu trinken. Ich legte mir damals eine Strategie zu, die ich in gewisser Weise bis heute verfolge. Ich stellte mir täglich den Wecker auf morgens drei Uhr und lernte, bevor ich anschließend zu den Vorlesungen ging. Mag sein, dass auch diese Angewohnheit ein Resultat der strengen Erziehung gewesen ist, aber ich war auch klug genug zu wissen, dass ohne eine gewisse Disziplin Prüfungen nicht zu bestehen waren. Das hieß natürlich, dass ich entsprechend zeitig zu Bett ging. Durch diese Zeiteinteilung, die ich ziemlich konsequent einhielt, gelang es mir, nahezu allem, was mir wichtig war, nachzugehen. In den frühen Morgenstunden vor Sonnenaufgang lernte ich, anschließend hörte ich mir die Vorlesungen an und besuchte die Seminare, am Nachmittag baute ich an meiner Puch und später an dem Fiat, verbrachte Zeit mit meiner Freundin oder ging mit ihr und Freunden in einen Biergarten. Um neun Uhr abends lag ich im Bett.

Noch immer halte ich es für außerordentlich wichtig, sich seine Zeit vernünftig zu organisieren, egal, in welchem Bereich man arbeitet und welche Ziele man erreichen möchte. Es reicht nicht, in seinem Fachgebiet gut oder sogar exzellent zu sein. Das mag eine notwendige Bedingung sein, keinesfalls aber eine hinreichende. Ich habe einige exzellente Leute kennengelernt, die es nicht vermochten, aus ihren Begabungen Erfolg zu schlagen, da sie kein Gespür für ihre tagtäglichen Zeitabläufe hatten. Es gilt, die zur Verfügung stehende Zeit und die damit verbundenen Möglichkeiten effizient zu nutzen, dabei auch die Freizeit zu berücksichtigen und Prioritäten zu setzen. Ohne diese Haltung wären für mich die künftigen Organisationen der Rallyes auf fast allen Kontinenten für Audi Sport, die Leitung Entwicklung Übersee, Vertrieb/Marketing Asien/Pazifik und auch die Leitung meiner eigenen Manufakturen nicht denkbar gewesen.

Sylvia und ich lebten ein glückliches Studentenleben. Die Eltern akzeptierten mittlerweile unsere Beziehung, und mehr noch, sie schlossen über die Jahre Sylvia tatsächlich ins Herz. Unsere Beziehung war so, wie alle Liebesbeziehungen sein sollten: Wir halfen uns, wo es nur ging, unterstützten uns in allem, was wir taten. Ich glaube, eine gelingende Beziehung lebt nicht allein von dem, was man gemeinhin Verliebtsein nennt. Über die Jahre hinweg ist es wichtiger, dass man sich gegenseitig vertraut und achtet.

Anfangs bezahlte ich nahezu alles, ich verdiente ja in der schwedischen Papierfabrik für unsere Verhältnisse ausgezeichnet. Als ich gegen Ende des Studiums viel lernen musste und all die Prüfungen möglichst gut bestehen wollte, um anschließend einen guten Job bekommen zu können, arbeitete Sylvia bereits an der Universität. Nun war es für sie selbstverständlich, dass sie unser Leben finanzierte, und ich konnte meine Ferienjobs reduzieren.

Sylvia versuchte mir sogar in der Universität noch zu helfen. Der Grund war folgender: Ich als Deutscher galt den österreichischen Professoren als Ausländer. Und solche mochten sie nicht.

Vielleicht war es ein Erbe des alten kaiserlich-königlichen Snobismus, der ja in Österreich bis heute nicht ganz verschwunden ist, vielleicht waren es auch die tatsächlich negativen Erfahrungen mit arabischen Studenten, allesamt Söhne reicher Scheichs, die das Studium nicht ernst nahmen, in Saus und Braus lebten, die einheimische Kultur verachteten und sich überhaupt ziemlich danebenbenahmen. Mit diesen warf man mich in einen Topf: Ausländer. Um zu den Prüfungen zugelassen zu werden, musste der Professor das sogenannte Inskriptionsbuch unterschreiben, das jeder Student zu führen hatte. Sylvia legte meines auf dem Stapel des Professors nach oben, er warf einen Blick hinein, sah, dass ich Deutscher war und legte es wieder unter den Stapel mit über hundert anderen Büchern. Sylvia holte es wieder hervor, legte es wieder nach oben, die gleiche Prozedur. Der Grund, so erzählte mir Sylvia, war in der Tat, dass der Professor die Deutschen nicht mochte.

Bis zum heutigen Tage lehne ich Fremdenfeindlichkeit entschieden ab. Es ist schlicht dumm, Menschen nach ihrer Herkunft oder Nationalität zu beurteilen. Meine jetzige Frau Lia ist Italienerin und wir leben mit unseren drei Töchtern in Ingolstadt. In meiner Manufaktur beschäftige ich Mitarbeiter aus Italien, Frankreich, Österreich, Rumänien, Dänemark und einen Praktikanten aus Mexiko. Mir ist wichtig, was ein Mensch kann, wie er sich in eine Gemeinschaft einbringt und mit welchem Respekt er anderen Menschen begegnet. Ich selbst bin ein Kind von schlesischen Vertriebenen und weiß um die Schwierigkeiten, die entstehen können, wenn man mit fremden Kulturen und Traditionen konfrontiert wird. Ebenso, wie ich mich in Deutschland bemühe, Ausländern ihre Zeit hier nicht unnötig zu erschweren und ihnen zu helfen, sich einzufügen, wenn ich sehe, dass sie sich dabei alle

Mühe geben, so bin ich selbst im Ausland aufgeschlossen und offenen Geistes für all das Fremde, von dem ich nur lernen kann und das mich bereichert.

Ähnlich denke ich auch über die allgegenwärtigen Vorurteile gegenüber Frauen. Es sollte zählen, was jemand kann und welche Leistungen er oder sie erzielt, und nicht, welchem Geschlecht ein Mensch angehört. Meine Zeit mit der Weltklasse-Rallyefahrerin Michèle Mouton, die manch männlicher Kollege nicht ernst nehmen wollte, bestärkte mich in dieser Haltung. Sie als außergewöhnlich begabte Rallyefahrerin fuhr den meisten ihrer verdienten Kollegen davon, und ich grinste mehr als einmal über ihre fulminanten Siege und über die verwirrten Gesichter ihrer männlichen Konkurrenz.

Ich bin in vielerlei Hinsicht ein Mensch alter Schule und in gewisser Weise konservativ eingestellt. Doch eine konservative Werthaltung schließt für mich auch zwingend eine humanistische Grundhaltung ein, welche Menschen nicht nach gewissen äußeren Merkmalen, wie Geschlecht, Religion oder Nationalität beurteilt.

Kehren wir zurück in das Österreich der sechziger Jahre und zum Ende meines Studiums.

Neben der notwendigen Theorie – Statik, Mathematik, Physik, Materialkunde und einem Überblick über die bisherigen etablierten technologischen Standards – bot das Studium einen für mich wohltuenden praktischen Teil. Ich lernte unter anderem das Drehen, Fräsen, Hämmern und Schweißen. Ich hatte mir meinen eigenen Tisch geschweißt und mir einen Hammer gefeilt. Nun, das waren handwerkliche Grundlagen, die man zwar als Ingenieur selbst kaum im späteren Arbeitsleben anwenden würde, die aber meines Erachtens unabdingbar sind, um beispielsweise die Arbeiten künftiger Mitarbeiter, Zulieferer und der verschiedenen Gewerke vernünftig einschätzen zu können. Ein rein theoretisches Wissen berücksichtigt nicht die Details der praktischen Umsetzung einer neuen technischen Entwicklung. Dieses Phänomen kennt man leider auch in der Architektur: Auch der schönste Entwurf am Reißbrett ist nur umsetzbar, wenn dabei auch die Anforderungen an die Maurer, Zimmerer oder Installateure berücksichtigt werden. Eine solide Arbeit beginnt immer mit der Basis. Natürlich habe ich als späterer Auto-Ingenieur das vertiefte Wissen beispielsweise über Dampfmaschinen nie wieder gebraucht. Ich baue heute methanolbetriebene Supersportwagen, die mit James Watt nicht mehr allzu viel zu tun haben. Dennoch ist das historische Wissen unseres Handwerks unverzichtbar, um ein Grundgefühl für Physik, Statik und dessen Anwendungen zu entwickeln.

Meine Abschlussarbeit schrieb ich vorgegebenerweise tatsächlich über Dampfmaschinen. Der Professor schaute mir währenddessen einmal über die Schulter, nickte und sagte leise, da würde er, ohne zu zögern, „summa cum laude" darunterschreiben, aber nicht bei dieser Sauklaue. Ich radierte daraufhin die schlimmsten Hieroglyphen wieder weg und schrieb alles noch einmal sauber ab.

Vor allem lernte ich durch das Studium meine Stärken und Schwächen besser kennen und wie ich jene Schwächen entweder kontrollieren oder sogar in eine Tugend umwandeln konnte. Meine größte Schwäche bestand ohne Zweifel darin, keine Lust zum theoretischen Lernen entwickeln zu können. Alles schien mir besser als das. Nun gut, ich lernte, mich zu zwingen, indem ich früh aufstand und das Nötige erledigte. Hauptsächlich aber begriff ich, dass ich als Praktiker zu den gleichen, wenn nicht besseren Ergebnissen kommen konnte, wenn ich mit Materialien experimentierte. Mit der Theorie lassen sich gut Lösungen wiederholen, aber kaum neue Ideen entwickeln. Folgte ich aber dem Material, das zur Verfügung stand, und verband dieses und jenes, trennte das von jenem oder stand plötzlich vor einem Folgeproblem, das es nun zu lösen galt, fand ich in nahezu allen Fällen zu einer unerwarteten Lösung, die sich lohnte und bewährte. Ich musste nur das, was ich für Schwäche hielt, zu einer Stärke machen, und ich glaube, das ist mir recht gut gelungen.

Mein Bruder Gebhart war bereits Maschinenbauingenieur, und eines Tages bekam ich von ihm einen Brief mit einer ausgeschnittenen Annonce der Zeitschrift „VDI“, des Vereins Deutscher Ingenieure, in der Audi nach Versuchsingenieuren suchte. Noch vor Abschluss des Studiums bewarb ich mich, bekam eine Einladung nach Ingolstadt, traf mich mit Herrn Bertram Nauwerck, dem Leiter des Bereichs Fahrwerk-Entwicklung, und eine Woche später hielt ich das Bestätigungsschreiben in den Händen, in dem es hieß, dass ich nach erfolgreichem Abschluss des Studiums im Sommer des gleichen Jahres sofort in Ingolstadt anfangen könne.

Ich war überglücklich. Und nicht nur aus diesem Grund. Sylvia war schwanger.

Wir hatten immer aufgepasst und verhütet. Doch zu meinem Geburtstag am 10. Dezember 1968 dachten wir, was soll's, es wird schon nichts passieren. Vorher passten wir auf, hinterher passten wir auf, wir dachten an meine Abschlussprüfungen um die Osterzeit des folgenden Jahres. Zwar hatten wir bereits im Sommer vor diesem schicksalsträchtigen Geburtstag geheiratet, aber für ein Kind schien es uns angesichts der unsicheren Zukunft noch zu früh.

Doch unser Töchterchen hatte sich offenbar zielbewusst diese kleine Lücke unserer Unbedachtheit ausgesucht, um auf diese Welt zu kommen.

Wir mussten planen. Ich würde in wenigen Monaten nach Ingolstadt ziehen müssen. Den Aufwand, eine Wohnung suchen und einrichten zu müssen, wollte ich Sylvia ersparen. Wir einigten uns, dass ich mich um all die äußeren Notwendigkeiten kümmern und sie nach der Geburt des Kindes nachkommen würde. In den Sommermonaten bezog ich vorläufig ein kleines Zimmer in Ingolstadt, begann mit meiner Arbeit und suchte währenddessen nach einer geeigneten Wohnung für uns. In einem der wenigen Hochhäuser von Ingolstadt wurde ich fündig, sechzig Quadratmeter im siebten Stock; anfangs schlief ich mangels Mobiliar auf einer Luftmatratze.

Im September wurde Sigrid geboren. Die Umstände waren dramatisch. Sylvia rief mich immer wieder an, sie habe Schmerzen, das Kind müsse doch längst kommen. Ein paar Stunden vor der Geburt stellte sich heraus, dass sich das Kind in Steißlage verkeilt hatte und sich nicht drehen würde. Ich telefonierte mit dem Arzt, der mir sagte, es werde wohl eine Zangengeburt werden. Anschaulich erklärte er mir, wie eine eiserne Zange eingeführt und der Kopf und das Genick des Kindes mit dieser gepackt werden würde, um es im Geburtskanal so zu drehen, dass man es herausziehen konnte. Mir drehte sich der Magen um.

„Dann machen Sie einen Kaiserschnitt!", verlangte ich. Ich hatte Angst um Sylvia und das noch ungeborene Kind.

Er fragte abweisend: „Und wer bezahlt das?"

„Na, ich natürlich! Ich gebe Ihnen mein Wort, ich bezahle das. Meine Frau ist völlig erschöpft, und das Risiko, dass ihr oder dem Kind etwas passiert, ist viel zu hoch!"

Er lachte nur und legte auf. Ich war verzweifelt.

Sigrid kam dann zwar mit jeder Menge Blessuren, aber insgesamt gesund zur Welt, Sylvia ging es ebenfalls den Umständen entsprechend gut, und ich atmete erleichtert auf. Drei Wochen später kamen die beiden nach Ingolstadt. Ich inspizierte meine Tochter und Sylvia die Wohnung.

Natürlich ist es schöner, wenn man als Vater bei der Geburt dabei sein kann. Ich bekam sozusagen ein fertiges Baby gereicht, aber ein ergreifendes Gefühl war es dennoch. Das erste Kind ist immer etwas Besonderes. Damals wusste ich nicht, dass Sigrid das erste von insgesamt acht Kindern sein würde, deren Vater ich sein durfte und darf. 1972 bekamen wir unsere Zwillinge Harald und Martin. Sie glichen sich aufs Haar und entwickelten sich bald zu draufgängerischen kleinen Lausbuben.

Als junger Mann nahm ich die Vaterschaft nicht allzu schwer. Man bekam ein Kind, das gehörte ja dazu, es würde schon groß werden. Später, vor allem während meiner zweiten Ehe, nahm ich all das viel bewusster wahr, reflektierte mich selbst und diese so geheimnisvolle und wunderbare Situation, wenn ein neuer Mensch diese Weltenbühne betritt.

In jeder Hinsicht begann nun ein neuer Lebensabschnitt. Ich war verheiratet, Vater einer wundervollen Tochter, Versuchsingenieur bei Audi, und wir wohnten in einer neuen Stadt. Das Studentenleben war vorbei, der Ernst des Lebens schien zu beginnen, und ich ahnte noch nicht, dass gerade in diesem ein großer Spaß und jede Menge Abenteuer liegen sollten.

KAPITEL 2

INGENIEURSHANDWERK

Ein Kindheitstraum wird wahr

— 1969

Achtzig Prozent aller Autofahrer glauben, überdurchschnittlich gute Fahrer zu sein. Auf die restlichen zwanzig Prozent verteilen sich jene, die sich darin für durchschnittlich oder gar unterdurchschnittlich halten. Man sieht, dass diese Einschätzungen nicht der Wirklichkeit entsprechen können. Diese Zahlen verraten die Selbstüberschätzung, der viele Autofahrer verfallen.

Das galt damals sicher auch für mich. Natürlich konnte ich hinreichend sicher und vorausschauend fahren, aber das sind Grundlagen, die man bei jedem, der über einen Führerschein verfügt, voraussetzen sollte.

Die eigentlichen Feinheiten des Autofahrens, das Erspüren der Reaktion von einzelnen Bauteilen, etwa der Dämpfung oder der Lenkung, entdeckte ich erst in meinen Anfängen als Versuchsingenieur. Diese unschätzbaren Lektionen verdankte ich meinem Chef und damaligen Mentor Bertram Nauwerck und unseren Prototypen-Versuchsfahrten.

Es ist eine Sache, auf einer sicheren Strecke mit normaler Geschwindigkeit ein Auto zu fahren, aber natürlich eine ganze andere, ein Auto in einer Extremsituation auszutesten. Was geschieht in engen Kurven, wenn ich Gas gebe? Dreht das Auto ein? Neigt das Auto zum Untersteuern oder Übersteuern? Wie fühlt sich die Dämpferabstimmung an?

Heute gibt es für alles spezielle Maschinen und verschiedene Prüfstände mit digitaler Messtechnik. Man bringt den Prototypen beispielsweise zu einer Firma, die Federbeine und Dämpfer herstellt, und spannt das Auto auf den Prüfstand. Die Schwingungen des Fahrzeugs sollen ja gedämpft, also durch die Stoßdämpfer abgemildert werden. In diesen befinden sich Ventile, Öl wird durch diese gepresst, und so ist der Effekt abhängig von der Größe der Ventilöffnungen. Wenn das Öl zu warm wird, muss es gekühlt werden. Die Bewegungsarbeit des Autos erzeugt ein permanentes Schaukeln und Ruckeln, und dieses muss nun umgewandelt werden in abgebaute Energie. All die Informationen teilt man dann der Konstruktionsabteilung mit, die daraufhin entsprechende Veränderungen vornimmt.

Zu viel technische Details? Vielleicht. Aber damals hatten wir solcherlei Prüfstände nicht, sondern den „Popometer". Das waren wir selbst, die Versuchsfahrer. Wir erfühlten, etwas salopp gesagt, das Verhalten des Autos mit unserem Sitzfleisch. Ich musste beispielsweise zu erspüren lernen, ob die Stoßdämpfer des Autos mit der Zugstufe stärker angezogen wurden oder ob die Druckstufe weicher oder härter sein sollte. Wenn das Auto beispielsweise über einen Stein rollt, drückt es das Rad und damit auch die Federn nach oben; dieser Stoß soll nun mit dem Stoßdämpfer abgeschwächt werden. In welchem Ausmaß dies geschieht, nennt man Druckstufe. Die Dämpfung des anschließenden Absinkens des Rades wiederum nennt man Zugstufe. Diese Optimierung der Stoßdämpfer lernt man nicht aus Lehrbüchern, man muss es probieren, immer wieder.

So lernt man das Auto kennen – und man lernt sich selbst kennen. Viele meinen, sie könnten fahren wie Ayrton Senna oder Michael Schumacher, aber oft genug ist das ein tragischer Irrtum, der sich dann in den Unfallstatistiken wiederfindet. Als Versuchsingenieur geht es allerdings nicht darum, Bestzeiten einzufahren, sondern ein Gefühl für das entsprechende Auto zu entwickeln.

Meistens führten wir nachts die Probefahrten durch. Das hatte mehrere Gründe. Zum einen brauchten wir geeignete Teststrecken, was damals schwieriger zu realisieren war als heute. Die Polizei erlaubte uns, zwischen zwei und vier Uhr nachts auf den Bundesstraßen um Ingolstadt, etwa auf der B 16 nach Regensburg, unsere Prototypenfahrten durchzuführen. Per Polizeibeschluss wurden wir von der Höchstgeschwindigkeit befreit und konnten auch 160 oder 200 km/h fahren. Wir fuhren also mit einem Lkw auf einen Parkplatz, luden die Prototypen aus und führten unsere Tests durch. Das klingt zunächst nach dem Traum eines jeden technikbesessenen jungen Mannes, und tatsächlich hat das ganze unglaublich Spaß gemacht, ganz abgesehen davon, dass ich in der glücklichen Lage war, mir mein Hobby zum Beruf gemacht zu haben. Aber trotz des abenteuerlichen Gefühls brauchte man dennoch ein bisschen Verstand. Einige Testfahrer suchten sich Kurven heraus, die von Bäumen gesäumt waren – eine schlechte Idee, wenn man das Kurvengrenzverhalten eines Autos in einer Kurve austestet. Schon aus Selbsterhaltungsgründen war es sinnvoll, vorher zu sondieren, an welchen Kurven keine Bäume standen. Die Tests in den Kurven führte ich dort durch, wo jenseits der Straße ein Acker lag. Immerhin trug es auch mich bisweilen auf ein Feld.

Der andere Grund für die nächtliche Heimlichkeit bestand in der Hartnäckigkeit der Fotografen. Für uns Autobauer waren sie eine reine Plage. In den siebziger Jahren konnte man für die Fotografie eines Prototypen zwischen zwanzigtausend und fünfzigtausend D-Mark bekommen. Wir versuchten solche Veröffentlichungen zu verhindern, wo es nur ging, denn wenn sich herumsprach, dass ein neues Fahrzeug demnächst auf den Markt kommen würde, konnten die Verkaufszahlen des gegenwärtigen Typs einbrechen. Vor dem Audi-Werksgelände standen hohe Pappeln, und die Fotografen kletterten sogar auf die Bäume, um nur ein einziges Motiv zu erhaschen. Wir wunderten uns nicht selten, wie so ein Foto entstehen konnte, immerhin verfügten wir über ausgefeilte Strategien der Geheimhaltung, und damals gab es die heutigen Möglichkeiten wie Drohnen oder Helikopter für die Paparazzi noch nicht. Sahen wir ein solches Foto, verfolgten wir den Schusswinkel, und so kamen wir ihnen manchmal auf die Schliche.

Es gab einen in der Autobranche gefürchteten Fotografen namens Lehmann. Ein wagemutiger und hartnäckiger Geist, das musste man ihm lassen. Selbst auf den Versuchsfahrten nach Afrika reiste er uns nach. Er war auf demselben Schiff, er stieg im selben Hotel ab. In unserem Hotel in El Golea sagte man mir dann, dass da ein Herr sei, der uns heimlich fotografiere. Ich kannte allerdings den Hoteldirektor, und dieser wiederum nannte den Polizeidirektor seinen Freund. So trafen wir uns, tranken gemeinsam einen Schnaps, getarnt in Kaffeetassen, denn die Regeln des Islam waren, was den Alkohol betraf, streng. Danach ließ der Polizeichef den Fotografen verhaften. Ich befand mich im Nebenzimmer und hörte, wie er sich lautstark entrüstete, er sei ja deutscher Staatsbürger, hätte sich nichts zuschulden kommen lassen und werde die Botschaft einschalten. Es half nichts. Er wurde nach Algier zurückgeschickt. Ein anderes Mal folgte er uns bis nach Schweden und Finnland. In der Tschechoslowakei erst waren wir halbwegs sicher. Der Eiserne Vorhang erwies sich selbst für diesen Fotografen als zu undurchlässig, und außerdem hatte ich auch dort gute Freunde.

Zu meinen Aufgaben als Versuchsingenieur gehörten natürlich nicht nur die Probefahrten unserer Prototypen und die Abwehr lästiger Paparazzi. Wir prüften unsere neuen Motoren, untersuchten Achslastverteilungen, entschieden, ob und wie etwa eine U-Achse, eine Querlenkerachse oder eine McPherson-Achse verbaut werden würde. Der Konkurrenzkampf war schon damals hart. Wenn beispielsweise ein neuer BMW die Kurve einer Autobahnausfahrt problemlos mit 60 km/h schaffte, nutzte es uns nichts, wenn wir mit einer in einen Pkw verbauten Starrachse bereits mit 50 km/h aus der Kurve flogen.

Es gab damals ein europaweites Abkommen unter den Automobilfirmen, die jeweils neuen Serienfahrzeuge den anderen Firmen zukommen zu lassen. Die Vereinbarung war durchaus sinnvoll, auch wenn man damit freiwillig der Konkurrenz die Neuentwicklungen frei Haus lieferte. Aber andernfalls hätten wir sie gekauft. Und die anderen auch – was insgesamt unnötig teuer für alle Parteien geworden wäre. Wir nahmen diese neuen Autos bis zur letzten Schraube auseinander, maßen alles aus, was gemessen werden konnte, untersuchten das Material des Blechs, analysierten alle technischen Daten. Wir dokumentierten alles bis zum letzten Detail, vom Kolbenring bis zum Sitzbezug und stellten die Ergebnisse dem Vorstand vor.

Für eine gewisse Zeit oblagen mir die Fremdfabrikate. Das

hatte den schönen Nebeneffekt, dass ich je nach Lust und Laune mal einen Alpha Romeo, mal einen Mercedes, mal einen BMW über das Wochenende mit nach Hause nehmen konnte.

Bis heute habe ich übrigens nach dem Puch 500 meiner Studentenzeit kein einziges Auto mehr für mich privat gekauft. In meinem Leben gibt es keinen Mangel an Autos. Erst bekam ich sie gestellt, später baute ich sie mir selbst.

Die Arbeit als Versuchsingenieur, und in diesem Zusammenhang die Analyse der Fremdfabrikate, waren für mich eine reine Freude. Ich konnte alles auseinandernehmen und wieder zusammenbauen. Mein Kindheitstraum war in Erfüllung gegangen.

Wie bei dieser Art von Tätigkeit nicht anders zu erwarten, ging gelegentlich auch etwas schief.

Renault hatte uns einen neuen Typen zugeschickt, ein Konkurrenzmodell zum Audi 80, und ich beschloss, ihn Probe zu fahren. Auf der Autobahneinfahrt Denkendorf mit ihrer Haarnadelkurve wollte ich austesten, wie weit das Auto untersteuert.

Fährt man mit einem frontgetriebenen Auto wie dem Renault in eine Kurve, schiebt es die Vorderachse aufgrund des Motorgewichts zum Kurvenrand, während das Heck stabil bleibt. Dieses Verhalten nennt man Untersteuern. Nimmt man nun das Gas weg, bekommen die Vorderräder mehr Haftung, weil der Antrieb geringer wird. Stattdessen beginnt nun die Hinterachse zum äußeren Kurvenrand zu schieben, und das Auto wird übersteuernd, lenkt also zu sehr ein. Da ein ungeübter Fahrer über diesen Wechsel von Unter- und Übersteuern erschrecken und die Kontrolle über das Fahrzeug verlieren könnte, war es wichtig, über verschiedene Fahrgeometrien und Fahrwerkabstimmungen eine ausgewogene Balance dieses Kurvengrenzverhaltens herzustellen. Wir nannten dies ein „gutmütiges Übersteuern“. Ich fuhr also mit dem Renault in die Kurve, bemerkte das Untersteuern, ging vom Gas und musste feststellen, dass dieses gelinde gesagt seltsame Auto nicht ins Übersteuern wechselte. Es blieb beim Untersteuern, so dass ich von der Straße abkam und mit dem vorderen linken Reifen übers Grüne rutschte. Doch da lag ein Stein, der mir die Felge und den Querlenker eindrückte. Tja, nun kam ich mit einem kaputten Auto zurück, das uns Renault ein paar Tage zuvor zugeschickt hatte, und ich musste das Malheur beichten. Der damalige Werkstattleiter reagierte ziemlich hysterisch, schimpfte und schrie mich an, ich solle doch mit dem Autofahren aufhören und stattdessen lieber Kinderwagen schieben. Im ersten Moment kränkte es mich, später musste selbst ich darüber lachen.

Betreuung bis zur Serienreife - der Audi 50

— 1972

Mitte der sechziger Jahre übernahm die Volkswagenwerk AG schrittweise die Auto-Union GmbH, zu der auch Audi gehörte. Das Werk in Ingolstadt wie auch die Rechte am Firmenlogo mit den vier Ringen gingen auf Volkswagen über. Dennoch herrschte zwischen den Entwicklern von VW und Audi immer auch ein informelles Klima der Konkurrenz. Wir von Audi, obschon Teil des großen Konzerns, gaben uns jede Mühe zu beweisen, dass unsere technischen Entwicklungen besser als jene von VW waren. Vier Ringe zierten unsere Kühler, das VW-Logo die der anderen, was interessierten uns da die juristischen Feinheiten. In gewisser Weise profitierten allerdings beide Unternehmen davon, denn der inoffizielle Wettbewerb motivierte uns, Bestleistungen zu erbringen.

Etwa um das Jahr 1972 versuchte der VW-Konzern, einen brauchbaren Nachfolger für den in die Jahre gekommenen VW Käfer zu entwickeln, den späteren Golf. Unser Mutterkonzern trug uns auf, einen preiswerteren Kleinwagen „unterhalb“ des Golfs und einen Mittelklassewagen „über“ ihm zu entwickeln. Ich übernahm die Typbegleitung des kleineren Autos, des Audi 50, und leitete dessen Entwicklung bis zur Serienreife. Die ersten Zeichnungen wurden schon von NSU in Neckarsulm entworfen. Nach der Auflösung von Teilen der NSU-Entwicklung kamen einige Neckarsulmer Ingenieure in meine Abteilung. Sie brachten erste Pläne eines Autos mit, aus denen erst der Audi 50 und dann später der VW Polo entstehen sollte.

Wir testeten den Audi 50, den VW Golf und den Audi 80 auf einer Erprobungstour in Spanien. Von VW war der Wolfsburger Entwicklungschef Ernst Fiala, und von Audi waren Ferdinand Piëch, mein direkter Chef in der Fahrwerksentwicklung Jörg Bensinger, der Aggregateentwickler Fritz Naumann und ich dabei. Wir alle waren geradezu erschüttert über die Mängel des Golfs. Er ließ sich schlecht schalten, die Aggregate waren unausgereift, Motor und Getriebe fielen durch. Man entschied kurzerhand, die Aggregate des Golfs rauszuschmeißen und wahlweise mit denen des Audi 50 und des Audi 80 zu ersetzen. Wir entwickelten also den Motor und das Fahrwerk, und die Leute von VW machten ein langes Gesicht, als sie bemerkten, dass von ihrem Golf eigentlich nur die Karosserie übriggeblieben war.

Dies illustriert ganz allgemein das Verhältnis zwischen VW und Audi. Wir waren weniger bürokratisch und konnten Entwicklungen schneller und effizienter fertigstellen und ausprobieren. Die meisten von uns bei Audi kannten sich gut, und man tat sich gern einen Gefallen. Es war kein Problem, zum Bereich Getriebe zu gehen und zu fragen, ob sie nicht nebenbei für uns dieses oder jenes Bauteil anfertigen könnten. Außerdem waren wir Audianer ehrgeizig. Konkurrenz belebt die Kreativität, und zwar auf beiden Seiten. Allerdings brauchte die VW-Entwicklung aufgrund der Machtverhältnisse nur ihren Status zu erhalten, während wir uns als Herausforderer desto mehr ins Zeug legen mussten.

VW begriff schnell, dass die Motoren und Getriebe der beiden Audi-Typen denen des Mutterkonzerns überlegen waren. Kurzerhand übernahm VW nicht nur die in Ingolstadt entwickelten Aggregate für den Golf, sondern auch den Audi 80, den sie als neuen Mittelklassewagen unter dem Namen VW Passat auf den Markt brachten. Anfangs waren, abgesehen vom Fließheck des Passats, sogar die Karosserien nahezu baugleich. Im Laufe der Jahre gingen die Entwicklungen von Audi 80 (heute A4) und Passat natürlich auseinander. Das Schicksal des Audi 50 entschied sich nur wenige Jahre später. Als VW sah, wie beliebt dieses Auto bei den Kunden war und wie gut er sich dementsprechend verkaufte, nahmen sie ihn uns nach nur einem Jahr weg und erklärten ihn zum VW Polo. Sie entfernten im Grunde nur die vier Ringe und ersetzten sie mit dem VW-Logo. Anfangs vertrieben VW und Audi die verschiedenen Audi-50-Typen noch gemeinsam, aber bald durften wir nur noch die Versionen Audi 50 LS (Luxus) mit 50 PS und den Audi 50 GL mit 60 PS verkaufen, den „normalen“ hingegen nicht, um mit ihm dem Erfolg des Polos keine Konkurrenz zu machen. 1978, nach nur vier Jahren Laufzeit, verbot man uns generell, den Audi 50 zu verkaufen. Zwar war das Auto durch und durch ein Audi, aber wir verloren jede Hoheit darüber.

Meistens blieben wir von Audi Sieger im Wettbewerb um die besseren Entwicklungen. Fairerweise aber möchte ich eine kleine Anekdote berichten, in der ausnahmsweise die VW-Leute die Nase vorn hatten. Es ging um die Frage, ob man einen Vier-Zylinder-Motor längs oder quer zur Fahrtrichtung einbauen sollte. Üblicherweise verbaute man solche Motoren in Längsrichtung, aber bei einem Kleinwagen bekäme dieser eine unverhältnismäßig lange Schnauze. Die Ingenieure von VW waren der Meinung, man müsse einen solchen Motor in einem kleinen Auto quer einbauen. Das aber hätte zur Folge, so unser Argument, dass wir damit die Konstruktion des Getriebes unnötig verkomplizierten. Man stelle sich die Position des Getriebes in einem Auto vor: Am Motor sitzt das Getriebe und von diesem geht der Abtrieb an die Räder aus. Wenn der Motor quer eingebaut wird, befindet sich das Getriebe allerdings nicht mehr mittig zwischen den Rädern, was zur Folge hätte, dass die Gelenkwellen ungleich lang sein müssen. Dies führt zu unterschiedlichen Reaktionen in linken und rechten Kurven, und das wäre für die Kunden nicht akzeptabel gewesen. Zwar konnte man diese Unterschiede bis zu einem gewissen Grad über die Gelenkgeometrie und die Lenkungsauslegung ausgleichen – und anfangs hatte VW das auch so umgesetzt –, doch das Problem an sich blieb vorerst bestehen. Die Gelenkwellen unterschieden sich um etwa fünf bis zehn Zentimeter. Die Konstruktionsabteilung von VW aber fand später eine technische Lösung, indem sie eine Zwischenwelle konstruierte, welche die Differenz ausglich, so dass die Gelenkwellen wieder gleich lang waren.

Man schloss schließlich einen Kompromiss: In den kleineren Autos Audi 50 und damit im späteren Polo und im Golf wurde der Motor quer und in den nächstgrößeren Autos, dem Audi 80 (später VW Passat) und Audi 100, längs eingebaut. Insgesamt reduzierte das die Kosten in Millionenhöhe, die Designfragen waren geklärt – beim Audi 80 passte, im Gegensatz zum Audi 50, eine längere Motorhaube sehr gut –, und die Kunden waren zufrieden.

Der Audi 50 wurde zu einem großen Erfolg. Er hatte hervorragende Fahreigenschaften, war für die damalige Zeit ein modernes Auto mit einem Vier-Zylinder-Motor und Frontantrieb und einer sehr guten Hinterachse, die zwar als Starrachse sehr einfach konzipiert war, aber durch das U-Profil die Wirkung einer Querlenkerachse erzielte. Die Herstellungskosten hielten sich in Grenzen, obwohl das technische Niveau außerordentlich hoch war.

Die Kunden sahen zudem die praktischen Vorteile. Der Audi 50 war preiswert, verbrauchte wenig und war schnell und wendig. Er ließ sich zudem effizient beladen, da man die Rücksitzbank umklappen konnte. Ich hatte, um die damaligen Zollbestimmungen zu umgehen, mit dem Audi 50 auch schon einmal einen Fernseher, den ich für meine Eltern gekauft hatte, nach Österreich geschmuggelt, indem ich die Rücksitzbank umklappte, den Fernseher darunter versteckte und die Kinder draufsetzte.

Viele bayrische Bauern entschieden sich für den Audi 50. Ungeachtet seiner Kategorie als Kleinwagen war er ein deutsches Auto und kein Renault oder Toyota.

Im Zuge der Entwicklung eines neuen Autos tauchen immer wieder neue und unerwartete Probleme auf, die man lösen muss. Im Fall des Audi 50 war ein solches Problem das Fließheck. Bei einem Stufenheck braucht man hinten keinen Scheibenwischer, die Scheibe bleibt sauber. Ganz anders aber beim Fließheck. Der Audi 100 benötigte mit seinem Stufenheck keinen hinteren Scheibenwischer, der spätere Avant schon. Zum damaligen Zeitpunkt aber gab es noch keine Heckscheibenwischer. Auch ein zweiter Rückspiegel war nicht üblich.

Ich zerbrach mir den Kopf, um dieses verflixte Problem zu lösen. Natürlich musste auch bei Regen und Schmutz die hintere Scheibe frei bleiben. Ich entwickelte daraufhin einen Spoiler, anfangs noch aus regenfester Pappe, auf der Dachkante, und unternahm bei miesem Wetter einige Probefahrten. Einen Windkanal oder all die anderen tollen Sachen, die es heute zum Erproben von Ideen gibt, existierten noch nicht. Tatsächlich blieb die Scheibe mit dem kleinen Spoiler frei. Ich muss bei dem Gedanken ein bisschen lächeln, dass ich offenbar die Spoiler für Pkws erfunden habe. Heute ist diese Lösung allerdings gang und gebe.

Als Typbegleiter für ein neues Fahrzeug muss man rundum die Mama für das Auto sein. Man muss organisieren, muss in begrenzter Zeit all die tausend Einzelteile zusammenbringen, mit den Mechanikern die Konstruktion durchgehen und absprechen, unklare Lösungen ausprobieren, verwerfen oder verbessern, den Aufbau überwachen, die Erprobungsfahrten durchführen, fühlen, ob die Lenkung zu schwer- oder zu leichtgängig ist, die Hinterachse überbremst wird, und unzählige weitere Dinge beachten und in Einklang bringen. Man tastet sich vor, Schritt für Schritt. Auch wenn das Auto schon fertig zu sein scheint und gut fährt, gibt es doch immer wieder Kleinigkeiten, die verbessert werden können. Die Konkurrenz schläft nicht, und es geht immer darum, in der jeweiligen Entwicklung das beste Auto dieses Segments zu bauen, das möglich ist. Als Entwickler von Autos, aber vermutlich auch in allen anderen Berufen, die etwas produzieren, muss man sich immer fragen, mit welchen Argumenten man die Kunden davon überzeugen kann, dass dieses und kein anderes Produkt die richtige Wahl ist.

Die Aggregate des Audi 50 und Audi 80 befanden sich nun im Golf, aus dem Audi 50 wurde der VW Polo und aus dem Audi 80 der Passat. Wir waren stolz auf unsere Entwicklungen, auch wenn sie, wie bei Golf und Passat, unter dem VW-Logo firmierten und VW die späteren Verkaufserfolge des Audi 50 für sich verbuchte. Wir fühlten uns als die aufsässige Tochter des großen Konzerns (erst Anfang der 1990er Jahre wurden die Vertriebsrechte an den Audi-Produkten an uns zurückgegeben).

VW ist kein Fahrradhändler!

— 1975

Schon als Schüler war ich ein leidenschaftlicher Motorradfahrer. Und da NSU Neckarsulm eine klassische Motorradschmiede gewesen war, kamen wir auf die Idee, in deren Fußstapfen zu treten und die Tradition am Leben zu erhalten, indem wir ein leistungsstarkes Motorrad entwickelten. Bensinger und ich stellten unsere Idee Ferdinand Piëch vor, und der zeigte sich sogar aufgeschlossen.

„Wir haben aber keinen Entwicklungsauftrag von VW", entgegnete er, „macht das mal, aber behaltet es für euch!"

Das Budget war lächerlich, unser Enthusiasmus aber groß, und wir machten uns im Jahre 1975 an die Arbeit.

In der Technischen Entwicklung gab es einen abgeschlossenen Bereich, in welchem wir die Prototypen entwickelten, und ein öffentliches Areal für die Dauerläufe. Ein Flügeltor, das wir nur öffneten, wenn wir mit einem Prototypen hinausfahren wollten, trennte den abgeschlossenen vom öffentlichen Bereich. Hinter diesen ohnehin schon verschwiegenen Werkstätten, hinter der Drehbank, errichteten wir einen Holzverschlag, der mich an den Kartoffelkeller meiner Mutter erinnerte, an dieses Holzkabuff, das so muffig roch. Darin tüftelte ich nun an unserem Motorrad, von dem vorläufig niemand wissen durfte.

Das Motorrad, das später Z02 heißen sollte, konzipierte ich nicht auf die übliche theoretische Weise, sondern auf die gleiche experimentelle Art, mit der ich schon als Kind das Feuerwehrauto auseinander und wieder zusammengebaut hatte. Ich schaute mir das Material und die Ideen an, die ich zur Verfügung hatte, und überlegte mir, was ich daraus machen könnte.

Ich kam ja von der Entwicklung des Audi 50, und so nahmen wir dessen wassergekühlten Motor mit seinen 1,3 Liter Hubraum und bauten ihn quer zur Fahrtrichtung ein. Einem Motorradhändler in Ingolstadt kaufte ich einen gebrauchten Rahmen von BMW ab. Wir sägten und schweißten ihn um, ergänzten Rohre, bis er passte und aus dem fremden Rahmen ein ganz eigener Audi-Rahmen entstand, und bauten anschließend den Motor ein.

Nun brauchten wir ein Getriebe. Das besorgte ich vom englischen Hersteller Norton, aber dieses war für höchstens 50 PS ausgelegt. Wir hatten aber mit dem Vierfach-Vergaser schon schlappe 110 PS. Dafür war das Getriebe zu schwach. Eine BMW war eigentlich mit einem Kardanantrieb ausgerüstet, also einer Welle, die sich drehte, zum Hinterrad ging und dieses antrieb, und das wollten wir nicht. Das Norton-Getriebe wiederum verfügte über einen Kettenantrieb. Also besorgten wir Zahnräder für das Hinterrad und eine Kette. Kurz, wir entwickelten ein kettengetriebenes Motorrad mit ordentlicher Leistung, das in den siebziger Jahren ein Novum darstellte.

Als ich den Prototypen zum ersten Mal auf der Autobahn

und mit 200 km/h testete, wurde mir offen gesagt ziemlich bange. Würde die Kette reißen? Halten? Wenn sie riss, konnte das Hinterrad blockieren, und das wäre bei dieser Geschwindigkeit kein Spaß. Ich biss die Zähne zusammen und beschleunigte. Die Kette hielt, und ich blieb am Leben. Bei den nächsten Versuchsfahrten gab ich im Vertrauen auf unsere Konstruktion Gas und fuhr regelmäßig 200 km/h oder mehr.

Mit dem Hochgefühl, etwas wirklich Großartiges entwickelt zu haben, kam ich zurück und erwartete Lob und Zusagen zur Serienproduktion. Weit gefehlt. Wir stellten unser Motorrad in Wolfsburg vor, und der Vertriebsvorstand Dr. Werner Schmidt schmetterte unsere Entwicklung mit den Worten, VW sei doch kein Fahrradhändler, ab. Es ist immer wieder erstaunlich, wie kurzsichtig doch manche Leute in Entscheidungspositionen sein können. Wir wären lange vor den Japanern Marktführer geworden, deren Motorräder mit 800 bis 1.000 ccm und mit mehr als 100 PS erst viel später auf den Markt kamen. Ein Motorrad mit 110 PS in einem wassergekühlten Vier-Zylinder-Motor mit schlappen 1.300 ccm wäre eine Sensation gewesen. Zu wissen, dass die Z02 heute im Museum in Ingolstadt steht, ist nur ein schwacher Trost.

Einmal fuhr ich mit dem Prototypen aus unserem Holzverschlag durch die Vorentwicklung und wollte hinaus auf den Hof. Ich hatte nur nicht daran gedacht, dass in der Halle der Kiosk mit dem Mittagsangebot stand, und es war gerade Pausenzeit. Auf dem Boden vor dem Kiosk lag eine von verschütteten Getränken große nasse Eisenplatte, die dadurch besonders rutschig war. Da standen nun all die Techniker und Mechaniker, aßen ihre Brote, tranken Cola oder ein Bier und schauten neugierig: „Ah, da ist er ja wieder mit seinem Motorrad. Wie wird das jetzt wohl aussehen?“ Ich gab ein bisschen Gas und rutschte vor ihren Augen mit dem Hinterrad weg und schlug der Länge nach hin. War mir das peinlich! Aber ich muss wirklich anerkennend berichten, dass niemand lachte. So etwas kann vorkommen, und all die Leute, die davon etwas verstanden, wussten, dass wir an einer wirklich großartigen Innovation arbeiteten.

Vielleicht ist es die richtige Gelegenheit, die sehr kollegiale Atmosphäre zu erwähnen, die in der Technischen Entwicklung bei Audi herrschte. Wir halfen uns gegenseitig, und es war normal, bei den Kollegen um einen Gefallen zu bitten, etwa versuchsweise dieses oder jenes Teil mit Quer- oder Längsschlitzen herzustellen, damit wir damit experimentieren konnten. Man zeigte sich erkenntlich, indem man sich dann zu einem Bier einlud.

Nun, wir bauten oft Prototypen, die es letztlich nicht in die Serienproduktion schafften. Das gleiche Schicksal traf einen Dreischeiben-Wankelmotor, den wir in einen Audi 100 verbauten. Das wurde ein phantastisches Auto, man hörte kaum noch den Motor, er lief leise und kraftvoll wie eine Katze, hatte Leistung im Überfluss, aber seltsamerweise interessierte sich der Vorstand nicht dafür.

Mit Piëch durch die Sahara

Ferdinand Piëch beschloss, nachdem sich abzeichnete, dass der Audi 50 ein ziemlich erfolgreiches Auto werden würde, bei den Erprobungsfahrten den Autos wirklich alles abzuverlangen. Es begann im September 1973 mit einer weiteren Versuchsfahrt in Spanien. Ferdinand Piëch, Ernst Fiala, Jörg Bensinger, Fritz

Naumann und ich trafen uns in Andalusien. Mir als dem Niedrigsten in der Hierarchie oblag die Organisation, das Buchen der Hotelzimmer und all die Notwendigkeiten, damit die Versuchsfahrt reibungslos verlaufen konnte. Piëch erkannte bald mein Organisationstalent und übertrug mir in der Folge die komplette Organisation aller Versuchsfahrten, winters in Skandinavien, sommers in Algerien.

Während eines Essens auf unserer ersten gemeinsamen Reise musterte mich Piëch mit scharfem Blick.

„Sie müssen nicht immer mit den Mädchen flirten!", sagte er streng.

„Ich habe doch gar nicht geflirtet …"

„Doch, die Kellnerin hatte nur Augen für Sie!"

Ich weiß nicht, ob es Neid war, der ihn bewogen hatte, mich derart zu maßregeln – doch trotz des etwas holprigen Anfangs begann damit eine jahrelange vertrauensvolle Zusammenarbeit.

Piëch war sicher kein einfacher Charakter, was unter anderem an seiner Herkunft und Biografie lag. Als Enkel von Porsche arbeitete er ganz sicher nicht für Geld, seine Motive waren anderer Natur. Aufgrund einer porscheinternen Regelung, die es direkten Familienmitgliedern verbot, Mitglied des Vorstandes zu werden, stand er vor der Wahl, nach Japan oder zu Audi zu gehen. Er entschied sich für die ungezogene VW-Tochter in Ingolstadt und übernahm dort erst die Position eines Hauptabteilungsleiters „zur besonderen Verwendung" in der Technischen Entwicklung und später des Technischen Vorstands. Einige Jahre darauf, 1988, wurde er Vorstandsvorsitzender von Audi und Anfang 1993 von VW.

„Jeder ist käuflich", sagte er einmal. Ich schaute ihn fragend an, und er fuhr fort: „Natürlich, jeder ist käuflich. Selbst wenn einem das Kind oder die Frau gekidnappt und man gezwungen wird, Lösegeld zu bezahlen, um seine Lieben zurückzubekommen, ist man bereits käuflich, weil erpressbar oder bestechlich."

Dies charakterisiert seine allgemeine Sicht auf die Menschen recht deutlich.

Er war aber vor allem ein brillanter Ingenieur mit einem untrüglichen Gespür für aussichtsreiche Innovationen. Er kam gerade vom Porsche-Motorsport. Darauf war es vielleicht zurückzuführen, dass er die Versuchsfahrten deutlich anspruchsvoller gestalten wollte.

Als wir begannen, in Afrika unsere Prototypen zu testen, fuhren wir oft zusammen auf unserer Teststrecke in der Sahara zwischen El Golea und In-Salah, oft zweimal am Tag, insgesamt um die tausendsechshundert Kilometer. Wenn er nicht mehr Auto fahren wollte, musste ich übernehmen, und er erzählte mir Geschichten aus seiner Familie, von den Problemen seiner Töchter und alles Mögliche, das ihn gerade bewegte. Antworten oder gar meine Meinung wünschte er nicht, es reichte ihm, dass jemand zuhörte.

Er verlangte absolute Loyalität. Bewies man diese, erwies er sich als ebenso zuverlässig. Hatte Piëch einmal etwas zugesagt, konnte man sich darauf zu hundert Prozent verlassen.

Durch die Sommer-Versuchsfahrten entwickelte ich eine starke Beziehung zu Afrika, vor allem zu Algerien. Ich lernte das Land kennen und lieben und gewann viele Freunde dort. Diese Beziehung fand 1980 mit der Teilnahme an der Rallye Paris–Dakar einen weiteren und ganz besonderen Höhepunkt. Paradoxerweise führte unser grandioser Doppelsieg bei dieser Rallye dazu, dass ich bald die Technische Entwicklung verließ, um als Sportchef von Audi den Rallyesport zu organisieren und zum

Erfolg zu bringen. Damit fielen für mich die jährlichen Sommererprobungsfahrten in Afrika weg. Ich bekam schnell Heimweh nach der Wüste, kein Wunder nach all den Jahren. Ich vermisste die Hitze, die trockene, fiebrige Luft, das Treiben auf den nordafrikanischen Märkten.

Wüstenfuchs

Eines Tages während der Sommerfahrten kamen auf einem Markt in El Golea Kinder, nicht älter als sechs Jahre, auf mich zu. Sie zeigten mir ein Fennekjunges. Ein Fennek gehört zur Familie der Füchse, wird aber ausgewachsen nicht größer als ein Eichhörnchen. Die Kinder also zeigten mir diesen winzigen Fennekwelpen und wollten mich zum Kauf nötigen.

„Master, hier, ist ein Fennek. Willst du den kaufen?"

„Nein, was soll ich denn mit einem Fennek?", lehnte ich ab.

Offenbar waren die algerischen Kinder in Verkaufspsychologie bewandert, jedenfalls aber mit den wunden Punkten von Europäern. Sie begannen das winzigen Wüstenfuchsbaby am Ohr zu ziehen, so dass dieses erbärmlich quiekte.

„So, du musst den kaufen!"

„Nein, und jetzt hört auf, das Tier zu quälen!"

„Master, kaufe oder wir ziehen weiter am Ohr."

„Hört jetzt auf, ich kaufe ihn nicht!"

„Fünfzig Denar!" Das waren damals nicht mehr als zwei Mark.

Der Fennekwelpe litt vor meinen Augen, und ich konnte dann doch nicht einfach weitergehen.

„Ok, ich kaufe ihn", gab ich entnervt nach.

Ich ging mit dem Fennek in das Hotel, nachdem ich die Wassermelone und die Datteln gekauft hatte, wegen denen ich eigentlich auf dem Markt gewesen war. Was sollte ich nun mit diesem kleinen Tier anfangen? Ich überlegte, ihm auf den Kopf zu schlagen und ihn dann in der Toilette herunterzuspülen. Ich brachte es nicht übers Herz. Vorsichtig legte ich den Fennek in einen kleinen Pappkarton, den ich mit Zellstoff etwas ausgepolstert hatte, nahm dann eine Nasentropfenflasche, besorgte mir aus der Hotelküche etwas Kondensmilch, die ich mit Wasser verdünnte und flößte dem kleinen Tier die Flüssigkeit ein. Ich habe nie verstanden, warum Fennekwelpen selbst bei größtem Hunger ihr Maul verschlossen halten. Die Fütterung geriet zur Zwangsernährung. Am nächsten Morgen lebte der Fennek immer noch. Also gab ich ihm wieder die Flasche in Form der Pipette und ging, meine Arbeit zu erledigen. Nach einigen Tagen wurde mir klar, dass die Kleine – es war ein Weibchen – über einen eisernen Lebenswillen verfügte und ich sie so bald nicht wieder loswerden würde. Ich fragte meinen Freund, den Hoteldirektor nach dem Namen seiner Großmutter, in der Hoffnung, so einen klangvollen arabischen Namen für den Fuchs zu finden. „Rosa", sagte er, sie habe Rosa geheißen. Ich musste lachen. Sehr exotisch klang das natürlich nicht.

Nach zwei Wochen waren unsere Erprobungsfahrten abgeschlossen. Was sollte ich tun? Rosa war mir ans Herz gewachsen. Und wer sollte sich hier um die Kleine kümmern? Kurzerhand nahm ich sie mit, schmuggelte sie in der Hosentasche über die Grenzen und gab ihr immer wieder ein paar Tropfen aus der Nasentropfenpipette.

Rosa, die Wüstenfüchsin, wurde in Ingolstadt groß und lebte über zehn Jahre in unserem Haushalt. Sie liebte es, über den

Gartenzaun zu springen und im Feld nach Mäusen zu jagen. Raschelten wir mit Schokoladenpapier, kam sie sofort wie der Blitz zurück, sprang über den Zaun und dann auf den Tisch, weil sie das Geräusch des Silberpapiers sehr genau kannte. Fenneks fressen alles, Fleisch, Insekten oder süße Datteln, und manchmal eben auch Schokolade. Die Füchsin erkannte Sylvia schnell als die Herrin des Hauses an. Wenn Rosa sie länger nicht gesehen hatte, wedelte sie wie ein Hund mit dem Schwanz und pieselte vor Aufregung auf den Fußboden.

Rosa sollte einmal sogar ihre alte Heimat wiedersehen und obendrein eine treue Tierfreundin gewinnen.

Ich hatte meine ganze Familie, die Eltern, meine Frau und die drei Kinder, zu einer Urlaubsreise nach Algerien eingeladen. Ich wollte, dass sie den Zauber Nordafrikas kennenlernten, der für sie bisher nur eine Fata Morgana aus meinen Erzählungen gewesen war. Und natürlich kam der Fennek mit.

Ich zeigte meiner Familie El Golea, wir schlenderten über die Basare, fuhren in die Wüste, und ich stellte ihnen all die gastfreundlichen und hilfsbereiten Leute vor, die ich hier kennen gelernt hatte. Wir wohnten bei Freunden in ihrem zu einem Gästehaus umgebauten Gartenhäuschen. Nachts aber wurde es unheimlich. Ein seltsames Kratzen und Rascheln ließen uns wach werden. Mit der Taschenlampe suchte ich nach der Ursache und fand oben im Gebälk eine der halbwilden Katzen, die dort ihre Katzenbabys versteckt hielten. In Algerien war das Verhältnis zu Haustieren ein ganz anderes als in Deutschland. Katzen lebten dort mehr oder minder wild, bekamen gelegentlich einige Abfälle hingeworfen, aber ihr Leben galt nichts. Meine Kinder lagen mir tagelang in den Ohren, eines der Babys mitzunehmen. Dann hätte Rosa Gesellschaft. Sie bettelten so lange, bis wir seufzend nachgaben. Das Katzenbaby tauften wir Pschirra, und auf der Rückreise schmuggelten wir nun schon zwei kleine Tiere über die Grenze. Der Fennek schaute neugierig aus der einen Hosentasche und Pschirra aus der anderen. Die beiden freundeten sich gut an, obwohl die algerischen Katzen ein ganz anderes Temperament als die deutschen Katzen haben. Sie war eigensinnig, aber solange wir ihr ihren Freiraum ließen, zeigte sie ihre Anhänglichkeit.

Nachdem Rosa viele Jahre später gestorben war, drehte Pschirra durch. Sie zerkratzte die Möbel und biss uns. Sylvia brachte sie dann zu einem befreundeten Bauern, auch wenn mir dabei das Herz blutete, aber auf dessen Hof gab es viele Katzen und viel Freiheit. Es muss dort auch einen Kater gegeben haben, denn Pschirra bekam Junge, und so gibt es in Bayern heute Katzen mit algerischen Vorfahren.

Die Wüstenfüchsin Rosa starb durch ein Akt böswilliger Grausamkeit. Irgendein böser Mensch schmiss eines Tages Rattengift auf unseren Rasen. Wir wissen bis heute nicht genau, wer es war, aber er soll in der Hölle schmoren. Sylvia schaffte die kleine Füchsin noch zum Tierarzt, aber es war nichts zu machen, wir mussten sie einschläfern. Nach zehn Jahren. Die ganze Familie trauerte, und es flossen nicht wenige Tränen.

KAPITEL 3
RALLYE PARIS-DAKAR

— 1980

Sand bis zum Horizont, darüber ein flirrender Himmel. Auf den Pisten undurchdringliche Staubwolken.

Freddy Kottulinsky und sein Beifahrer Gerd Löffelmann liegen mit ihrem Geländewagen Iltis vorn. Es sind nur noch wenige Etappen bis zum Ziel am Strand von Dakar. Gerd liest die Route vor.

Freddy sagt: „Was ist, wenn wir durch das Flussbett dort fahren? Wir sparen doch bestimmt noch mal zehn Minuten."

„Wir liegen eine Stunde vorn. Warum etwas riskieren?"

Freddy hört nicht, trifft eine Entscheidung. Wer Paris–Dakar fährt, wer die Hitze, den Sand im Mund und in der Kleidung erträgt, wem ein Rad davonrollt, oder wer sich überschlägt und dennoch weiterfährt, kennt nur ein Ziel: Siegen. Und, wenn es möglich ist, noch ein paar Minuten mehr herausschlagen. Oder Sekunden.

Der Wagen bleibt im tiefen, trockenen Treibsand des Flussbettes stecken.

Die Räder drehen durch. Mit jeder Minute in diesem Fluss wird der Vorsprung auf die Verfolger geringer. Gerd legt die Schlafsäcke unter die Räder, Freddy schaltet vorsichtig, um freizukommen. Klappt nicht.

„Die Hemden! Leg die Hemden drunter!“ Es ist buchstäblich das letzte Hemd, das wieder Bewegung in den Iltis bringt.

Endlich frei. Nach einer Stunde.

Freddy fährt wie der Teufel. Zaniroli, auch im VW-Iltis-Team, ist ihnen dicht auf den Fersen. Der Unterschied beträgt nur noch wenige Minuten.

In unserem Team sind Franzosen und Deutsche, und zwischen ihnen gibt es damit auch eine gewisse Konkurrenz. Eine Stallorder anzuordnen, ist angesichts der Kämpfernaturen und mit mir als jungem und noch ziemlich unerfahrenem Teamchef schlicht unmöglich. Man kämpft noch um die letzten befahrbaren Reifen, und ich muss sie zuteilen. Auf keinem ist auch nur ein Millimeter Profil mehr. Jeder versucht, den Reifen zu ergattern, bei dem am wenigsten Leinen durchschaut. Ich bleibe neutral und lasse das Los entscheiden.

Und dann: das Meer. Die letzten beiden Etappen führen über den Sandstrand von Dakar.

Freddy siegt knapp vor Zaniroli. Wenige Minuten später fährt dieser mit seinem Beifahrer Colesse ebenfalls durchs Ziel. Den dritten Platz machen zwei Franzosen, die Brüder Marreau, mit einem Renault-Prototypen. Doch auf dem vierten Platz liegt wieder ein Fahrzeug aus unserem Stall. Und selbst ich, mit dreihundertfünfzig Kilogramm Ersatzteilen und Werkzeugen an Bord, fahre als Neunter über die Ziellinie. Unser Lkw, der Ersatzreifen, Differentiale, Gelenkwellen, Werkzeug und jede Menge weitere notwendige Ersatzteile für unser Team geladen hat, macht den zweiten Platz in der Lkw-Wertung.

Ein größerer Triumph ist für einen jungen Ingenieur nicht vorstellbar.

Doch Paris–Dakar hat natürlich eine Vorgeschichte …

Ein Geländewagen für die Bundeswehr – der VW Iltis

1976 bekamen wir den Auftrag von der Bundeswehr, einen Nachfolger für den Militär-Geländewagen DKW Munga zu konstruieren. Zwischen 1956 und 1968 von der DKW/Auto Union (die während dieser Zeit Teil des Volkswagenkonzerns wurde) gebaut, hatte die Bundeswehr diesen Geländewagen über all die Jahre etwa fünfzigtausend Mal gekauft.

Mit diesem Auftrag begann eine lange Reihe von Ereignissen, die letztlich zur Teilnahme an Paris–Dakar und zur Entwicklung des Audi quattro führten. Aber der Reihe nach.

In den 1960er Jahre schlossen England, Italien, Frankreich und Deutschland ein Abkommen über die Entwicklung eines gemeinsamen Panzerführungsfahrzeugs für die jeweiligen Armeen. Man äußerte seine Wünsche, was ein solches alles können sollte: Zum Beispiel sollte es schwimmen können, es sollte aber auch aus dreitausend Metern mit einem Fallschirm von einem Hubschrauber abgeworfen werden können, ohne dabei allzu sehr Schaden zu nehmen. Wieder andere Militärs sagten, es sei unabdingbar, dass mindestens zwölf Personen darin Platz finden müssten, Verletzte müssten transportiert werden können und dergleichen mehr. Was man sich wünschte, war also ein unzerstörbares Amphibien-Allzweckfahrzeug, das Panzer anführen und Verletzte abtransportieren konnte. An solchen hoffnungslos überzogenen Vorstellungen musste natürlich jede Vorentwicklung scheitern. In der Zwischenzeit verfügte keine der beteiligten Armeen über einen zeitgemäßen Geländewagen mehr. Eile bestand offenbar nicht, man wartete ab. Vermutlich trug man sich nicht mit Gedanken, einen Krieg vom Zaun zu brechen, was natürlich sehr erfreulich war.

Doch der Bundeswehr riss zuerst der Geduldsfaden. Sie benutzte zu jener Zeit noch den völlig veralteten Munga mit Zweitaktmotor. Sie fragte bei VW nach, ob man bereit sei, für den Munga ein geeignetes Nachfolgefahrzeug zu entwickeln.

Die Vorgaben waren eindeutig. Die Maße des Fahrzeugs sollten sich nicht ändern, die bisherigen Ausrüstungen, wie Militärrüstsätze, Halterungen für Gewehre, Krankentragen oder die Aufsätze für die Panzerabwehrraketen Milan sollten wie gewohnt ihren Platz finden. Man war also gezwungen, die gleiche Karosserie, zumindest die gleichen Abmessungen, zu verwenden.

VW aber zeigte sich desinteressiert, verwies die Generäle an Audi, und eines Tages bat mich Frau Rösler, die langjährige vertraute Sekretärin Ferdinand Piëchs, in dessen Büro.

„Gumpert, haben Sie nicht Lust, den Nachfolger vom Munga zu entwickeln?"

Ich hatte zwar keine Ahnung, was der Munga war, denn ich war ja nicht bei der Armee gewesen, aber die Vorstellung, einen Geländewagen zu entwickeln, auch noch allradgetrieben, reizte mich als jungen Ingenieur sehr. Ich sagte also zu.

„Na, dann machen Sie mal", sagte Piëch, und damit war ich wieder entlassen.

Ich erkundigte mich zunächst, was dieser Munga eigentlich war, wie er funktionierte, und suchte nach einem Exemplar. Immerhin mussten wir uns an dessen Karosse orientieren.

Bei einem Bauern fand ich ein nicht mehr funktionstüchtiges Exemplar und bot ihm an, es ihm abzukaufen. Zweihundert D-Mark wollte er, was damals für ein Autowrack ein stolzer Preis war. Ich rief meine Sekretärin an, ich bräuchte Geld, sie solle doch mal in der Kaffeekasse nachschauen. Nun, außer dem Preisgeld einiger verlorener Wetten und kleiner Spenden gab es darin kaum welches. Sie streckte mir den Betrag vor, ich bezahlte den Bauern und schleppte den Geländewagen auf das Werksgelände. In der Spenglerei lachte man mich aus, als ich sie um den Gefallen bat, die Karosse wieder zu richten. Ich griff auf das damals immer wirksame Argument zweier voller Bierkästen zurück, die ich spendierte, und sofort machte man sich an die Arbeit.

So stand ich dann vor der nackten Karosse eines ehemaligen Munga. Der Rest des Geländewagens war verrottet und verrostet, aber wir brauchten ja tatsächlich nur die Karosserie, um die Standards der Bundeswehr zu erfüllen.

Ich legte unter die Karosse die Fahrwerk- und Getriebe-Einheiten des Audi 80 und überlegte, wie es weitergehen könnte. Abgesehen von einigen schnellen Skizzen gab es keinen fertigen Konstruktionsplan. Wir experimentierten, probierten aus.

Ich war nie ein Theoretiker. Ich glaube, es sind die konkreten Probleme, die sich während eines Projektes auftun, die mich zwingen, nach praktikablen Lösungen zu suchen und diese dann auch zu finden. Ich stand also vor dem bloßen Gerüst und entschied mich, zuerst eine Vorderachse samt Motor und Getriebe aus dem Audi 80 zu verbauen. Nun hatten wir ein vorderradgetriebenes Fahrzeug, aber eine Lösung für den Hinterradantrieb stand noch aus. Ich ließ mir ein weiteres Getriebe geben, schnitt es mit einer Säge auseinander, benutzte von diesem allerdings nur das mittlere Teil mit seinen Lagern und Gegenlagern und baute die Reste des Getriebes als Differential in den hinteren Teil des Wagens ein. Ich brauchte nun eine Verbindung zwischen vorderem Getriebe und hinterem Differential. Ich besorgte mir eine Kardanwelle eines hinterradangetriebenen BMWs, zersägte diese, passte sie an die notwendigen Maße an, schweißte sie wieder zusammen, und so standen wir eines Tages vor einem vorderrad-

und hinterradangetriebenen Auto. Ein noch holpriger Prototyp, aber er fuhr, und er fuhr gut. Das Konzept ging auf.

Es gibt sicherlich viele Möglichkeiten, kreative Lösungen zu finden. Manch ein Ingenieur entwirft seine Ideen am Reißbrett, und dagegen ist natürlich nichts einzuwenden. Mich hingegen inspiriert es am ehesten, vor einem Problem zu stehen, einiges an verwertbarem Material zur Verfügung und jede Menge Schwierigkeiten, die gelöst werden müssen, zu haben.

Natürlich wurden anschließend die Konstruktionsingenieure zu meinem Prototypen geholt, die das Ganze in technischen Zeichnungen zu Papier brachten und auch eine eigene Vorder- und Hinterachse zeichneten. Die Audi-80-Achsen wurden letztlich nicht verbaut, sondern aus ihnen eigene Achsen entwickelt.

Der Name des Vorgängers, Munga, war ein Kürzel für Mehrzweck-Universal-Geländewagen mit Allradantrieb, aber da es ein Tier mit ähnlichem Namen (Mungo) gab, nannten wir den Nachfolger einfach Iltis.

Die Bundeswehr wollte den Prototypen testen, und so bat sie uns um zwanzig Testfahrzeuge, um sie im Laufe der nächsten Monate auf einem Bundeswehrtestgelände bei Trier zu erproben. Natürlich wollten die Generäle das bestmögliche Fahrzeug, und so zogen sie die Teststandards ohne unser Wissen noch einmal deutlich an.

Bei den Erprobungen schonten sie den Iltis überhaupt nicht und übertrieben oft in unverschämter Weise. Sie fuhren mit ihm zum Beispiel langsam (um keine Beule in der Karosse zu hinterlassen) gegen einen Baum, bis die Stoßstange ihn berührte, gaben dann Gas und ließen dabei die Kupplung schleifen. Die Räder begannen durchzudrehen, die Kupplung schleifte, es begann bald zu stinken, und nach zehn Minuten ging die Kupplung kaputt. Die Schäden, so teilte man uns lakonisch mit, seien im Fahrbetrieb entstanden. Der Sinn bestand natürlich darin, durch die absurd strengen Tests die Fahrzeuge so überdimensional auszulegen, dass die Bundeswehr ein geradezu unzerstörbares Geländefahrzeug erhalten würde.

Wir wussten, dass auch Schlammfahrten über mehrere hundert Meter zu den Tests gehörten.

All die Dichtungen, durch die Schmutz eindringen konnte, versahen wir demzufolge mit einem Gewinde, ähnlich einer Schraube, so dass der Schlamm während des Betriebs wieder hinausbefördert wurde. Nun bekamen die Leute von der Bundeswehr Wind davon und ordneten an, rückwärtszufahren. Ein bisschen unfair, wie ich fand, denn fährt man nicht gewöhnlich vorwärts? Rückwärts fährt man allenfalls, wenn man irgendwo stecken bleibt, keinesfalls aber einen ganzen Kilometer oder mehr. Die Testfahrer aber fuhren konsequent durch schlammiges Gelände rückwärts, und der Effekt unserer Gewinde kehrte sich um. Einige Getriebe gaben dabei den Geist auf. Letztlich aber konnte der Iltis dennoch überzeugen, und wir gingen in Produktion.

Die ersten zweihundert Iltis wurden auf dem Theaterplatz in Ingolstadt im Rahmen einer großen Feier und in Anwesenheit des Bürgermeisters und des Verteidigungsministers übergeben. Ich musste eine Rede halten, was ich als sehr grausam empfand. Ich war ein junger Ingenieur, und meine Welt waren Werkstätten und meine Mechaniker, nicht aber Menschenmengen und edle Anzüge. Ich brachte vor Aufregung fast kein Wort heraus, und mein Atem, den ich durch das Mikrofon hörte, machte mich ziemlich nervös. Man schien mir aber meine mangelnden Redekünste nachzusehen, jedenfalls hatten alle Anwesenden glänzende Laune.

Der Mutterkonzern hatte nun großes Interesse daran, auch andere Armeen von den Vorzügen des Iltis zu überzeugen, und so reiste ich in der folgenden Zeit durch verschiedene Länder, unter anderem auch durch den Dschungel Nigerias und auf die Golanhöhen Syriens. In allen skandinavischen Ländern, von Dänemark und Schweden über Norwegen bis Finnland führten wir Wintererprobungsfahrten durch, um dort unser Auto vorzustellen. Meistens saßen wir im Auto, fuhren viele tausend Kilometer, an meiner Seite mein alter Freund und Mechanikermeister im Bereich Entwicklung Alois Eder, der auch später während der Rallye Dakar mein Beifahrer sein würde, ein kräftiger bayrischer Bauernsohn, stark wie ein Bär und mit dem Herz am richtigen Fleck. Bisweilen übernachteten wir in der Wildnis, unter uns ein glitzernder Fjord. Die Landschaft Skandinaviens war von unvergleichlicher Schönheit. Der Schnee gab den langen Nächten Licht. Und es war hundekalt. Der Iltis war nun auch kein luxuriöser SUV, sondern ein außerordentlich spartanischer und funktionaler Geländewagen, der sich nur schlecht heizen ließ. Ohne warme Mäntel, Schals und Mützen ging es nicht. Wenn wir bei den üblichen minus zwanzig oder dreißig Grad zu sehr froren, hielten wir, stellten den Schnaps auf die warme Motorhaube und machten auf gut bayrisch eine zünftige Brotzeit. Nicht selten, wenn wir gedankenverloren an der warmen Motorhaube lehnten und die diffusen Lichtspiele in der dunkelgrauen Luft beobachteten, jeder den Freund neben sich wissend, fühlten sich diese Fahrten eher wie eine Urlaubsreise denn eine Betriebsfahrt an.

In Österreich mussten wir uns einer starken Konkurrenz stellen. Die österreichische Armee zeigte Interesse, obwohl sie mit ihrem Steyr-Daimler-Puch bereits über einen passablen Wagen verfügte. Wir stellten den Iltis dem Verteidigungsministerium vor. Alle Augen waren auf den Steilhang gerichtet, auf dem wir zu demonstrieren hatten, wie hoch und sicher das Allradfahrzeug fahren konnte. Einer ihrer Soldaten, ein Hauptmann oder Oberfeldwebel, der wohl der Meinung war, ein besonders guter Fahrer zu sein, verfuhr sich dann auf dem Hang, mitten im Felsen, das Fahrzeug schwankte schon bedenklich, und er stieg sehr vorsichtig und kreidebleich aus. Die Vorführung wäre fast zu einem Desaster geworden. Also stieg ich nach oben, setzte mich in meinen Iltis und schaffte es tatsächlich, das Auto aus der misslichen Lage herauszumanövrieren und die Spitze des Hangs zu erreichen. Zwar applaudierten alle, aber die Österreicher entschieden sich letzten Endes doch nicht für den Iltis.

Nächster Versuch: Frankreich. Wir übergaben der französischen Armee ebenfalls zwanzig Testfahrzeuge und schlugen in den Tests nahezu die ganze Konkurrenz, vor allem in den Bereichen Robustheit, Geländegängigkeit und Dauerhaltbarkeit.

Unsere größte Konkurrenz bestand in dem inzwischen von Mercedes entwickelten Geländewagen G. Als die Bundeswehr einen Munga-Nachfolger suchte, entschied Mercedes, sich darin nicht weiter zu engagieren, da die Zeit zu knapp für eine solche Entwicklung sei. Stattdessen konstruierten sie für den zivilen Gebrauch den Mercedes G, der zwar als Munga-Nachfolger der Bundeswehr aufgrund der erheblich abweichenden Maße momentan nicht infrage kam, aber für andere Armeen desto interessanter wurde. Die französischen Generäle ließen sich von den Iltis-Eigenschaften nur mäßig beeindrucken. Wichtiger schien ihnen der Komfort, den der Mercedes bot.

Wie, fragte ich mich, konnten wir den Franzosen beweisen, dass unser Iltis das richtige Fahrzeug für sie war? Komfort konnte ja wohl kaum ein entscheidendes Kriterium bei der Wahl eines

Militärfahrzeugs sein. So kam ich auf die Idee, 1980 an der Rallye Paris–Dakar teilzunehmen, die damals noch Rallye Oasis hieß, und im vorangegangenen Jahr zum ersten Mal stattgefunden hatte. Paris–Dakar hatte beachtliches Interesse in der Öffentlichkeit, besonders in Frankreich, erzeugt. Alle Medien hatten darüber berichtet, nicht nur Sportzeitungen, sondern auch das Fernsehen, das damals wichtigste Massenmedium. In mir reifte also diese Wahnsinnsidee, ich ging zu Piëch und legte ihm meine Gründe für eine Teilnahme dar.

„Sie sind ja verrückt, das ist unmöglich!", sagte er. „Das sind lauter Spezialfahrzeuge, die setzen alle möglichen allradgetriebenen Buggys ein!"

Ich war aber von meiner Idee überzeugt. „Wir müssen ja nur durchkommen. Das sind zigtausende Kilometer. Wenn wir die schaffen, haben wir bewiesen, dass der ‚Iltis' das beste Fahrzeug für jede Armee ist."

Piëch war noch immer skeptisch, aber ich wusste, dass wir nur ein geringes Risiko eingehen würden. Ich hatte nicht den geringsten Zweifel, dass der Iltis das schaffen und nicht kaputtgehen würde. Ich kannte mein Auto. Und dann gab Piëch nach.

„In Ordnung, aber Sie organisieren das alles!"

Es war wohl eine Mischung aus persönlichem Ehrgeiz und der felsenfesten Überzeugung, dass der Iltis ein hervorragendes Fahrzeug war, das jede Herausforderung mühelos bestehen konnte, die mich in dieses irrwitzige Projekt trieb. Nachdem Piëch also seine Zustimmung gegeben hatte, offenbarten sich mir erst die Dimensionen des Vorhabens. Ich konnte Autos bauen, aber ich hatte keinerlei Erfahrung mit Rallyesport.

Ich wandte mich an den Bereich Audi Sport, den es schon seit zwei Jahren gab. Meine ersten Fragen waren so naiv, dass man mich schlicht auslachte. (Bald lachte man dort nicht mehr.) Nicht ganz unverständlich angesichts meiner Fragen wie: „Sagen Sie, was kommt denn in so ein Rallyeauto alles hinein?“

Die Leute von Audi Sport wollten von mir nichts wissen und verhielten sich ziemlich abweisend. VW lieh mir schließlich den Profi-Rennfahrer Graf Freddy Kottulinsky aus, eine Hilfe, die, wie sich noch zeigen sollte, buchstäblich Gold wert war. Des Weiteren nahm ich Kontakt zu französischen Rennfahrern auf, die für das Projekt infrage kommen konnten. Paris–Dakar war zu dieser Zeit noch stark französisch dominiert, und so brauchte ich auch eine zumindest zum Teil französische Mannschaft. Es gelang mir, Jean Ragnotti, einen Rennfahrer, der damals schon sehr erfahren und erfolgreich war, und Patrick Zaniroli, einen Experten für Spezialfahrten, wie Bergfahrten, Wasser- und Schlammdurchläufe, für die es ja auch Wettkämpfe gab, zu verpflichten.

Das vermeintlich irrwitzige Vorhaben nahm langsam Form an. Immerhin verfügten wir über zuverlässige Autos und großartige Fahrer. Die Auswahl des Teams zeigt vielleicht, wie unsicher ich in meiner neuen Aufgabe noch gewesen war. Top-Rennfahrer, einen Spezialisten für Extremfahrten, und zusätzlich sorgte ich dafür, dass jeder Beifahrer ein absolut zuverlässiger Mechaniker war.

Ich entschied mich, mit insgesamt fünf Autos an der Rallye teilzunehmen. Während der Rallye Paris–Dakar wurden keine Begleitmannschaften, keine Konvois mit Ersatzteillagern und Legionen von Mechanikern zugelassen. Lediglich Kameradschaftshilfe war erlaubt. Ich beschloss, dass zwei als Wettbewerbsautos getarnte Service-Fahrzeuge mitfahren sollten: ein Lkw für große Reparaturen, hauptsächlich für die Reparaturen am Ende jeden Tages nach den gefahrenen Rennkilometern, und ein Iltis mit dreihundert Kilogramm Ersatzteilen und entsprechendem Werkzeugen, den ich selber fahren wollte, und mit dem ich schnell vor Ort Hilfe leisten konnte. Also fuhr ich nach München, lieh mir einen sechsradgetriebenen Lkw der Firma MAN aus, der als unser Ersatzteillager an dem Rennen teilnehmen sollte. Der Reifenhersteller UNI ROYAL erklärte sich bereit, die Reifen zu sponsern. Für eine solche Rallye sind zweihundert Reifen auf Felge ein Muss, und all die mussten in den Lkw, um bei Bedarf zur Verfügung zu stehen. Hinzu kamen alle möglichen Werkzeuge, etwa ein Schweißgerät, aber auch Ersatzteile und ganze Getriebe. Für kleinere Werkzeuge und Ersatzteile fuhr ich selbst den vierten Iltis unseres Teams, unterstützt von meinem Beifahrer und alten Freund Alois Eder.

Ragnotti war ohne Zweifel die erste Wahl unter unseren Fahrern, er hatte bereits erfolgreich an internationalen Rallyes teilgenommen und unter anderem 1977 die französische Rallyecross-Meisterschaft in Frankreich gewonnen. Einen unserer vier Iltis rüsteten wir für ihn auf fünf Zylinder um und erhöhten die Leistung auf 150 PS. Man vergegenwärtige sich, dass der Serien-Iltis gerade einmal über 75 PS verfügte, und auch wenn wir sie für die Rallye auf 110 PS hochrüsteten, war das doch für Rallyeautos lächerlich wenig. Das Gleiche galt für mein Fahrzeug, das dazu noch mit über dreihundert Kilogramm Ersatzteilen beladen war.

Schlussendlich gingen wir mit vier Iltis und einem Lkw an den Start: drei der Iltis in der Wertung für Serienfahrzeuge und einer in der Prototypenwertung. Ich selbst nahm zwangsläufig ebenfalls als Rennfahrer teil, aber im Grunde bildete ich gemeinsam mit Alois Eder das als Rennfahrer getarnte Serviceteam für unseren Stall. Die Idee bestand darin, den anderen hinterherzufahren, um im Notfall „Kameradschaftshilfe“ leisten zu können.

Leider funktionierte das meistens nicht. Damals verständigten wir uns bei diesem und anderen Wettkämpfen über Funk, doch die Verbindung reichte nicht weiter als höchstens zwei Kilometer. Satellitenverbindungen gab es noch nicht, und Flugzeuge oder Hubschrauber waren verboten, abgesehen davon gab es für diese auch kein Budget. Sobald zwischen den Fahrzeugen ein Berg oder dergleichen lag, brach die Verbindung zusammen. Später, in den Rallyezeiten bei Audi, setzten wir erst Flugzeuge und später Hubschrauber ein, die das Signal aufnahmen und es wiederum an den anderen Wagen zurücksendeten. Aber das war zu diesem Zeitpunkt noch Zukunftsmusik.

Heimspiel in Algerien

— 1980

Niemand hatte uns im Vorfeld der Rallye ernst genommen. Angesichts unserer im Verhältnis zu den anderen Fahrzeugen geradezu lächerlich untermotorisierten Autos wurden wir von einigen Konkurrenten schlicht ausgelacht. Das änderte sich allerdings sofort nach dem Start. Überraschend, auch für uns, lagen wir von Anfang an vorn. Leider zeigte sich recht schnell, dass wohl einige Teams, ich weiß bis heute nicht welche, seltsame Vorstellungen von fairem Sportsgeist hatten. Nach einer der ersten Etappen in Algerien schlich sich jemand in den Parc Fermé, in dem die Autos über Nacht abgestellt wurden, und lockerte die Radmuttern von Ragnottis Iltis. Die Eifersucht auf Ragnotti, der als einer der besten Rennfahrer galt und nun diesen in ihren Augen fürchterlichen und vor allem deutschen Iltis fuhr, muss gewaltig gewesen sein – aber wohl auch der Respekt. Am Morgen fuhr Ragnotti nichtsahnend los, und nach siebzig Kilometern verlor er ein Rad. Ich selbst war schon weitergefahren, der Funkspruch erreichte mich nicht mehr, und so musste Jean Ragnotti auf unseren Lkw warten. Er verlor damit drei bis vier Stunden. Nun, genutzt hat diese ziemlich unsportliche Intervention niemandem, die anderen Iltis mit Kottulinsky und Zaniroli lagen immer in den Top Ten, und der erfahrene Freddy Kottulinsky führte die Rallye sogar an.

Die ersten Etappen in Algerien wurden für mich zu einem Heimspiel. Ich kannte die Gegend wie kein anderer, immerhin hatten wir dort in den letzten Jahren all die Erprobungsfahrten mit unseren Prototypen durchgeführt. Zwischen Ghardaia und El Golea fuhr ich tatsächlich die beste Zeit – mit dem Serviceauto.

Kamen wir abends an das Etappenziel, wurden die Autos geparkt. Ich checkte ihren Zustand, und gemeinsam führten wir die nötigen Reparaturen durch. Anschließend kroch ich todmüde ins Zelt, knipste die Taschenlampe an und übersetzte die Instruktionen der Rallyeorganisation aus dem Französischen ins Deutsche. Ragnotti und Zaniroli sprachen natürlich Französisch, nicht aber Freddy oder unsere Beifahrer. Denn so waren die Regeln: Bis zum Abend wusste man nicht, wie die Route am nächsten Tag weitergehen würde. Man bekam dann ein auf Französisch verfasstes Notizbuch mit den Informationen über den weiteren Verlauf der Rallye. Weit nach Mitternacht fielen mir dann die Augen zu. Ein paar Stunden Schlaf konnte ich abfassen, bis es gegen fünf Uhr am Morgen wieder hieß aufzustehen und alles vorzubereiten, damit der komplette Stall losfahren konnte.

Also wieder auf Achse, Alois neben mir. Er las mir die übersetzten Richtungsanweisungen vor. Links, rechts, nein, oder doch – und in diesem Moment wurden wir von den Brüdern Marreau überholt. Die beiden französischen Rennfahrer hatten bereits im vergangenen Jahr an dem Rennen teilgenommen und den dritten oder vierten Platz belegt. Diesmal wollten sie natürlich gewinnen. Wir wussten nicht, warum sie uns überholen konnten, denn sie waren eigentlich vor uns losgefahren. Aber sei's drum, die ganzen Diskussionen über die Route konnten sich Alois und ich sparen, wenn wir den beiden einfach hinterherfuhren. Die Brüder kannten die Route präzise. Sicherlich hatten sie im Vorfeld auch ihre Beziehungen spielen lassen, jedenfalls wusste ich, dass sie über mehrere Monate die fraglichen Strecken bereits trainiert hatten. Sie galten nicht umsonst als die Favoriten in ihrem aufgerüsteten Renault. Man nannte sie auch die „Wüstenfüchse".

Für eine Weile schien mein Plan aufzugehen, ich konnte das Tempo halten und behielt die Brüder in Sichtweite. Doch dann passierte das Malheur, das uns für diese Etappe einen Strich durch die Rechnung machte.

Ich bog in eine Linkskurve, fuhr sie aber ziemlich weit rechts, um dem Staub auszuweichen. Auf der rechten Seite aber wurde der Boden plötzlich weich, tiefer Sand, das Auto kippte weg, folgte den Gesetzen der Fliehkraft und überschlug sich mehrmals. Und dann Stille. Und Sand im Mund. Wir lagen auf dem Kopf.

Langsam befreiten wir uns aus dem Auto, begutachteten uns und stellten erleichtert fest, dass, abgesehen von ordentlichen Blessuren und blauen Flecken, noch alle Gliedmaßen ordnungsgemäß an Ort und Stelle waren. Die Brüder Marreau waren natürlich in diesem Augenblick vergessen. Alois, stark wie ein Bär, und ich kippten das Auto erst auf die Seite, dann wieder auf die Räder. Wer solcherlei Extremsituationen bereits erlebt hat, weiß, dass man in diesen ungeahnte Kräfte entwickeln kann. Uns blieb auch kaum etwas anderes übrig, als uns selbst zu helfen. Die Konkurrenz würde nicht anhalten, wenn sie überhaupt in Sichtweite vorbeifuhr. Da es keine festen Straßen gab, fuhren einige vielleicht fünfhundert Meter entfernt links vorbei, andere einen Kilometer rechts von uns, wir befanden uns ja in der Wüste. Wenn man Glück hatte, bemerkte jemand den Unfall, fuhr allerdings weiter und erzählte es am Abend im Etappenziel, damit die Organisatoren wussten, wo man auf Hilfe wartete.

Falls also das Auto nicht mehr fahren würde, konnte man nur auf den kleinen Vorrat an Notproviant, der vom Organisator gestellt worden war, und auf Hilfe am Abend oder am nächsten Tag hoffen.

Aufgeben aber kam nicht infrage. Nachdem wir den Iltis wieder aufgerichtet hatten, warteten wir eine Weile, damit das Öl, das sicher in der Zeit, in der das Auto auf dem Kopf lag, in den Zylinderkopf und die Zylinder gelaufen war und erst wieder zurückfließen musste, sich wieder setzen konnte. Lässt man einen Motor, bevor das Öl aus den Zylindern geflossen ist, wieder an, kann es zu einem Kompressionsschlag kommen, da Öl nicht komprimierfähig ist. Kein Motor würde das überleben. Wir bogen also zunächst die Gestänge des Verdecks notdürftig wieder gerade. Der Überrollbügel, der glücklicherweise Vorschrift war, hatte uns vermutlich das Leben gerettet. Und dann kam der bange Moment, da wir den Motor starteten.

Hätte man genügend Zeit, wäre es sinnvoller und weniger risikoreich, die Zündkerzen auszubauen und mithilfe des Anlassers den Motor ohne Zündkerzen durchdrehen zu lassen, damit das Öl hinauslaufen kann. Anschließend würde man die Zündkerzen wieder einbauen, und man wäre sicher, dass der Motor wieder laufen würde. Diese Zeit aber hatten wir nicht, und so mussten wir das Risiko eingehen, dass der Motor vielleicht doch versagte.

Es spricht wirklich für den Iltis, dass er sofort wieder lief, als ob nichts gewesen wäre. Ich konnte und kann einen gewissen Stolz auf unser Auto nicht verhehlen, und mir wurde auf ein Neues klar, dass es für jede Armee der Welt ein Gewinn wäre, sich für den Iltis als Geländewagen zu entscheiden. Verbeult und spät erreichten wir am Abend das Ziel.

In der ganzen Geschichte der Rallye Dakar gab es bisher über sechzig Todesopfer. Ist das Wahnsinn? Ja, es ist Wahnsinn, aber es ist auch ein Wahnsinn, der mir bis heute Respekt einflößt. Ich erinnere mich an eine französische Motorradfahrerin, die sich die Schulter gebrochen und das Bein lädiert hatte und dennoch mit stählernem Willen weiterfuhr, bis sie die Ziellinie überquert hatte. Egal wie und mit welcher Zeit, sie fuhr bis zum Ende. Tot oder lebendig, man will ankommen. Ja, da ist schon eine ordentliche Portion Wahnsinn dabei, aber eben auch, positiver formuliert, eiserner Wille. Man mag sich fragen, welche tieferen Motive die Rallyefahrer eigentlich antreiben, sich Tag für Tag diesem Risiko für Leib und Leben auszusetzen. Ich glaube, dass es neben dem Kitzel des Abenteuers vor allem die Erfahrung der radikalen Intensität ist. Man sprengt die Grenzen dessen, was man sich selbst vernünftigerweise zutrauen würde, in der Hoffnung auf Erfolg, manchmal auch mit der Gewissheit des Gelingens. Diese persönliche Grenzüberschreitung intensiviert das Gefühl einer Lebendigkeit, die man sonst im Alltag gewöhnlich nicht erfährt. Die, wie ich meine, eigentliche berauschende Erfahrung dabei ist das Ausreizen der eigenen Fähigkeit zum unbedingten Willen, dem alles andere untergeordnet wird. Die Rallyefahrt wird zu einem Test: Wie weit kann ein Mensch sich, kann ich als Fahrer mich selbst vorwärtstreiben? Die Grenzen dessen, was bisher machbar war, sprengen und erweitern? Vielleicht ist dies sogar die fundamentale Triebkraft, die seit Jahrtausenden die Menschen beherrscht und uns zwingt, noch höhere Häuser, noch schnellere Autos und Flugzeuge, noch leistungsstärkere Kommunikationsnetze und anderes zu entwickeln. Schlicht zu zeigen, zu was wir fähig sein können. Im Rallyesport verdichtet sich diese Triebkraft auf nahezu archaische Weise. Der Wille zur Bestzeit, zum Sieg dominiert alles, mitunter sogar die Vernunft und die Sorge um das eigene gesundheitliche Wohlergehen. Man setzt sich aufs Spiel.

Manchmal erschienen die Ereignisse geradezu absurd. Es muss sechs oder sieben Etappen später gewesen sein, das Gelände war steinig, und wir mussten durch enge Felspassagen fahren. Eine Sekunde lang hatte ich nicht aufgepasst, und plötzlich gab es einen fürchterlichen Schlag. Ein Felsen hatte das hintere Differential touchiert. Das Differential ist ein etwa zwanzig bis dreißig Zentimeter großes Bauteil, von dem die beiden Gelenkwellen für die hinteren Räder abgehen. Das Differential also war zerplatzt, das Öl ausgelaufen, es gab für die hinteren Räder keinen Antrieb mehr. Normalerweise bedeutet das einen Totalausfall. Das Auto würde in der Wüste bleiben, und im nächsten Jahr würde der Schrotthaufen als ein trauriges Mahnmal für gescheiterte Rennfahrer bestaunt werden können. Irgendwann, nach ein oder zwei Tagen, würde man selbst abgeholt werden, und man müsste sich auf eine ziemlich deprimierende Heimreise begeben. Eine Vorstellung, die uns nicht sehr verlockend erschien.

Wir bauten also das Differential und die Gelenkwellen, die an den Hinterrädern befestigt waren, aus, da wir diese so konstruiert hatten, dass sie auch ohne Gelenkwelle fahren konnten. (Tatsächlich hatten wir beim Iltis darauf geachtet, dass alle Bauteile der vorderen wie hinteren Räder baugleich waren, um damit Ersatzteile sparen zu können.)

Bei anderen Konstruktionen, etwa bei Limousinen, war das nicht so. Beim Iltis konnte man die Gelenkwelle entfernen, und das Rad blieb dennoch mit Radlager und allem Drum und Dran funktionstüchtig. Nach einer halben Stunde warfen wir den Schrott in den Wüstensand und fuhren mit Frontantrieb weiter.

Aber mein lieber Alois konnte nicht aufhören, auf mich zu schimpfen. Ich sei zu unkonzentriert, und ich solle ihn jetzt fahren lassen. Alois Eder war ein exzellenter Fahrer, vielleicht ein besserer Fahrer als ich, mit einer Menge Erfahrung in Dauerlauffahrten mit normalen Autos. Ich gab nach und setzte mich auf den Beifahrersitz. Nach einigen Minuten mussten wir wieder an einigen Felsen vorbeimanövrieren, Alois fuhr ein bisschen zu weit rechts, streifte einen der Steine, und wir hörten ein hässliches Geräusch im Bereich der vorderen Gelenkwellen. Jetzt war es an mir zu schimpfen. Bei uns beiden lagen die Nerven blank. Alois stieg aus, schaute sich den Schaden an und rief:

„Roland, jetzt ist auch vorne rechts die Gelenkwelle kaputt!“ Wir standen beide gebückt vor dem ramponierten Auto und suchten nach einer Lösung. Wir wagten etwas fast Unmögliches, aber welche Alternative hätten wir sonst gehabt? Der Iltis verfügte auch im vorderen Differential über eine Hundert-Prozent-Sperre. Diese sperrte ich, nachdem ich wieder das Lenkrad übernommen hatte, und fuhr nun mit Einradantrieb, und zwar immerhin die zweihundert Kilometer, die uns an diesem Tag noch von dem Etappenziel trennten. Aufgebrochen waren wir mit einem allradgetriebenen Auto, weitergefahren sind wir dann mit Frontantrieb, um schließlich nur noch mit Einradantrieb anzukommen.

Wir hatten mehr als drei Stunden Verspätung, aber wir erreichten das Ziel, und wir waren noch in der Wertung. Man darf nicht aufgeben, und vielleicht ist dies das Geheimnis eines jeden Erfolgs.

In der Nacht reparierten wir meinen Iltis. Der Lkw hatte alles dabei, Differential, Getriebe, Gelenkwellen. Nach kurzen Stunden bleiernen Schlafs fuhren wir am nächsten Morgen weiter. Erholen würden wir uns nach dem Gesamtsieg.

Wer ist hier der Wüstenfuchs?

Freddy hatte zwar durch das am Beginn dieses Kapitels geschilderte Flussabenteuer eine Menge Zeit eingebüßt, aber dennoch fuhr er zwölf Minuten vor Zaniroli als Erster über die Ziellinie. Ragnotti wurde nach den Brüdern Marreau Vierter.

Nach zehntausend Kilometern sahen nicht nur unsere Autos zum Fürchten aus, verbeult und repariert. Um unsere Seelen stand es nicht besser. Auf den letzten beiden Etappen am Strand von Dakar war natürlich nicht mehr viel herauszuholen. Wer einmal vorn lag, würde es vermutlich auch bleiben. Langsam realisierten wir, dass das Unwahrscheinliche wahr werden würde. Unser Team würde siegen.

In den Etappenpausen am senegalesischen Strand wurde es zunehmend entspannter. Sylvia kam mit Gerd Löffelmanns Frau nach Afrika. Löffelmann war Kottulinskys Beifahrer und, wie alle Beifahrer in unserem Team, Mechaniker. Es war ein schönes Entgegenkommen der Veranstalter, die für die Angehörigen der ersten zehn Fahrer eine Art Sightseeingtour organisierten. Zwar schliefen wir noch immer in unseren eigenen Zelten, aber ich freute mich dennoch, meine Frau zu sehen.

Es muss auf der drittletzten Etappe gewesen sein, bereits am Strand, als eine junge, betörend schöne Einheimische auf mich zukam, mit einem Baby auf dem Arm, das die blauesten Augen hatte, die ich je gesehen habe. Vielleicht wirkten sie auch so intensiv, weil ich diese Kombination aus dunkler Haut und hellen Augen nicht kannte.

„Master, it's your car?", fragte sie mich.

Wir reparierten gerade meinen Iltis, ich war ölverschmiert und durchgeschwitzt.

„Yes, it's my car."

Sie erwiderte, ihr größter Wunsch sei es, einmal mitzufahren, nur den Strand rauf und runter.

Ich lehnte natürlich lächelnd ab. Meine Frau Sylvia stand neben uns und überwachte die Szenerie mit Argusaugen.

„Master, wenn du mich einmal mitnimmst, kannst du mit mir machen, was du willst!"

Das Gespräch begann mich zu überfordern, aber die schöne Frau verstand, dass sie mit ihrem unmoralischen Angebot nicht weiterkommen würde, und schritt stolz von dannen.

Ich schaute vorsichtig zu meiner Frau, doch sie lachte sich halbtot.

„Wenn ich nicht wüsste, dass du noch nie hier warst, würde ich darauf schwören, dass dieses Baby von dir ist!"

Nach unserem fulminanten Doppelsieg waren die Reaktionen gemischt. Während unser Team feierte, schimpften die anderen und zeigten die unschöne Seite des Neides und der Missgunst. Das Iltis-Team sei ja eigentlich ein Werksteam gewesen, sagten einige. Meines Erachtens trifft das nicht zu. Vielmehr waren wir

Amateure, und es könnte durchaus sein, dass gerade diese Tatsache die Konkurrenz am meisten frustrierte. Bis zu diesem Zeitpunkt hatte ich keinerlei Erfahrung mit Rallyesport gehabt, und auch meine Mechaniker, die zwar bezüglich der Technik sicher zu den Besten ihres Faches gehörten, waren keineswegs so weltgewandt, wie etwa die sogenannten „Wüstenfüchse", die Brüder Claude und Bernard Marreau. Soweit ich weiß, war mein Freund und Beifahrer Alois Eder abgesehen vom Skiurlaub in Österreich und unserer Präsentationsfahrt in Skandinavien noch nie im Ausland und schon gar nicht auf einem anderen Kontinent gewesen.

Man warf uns vor, mit dem Lkw ein ganzes Ersatzteillager zur Verfügung gehabt zu haben, aber das galt ebenso für die anderen Teams. Alle Teilnehmer hatten sich mit umfassenden Hilfen ausgerüstet. Vielleicht spielte auch eine Rolle, dass gerade bei dieser Rallye, die zu dem damaligen Zeitpunkt nahezu vollständig in französischer Hand war, ausgerechnet ein deutsches Team mit einem deutschen Fahrer gewonnen hatte. Mit dem „furchtbaren" Iltis, hoffnungslos untermotorisiert und hässlich wie die Nacht.

Vor allem die Brüder Marreau waren sauer. Sie belegten nach unserem ersten und zweiten immerhin den dritten Platz, aber ihr erklärtes Ziel war es gewesen, diesmal das Rennen zu gewinnen. Monatelang hatten sie sich vorbereitet, hatten Trainingsläufe in der Wüste durchgeführt, hatten wohl auch einige Andeutungen über die Route der Rallye erhalten, Franzosen helfen ja Franzosen. Kurz, für die beiden war es ein demütigendes Erlebnis, dass ihnen der Gumpert mit seinem Audi-Team den Sieg vor der Nase weggeschnappt hatte.

„Kein Wunder", sagte einer meiner Mechaniker zu mir.

„Wieso?"

„Die Marreau-Brüder sind nicht die Wüstenfüchse. Der Wüstenfuchs bist du. Denk mal an Rosa!“

Ich lachte nur und schüttelte den Kopf. So einfach liegen die Dinge meines Erachtens nicht. Ich glaube eher an gute Organisation, zuverlässige Autos und ein kompetentes Team, auf das man sich verlassen kann. Aber wer weiß, ein bisschen Hilfe von oben kann sicher nicht schaden.

Selbst die Franzosen in unserem eigenen Team, Ragnotti und Zaniroli, waren mit dem Ergebnis nicht so glücklich, wie sie es hätten sein dürfen. Beide hatten mit einem Sieg gerechnet, aber mit dem eigenen, nicht mit dem von Freddy Kottulinsky.

Nun, dennoch war die Erleichterung groß, und wir feierten unseren Sieg, soweit es unsere Müdigkeit noch zuließ.

Nach zwei Tagen reisten unsere Frauen wieder ab, wir selbst blieben noch, um die Autos zu verladen. Und natürlich gingen wir abends noch in die Bars von Dakar, in denen keine Wünsche unerfüllt blieben. Einige unserer Leute, die mit der weiten Welt außerhalb Bayerns kaum vertraut waren, konnten weder Französisch noch Englisch, und das wilde Treiben des afrikanischen Nachtlebens schien eine irritierende Faszination auf sie auszuüben.

Das Bedürfnis nach ausschweifenden Festen nach den großen Siegen ist mir allerdings immer fremd geblieben. Ich gab zweihundert Prozent während der Rallyes, und ein Sieg schien mir selbstverständlich. Dafür trat man an. Es kam nicht selten vor, dass ich nach einem großen Erfolg im Hotelzimmer schlicht einschlief, während das Team unten am Swimming Pool feierte.

Einmal, nach einem siegreichen Weltmeisterschaftslauf an der Elfenbeinküste, wachte ich nachts im Hotelzimmer auf, ging in die Lobby und suchte meine Leute. Keiner da. Ich erinnerte mich an eine Pinte, in der sich das Team immer sehr wohl gefühlt hatte. Also nahm ich mir ein Taxi und ließ mich in das Stadtviertel bringen. Ich öffnete die Tür – kaum zu beschreiben, was ich alles zu Gesicht bekam –, und innerhalb einer Sekunde verstummten die Musik, der Gesprächslärm und das Lachen. Alle starrten mich an, die leicht bekleideten Mädchen, die betrunkenen Fahrer und Techniker, die Barkeeper, alle schienen erstarrt zu sein.

Und dann rief plötzlich jemand: „Weitermachen, ist nur der Chef!“, und wie auf Knopfdruck ging das ausgelassene Treiben weiter. Nun ja, es waren wilde Jahre.

Eigentlich war es meine Haltung, während der Rallyes mein Bestes zu geben und mich anschließend auf das nächste Projekt zu konzentrieren. Und mit dieser Haltung fuhren wir zurück nach Ingolstadt, im Kopf bereits die Gedanken an die kommende Arbeit.

Desto größer war unsere Überraschung, als wir die Räume der Technischen Entwicklung geschmückt vorfanden, als hätte jemand eine Überraschungsgeburtstagsparty vorbereitet. Ahnungslos kamen wir in unsere Abteilung und wurden von den tausend Mitarbeitern enthusiastisch empfangen. Überall hingen Blumen und Kränze. Ich verstand erst gar nicht, was da los war.

Die ganze Rallye über konnten wir nur wenig Kontakt nach zu Hause halten. Ich erstattete Piëch zwar regelmäßig Bericht, allerdings ging es darin größtenteils um organisatorische und technische Details. Nun aber erfuhren wir mit großem Staunen und mit einer gewissen Rührung, dass sowohl die Technische Entwicklung als auch Piëch und durch diesen der Vorstand jeden Tag den Verlauf der Rallye verfolgt hatten.

Wenn Piëch nach Wolfsburg fuhr, sagte er dem Vorstand: „Sehen Sie, meine Damen und Herren, das machen wir gerade in Afrika! Der Gumpert macht das gut, sehen Sie, hier sind wir gerade, das sind unsere Wertungen. Und die ganze Welt schaut zu.“

Vermutlich war unsere Teilnahme an der Rallye Paris–Dakar im Jahr 1980 das bis dahin aufwendigste Werbemanöver in der Geschichte der Autoindustrie. Das ursprüngliche Motiv war es ja gewesen, der französischen Armee unseren Iltis schmackhaft zu machen. Und haben sie ihn gekauft? Nein. Sie entschieden sich trotz (oder wegen?) unseres fulminanten Erfolges für den Mercedes G. Die Haudegen, denen es um Eigenschaften wie Dauerbelastung oder Geländegängigkeit ging, hatten sich nicht durchsetzen können. Die meisten Stubengeneräle legten mehr Wert auf Komfort, und den konnte der Iltis tatsächlich nicht bieten.

Immerhin wurde der Iltis unter anderem in Belgien und von den Besatzungsmächten West-Berlins eingesetzt. Auch Kanada zeigte großes Interesse und kaufte, als in Ingolstadt die Produktion stillgelegt wurde, für die kanadische Firma Bombardier die Produktionslinie samt Werkzeug, um den Iltis eigenständig bauen zu können.

Insgesamt war der Iltis ein großer Verkaufserfolg für VW. Er kostete für die Bundeswehr ungefähr fünfundzwanzigtausend D-Mark. Für dieses Geld konnte man damals auch einen Mercedes SL bekommen. Man entschied sich, eine abgespeckte Variante des Iltis auch für den zivilen Markt zur Verfügung zu stellen. Statt mit vierundzwanzig Volt, wie für die Bundeswehr, ausgerüstet, gab es ihn ab 1982 für Privatkunden mit nur zwölf Volt und für fast vierzigtausend D-Mark. Der Preis musste so hoch kalkuliert werden, um vertraglich festgelegte Rückzahlungen an die Bundeswehr zu verhindern. Auch gab es die Festlegung, dass im Kriegsfall ein ziviler Iltis, zum Beispiel von einem Förster, von der Bundeswehr eingezogen werden konnte. Glücklicherweise ist dieser Fall nie eingetreten.

Rückblickend aber bestand die eigentliche Bedeutung des Iltis in einer Idee, die letztlich unter dem Namen „quattro" zu einer Revolution der Automobiltechnik führen sollte.

KAPITEL 4
AUDI QUATTRO

Eine folgenreiche Idee wird geboren

1977, drei Jahre vor Paris–Dakar, führten wir eine Wintererprobungsfahrt mit einer ganzen Reihe von Prototypen in Skandinavien durch, an der auch Ferdinand Piëch teilnahm. Eine solche Erprobungsfahrt hieß, dass wir mit etwa fünfundzwanzig Prototypen nach Schweden oder Finnland fuhren, auf Temperaturen von minus fünfundzwanzig oder dreißig Grad hofften und auf verschneiten Pisten die Grenzen und Fähigkeiten der Autos austesteten.

Wir standen morgens um fünf bei minus dreißig Grad auf und stiegen in die Autos.

Ein erster Test bestand darin, dass ein Wagen innerhalb von dreißig Sekunden anspringen musste. Schaffte er das nicht, war er bereits durchgefallen. Wir fuhren dann durch Schnee und Eis, die Straßen gesäumt von hohen Schneewänden, die von den Schneepflügen an den Seiten angehäuft worden waren. Sie bildeten natürliche weiche Schutzplanken, und wir fuhren oft am Limit. Hin und wieder flog mal einer in die riesigen Schneehaufen, und die anderen jodelten vor Freude, denn der Pechvogel musste abends eine Runde zahlen. Meistens landete man ja weich. Es ist sehr selten, dass man in so einem Schneehaufen auf gefährlichere Materialien trifft, etwa auf einen Baumstumpf, aber es ist leider auch vorgekommen. In der Regel aber war es eine große Gaudi für alle Beteiligten.

Unser wesentliches Problem aber war damals Audis Image von „Hosenträgern“ und „Hutablage“, das uns anlastete. Besonders abträglich für Audis Ruf war etwa die Angewohnheit vieler bayrischer Autofahrer, eine Klopapierrolle auf der Hutablage mitzuführen. Dass diese oft mit einem eigens für diese Rollen gehäkelten Etui getarnt wurden, machte die Sache nicht besser. Es stand außer Frage, dass wir dieses Image loswerden mussten.

Wir probierten neue Prototypen und Nachfolgemodelle aus. Wir verbauten etwa einen Sechs-Zylinder-Motor in einen Prototypen, aber die Motorhaube wurde dadurch zu lang. Einige waren der Meinung, sechs Zylinder wären für ein frontgetriebenes Auto gar nicht möglich, das Auto würde dann zu sehr untersteuern, und es ließe sich nicht mehr sicher beherrschen. Tatsächlich war das Gegenteil der Fall. Ein Auto mit 160 PS und Frontantrieb lässt sich hervorragend fahren. Auf unseren VW/Audi-Motorenstraßen konnten wir theoretisch auch einen Sechs-Zylinder-Motor bauen, das wären aber Investitionen von mehreren hundert Millionen D-Mark gewesen, abgesehen davon, dass die Motorhaube zu lang geworden wäre. Ein Fünf-Zylinder-Motor hingegen passte in die Karossen und verlangte weniger Investitionen. Wir hatten – dieses Vorgehen war nicht unüblich in der Vorentwicklung – beispielsweise einen Reihen-Sechs-Zylinder-Motor von Opel in einen Audi verbaut, um erst einmal zu schauen, ob ein solcher Motor für unsere Modelle überhaupt möglich und sinnvoll war. Letztlich, um es vorwegzunehmen, verbauten wir später nur den Fünf-Zylinder-Motor, da das Auto mit sechs Zylindern schlicht zu hässlich geworden wäre. Bei einem Prototypen spielte es noch keine Rolle, ob er gut aussah – bei einem serienreifen Auto natürlich schon.

Wir hatten also Prototypen mit vier, fünf und sechs Zylindern dabei – und unseren unverwüstlichen Iltis ebenfalls als Erprobungsfahrzeug. Obwohl er von der Bundeswehr bereits akzeptiert worden war, blieb Piëch unerbittlich. Auch der Iltis musste bei minus dreißig Grad problemlos anspringen. Immerhin sollte er noch in der Zwölf-Volt-Variante für den zivilen Markt freigegeben werden.

Piëch war mit dem Flugzeug nachgereist. Bei einer Erprobungsfahrt fuhr Piëch in der Regel das erste Fahrzeug im Konvoi. Nach etwa einer Viertelstunde hielt er an, stieg aus und wechselte in den zweiten Wagen. Dessen Fahrer wechselte in den dritten und so ging es die Reihe durch bis zum Iltis, den ich fuhr. Mich löste niemand ab. Piëch hatte es ein paar Minuten probiert, aber in dem nur von einem Verdeck geschützten Iltis war es saukalt, und er hatte schnell die Nase voll.

Also fuhr ich den anderen hinterher und sah sie auf den geraden Strecken am Horizont verschwinden. Aber kaum erreichten wir eine kurvenreiche Gegend, holte ich sie wieder ein. Ich fragte mich, warum die anderen so langsam fuhren. Gut, die Kurven hatten es in sich, und die verschneiten Pisten durfte man nicht unterschätzen. Aber dass sie mich und meinen klobigen Iltis mit hohem Schwerpunkt, kurzem Radstand und seinen tausendvierhundertfünfzig Kilogramm regelrecht zum Bremsen zwangen, verstand ich nicht. Die Prototypen verfügten über stattliche 200 PS, mein Geländewagen nur über 75, und das Gewicht der Autos unterschied sich nicht so wesentlich, dass dieses der Grund sein konnte. Die Strecke wurde wieder gerade, wir gaben alle Gas, und siehe, sie fuhren mir wieder davon. Bei der nächsten Kurve aber holte ich sie wieder ein. Ich wurde richtig nervös, vielleicht machten sie sich einen Spaß mit mir.

Mir dämmerte dann allerdings, dass dieses extrem sichere Kurvenverhalten des Iltis, das schnelle Kurvengrenzgeschwindigkeiten erlaubte, am Allradantrieb liegen musste. Der Gedanke nahm während dieser Winterfahrt immer mehr Form an: Man müsste die Aggregate des Iltis in eine Limousine verbauen.

Mein Chef war damals Jörg Bensinger, ein sehr guter Fahrwerkexperte und zudem ein guter Fahrer. Ich sagte zu ihm: „Fahren Sie mal den Iltis, Sie werden es sonst nicht glauben, der ist schneller als jede Limousine!" Er schlug den Mantelkragen hoch, setzte die Mütze auf und probierte es.

Bensinger verstand nach seiner Probefahrt sofort, was ich meinte. Gemeinsam redeten wir auf Ferdinand Piëch ein, als er etwas später zu uns stieß.

„Jetzt fahren Sie doch mal das Auto", sagten wir, und tatsächlich ließ er sich zu einer Probefahrt überreden, wenn auch mit gerunzelter Stirn.

„Sehen Sie, das müssten wir in einen Audi 80 einbauen."

„Jetzt hört doch auf mit diesem Unfug", entgegnete er, „Allrad in Limousinen funktioniert nicht, das hat man in der Formel 1 auch schon probiert!" Piëch brachte jede Menge Gegenargumente vor.

Zurück in Ingolstadt ließen wir nicht locker. Immer, wenn wir Piëch sahen, bohrten wir nach.

„Haben Sie noch einmal darüber nachgedacht? Sollen wir das machen?"

Beharrlichkeit kann Wunder wirken.

„Meinetwegen, dann macht das halt!“, gab Piëch endlich nach.

Und so begannen wir, den quattro zu entwickeln, anfangs noch als Geheimprojekt – Wolfsburg wusste davon vorerst nichts.

Bitte kein Parfümname!

Es gibt bis heute einige Diskussionen darüber, wem das Verdienst, den quattro erfunden und entwickelt zu haben, zusteht. Die Frage ist nicht leicht zu beantworten. Die Idee stammte von mir und die Aggregate, also Getriebe, Kardanwelle und das Hinterachsdifferential, die ich dann in die Vorentwicklung gab, ebenfalls.

Als sich abzeichnete, dass der Iltis – den ersten hatten wir in meiner Abteilung Vorentwicklung gebaut – bis zur Produktionsreife entwickelt werden würde, gab ich die Leitung des Bereichs Vorentwicklung an Walter Treser ab, und Piëch übergab mir die Leitung von Serienreife und Serienproduktion des Iltis.

Treser, den Jörg Bensinger eingestellt hatte, war sicher ein ganz guter Techniker, seine eigentliche Stärke aber lag in einem exzellenten Gespür für Marketing. Nachdem uns Piëch grünes Licht für die Vorentwicklung einer allradgetriebenen Limousine gegeben hatte, oblag Walter Treser als Leiter der Vorentwicklung zwangsläufig die praktische Entwicklung, obwohl er weder an der Idee noch an den entsprechenden Aggregatentwicklungen Anteil gehabt hatte. In gewisser Weise „erbte“ Treser von mir sowohl den Gedanken als auch die technischen Komponenten, die er dann nur noch verbauen musste.

Dennoch wird Treser nicht zu Unrecht mit dem quattro in Verbindung gebracht, denn seinem untrüglichen Instinkt für

Fragen des Marketings ist der großartige Name zu verdanken. Als wir in Wolfsburg endlich die allradgetriebene Limousine vorstellten, entspann sich eine hitzige Diskussion um den Namen. Französische und englische Varianten wurden in Erwägung gezogen. Die Wolfsburger präferierten den Namen „Carat“. Treser, so erzählte er selbst, überzeugte die Wolfsburger, indem er ein Fläschlein eines durchschnittlichen Parfüms mit dem Namen „Carat“ aus der Tasche zog und fragte, ob man ein solches Auto nach einem Parfüm benennen sollte. Stattdessen schlug Treser den italienischen Namen für „vier“ vor und der quattro war geboren. Und, das musste ich Walter Treser zugestehen, es war ein guter Name.

Eine elegante Lösung – das dritte Differential

Doch soll ein anderer wichtiger Name nicht unerwähnt bleiben. Ohne den Ingenieur Franz Tengler hätte es wahrscheinlich nie den quattro gegeben. Er war es, der auf die Idee der Hohlwelle kam, die das Problem des dritten Differentials löste.

Wenn ein Auto beispielsweise in eine Linkskurve fährt, dreht sich das rechte Rad etwas schneller als das linke, weil der Radius, also der Weg, den das rechte Rad zurücklegen muss, größer ist, als der Weg des linken Rades. Zwischen dem linken und dem rechten Rad sitzt das Getriebe, mit dem jedes Rad durch eine Antriebswelle (Gelenkwelle) verbunden ist. Die Getriebekomponente, die es ermöglicht, dass sich bei einer Kurvenfahrt ein Rad schneller dreht und das andere langsamer, nennt man Differential. Wird ein Auto von nur einer Achse angetrieben, braucht man auch nur ein Differential, da die andere Achse einfach nur mitrollt. Konstruiert man aber ein allradangetriebenes Auto, wie den Iltis, braucht man zwei Differentiale, eines zum Ausgleich der beiden vorderen und eines für die beiden hinteren Räder. Nun fahren bei einem vierradangetriebenen Geländewagen die hinteren Räder in einer Kurve ebenfalls nicht in der gleichen Spur wie die Vorderräder. Also braucht man noch ein drittes Differential zwischen den Vorderrädern und Hinterrädern. Beim Iltis lösten wir das Problem ohne ein drittes Differential, indem wir ihn in der Basisversion als Heckantrieb entwickelten und der Frontantrieb mithilfe einer einfachen Vorrichtung aus- oder zugeschaltet werden konnte. Mit einem Geländewagen fährt man in der Regel offroad, und auf Sand oder Schotter sind die unterschiedlichen Radien kein großes Problem, so dass man den Allradantrieb nicht ausschalten muss. Anders stellt es sich dar, wenn man auf Asphalt, sagen wir vor einem Supermarkt, mit einem Allrad-Pkw einparken möchte. Dann verspannen sich Vorder- und Hinterachse, der Wagen fängt an zu ruckeln und die Lenkung geht unheimlich schwer. Wir konnten den Kunden ja schlecht sagen: „Bitte schön, wir haben einen tollen Allradantrieb für Sie, aber beim Einparken müssen Sie den ausschalten." Wenn es uns also nicht gelang, auch zwischen Vorder- und Hinterachse einen Ausgleich herzustellen, konnten wir unsere an sich gute Idee begraben. Man brauchte, um es kurz zu fassen, ein drittes Differential. Doch wo konnte man dieses unterbringen? Es gab keinen Platz. An diesem Problem waren bisher alle Versuche, auch die anderer Automobilfirmen, eine Limousine mit permanenten Allrad zu entwickeln, gescheitert. Unser Ingenieur Franz Tengler hatte eines Tages die zündende Idee. Im Getriebe gab es eine Hauptwelle, die das Drehmoment vom Motor auf die einzelnen Gänge überträgt.

„Was“, sagte Tengler, „wenn wir diese Hauptwelle hohlbohren? So schaffen wir Platz für eine zweite Welle, die durch die Hauptwelle zu einem Differential auf der anderen Seite des Getriebes läuft.“

Das war die Idee, die unser Differentialproblem löste und das dritte Differential zwischen Vorder- und Hinterachse ermöglichte – eine Bauweise, die nicht nur leicht und platzsparend, sondern obendrein auch vergleichsweise kostengünstig war. Eine rundum elegante Lösung!

KAPITEL 5

UND DIE GANZE WELT SCHAUT ZU – DIE RALLYEZEIT

Im Astronautenanzug durch Griechenland

Es waren aufregende Jahre um 1980 herum, in denen jede Menge Weichen neu gestellt wurden.

Seit 1974/75 war ich Leiter der Vorentwicklung und begann im Auftrag von Piëch mit der Entwicklung des Iltis. Als sich abzeichnete, dass der Iltis ein Serienauto werden würde, bat mich Piëch, den Bereich Vorentwicklung an Treser abzugeben, und stattdessen die Entwicklung des Iltis zum Serienauto als ein Hauptprojekt zu leiten. Treser entwickelte daraufhin den quattro weiter, indem er meine Aggregate in einen Audi 80 verbauen ließ, was keine große Sache war, da er bereits alle Komponenten zur Verfügung hatte. Sagen wir, er war die Hebamme und der Namensgeber, nicht aber der geistige Schöpfer und auch nicht der Erzeuger.

Immerhin erprobten wir noch gemeinsam den Ur-quattro in der afrikanischen Wüste. Einer der Prototypen brannte uns vollkommen aus, im Wüstensand blieben nur einige Zahnräder und verkohlte Schrottteile zurück. Es waren angespannte Momente an den Landesgrenzen Algerien-Frankreich und dann Frankreich-Deutschland, weil ich das nicht mehr existente Auto wieder ausführen musste, und es in allen Formularen ordentlich deklarierte. Zum Glück hat niemand bemerkt, dass ein ganzes Auto fehlte.

Anfangs war der quattro noch ein Geheimprojekt, und auch Ferdinand Piëch blieb skeptisch. Also ließen wir durch die Feuerwehr einen mit Wiese bewachsenen Hang nassspritzen und versuchten erst mit einen frontgetriebenen, anschließend mit einem hinterradgetriebenen Auto den Hang zu bezwingen. Aussichtslos, die Räder drehten nach wenigen Metern durch. Der quattro aber schaffte es mühelos. Piëch nickte. Er war überzeugt.

Auf die gleiche Weise demonstrierten wir etwas später dem VW-Vorstand die Überlegenheit des quattro. Winter in Österreich, die legendäre Turracher Höhe. Wir fuhren mit dem quattro spielend an den anderen Autos, die sogar Schneeketten montiert hatten, vorbei, und das Staunen stand allen in die Gesichter geschrieben.

Dennoch äußerte der Vorstand Bedenken, ob man die zu den Rallyeteilnahmen nötige Stückzahl von vierhundert Stück des Ur-quattro auch verkaufen könne. Später wurden Millionen von ihnen verkauft.

In der Zwischenzeit konzentrierte ich mich weiter auf die Entwicklung und Serienreife des Iltis.

Im Rückblick betrachtet war die Teilnahme an Paris–Dakar eine wahnwitzige Idee, und das nicht nur für mich, sondern auch für VW. Wenn wir gescheitert wären – eine Option, die ich aus jugendlichem Enthusiasmus und aus Überzeugung von der Robustheit des Wagens gar nicht in Erwägung gezogen hatte –, hätte das sicher spürbare Auswirkungen auf den Verkauf des Iltis gehabt, und vielleicht wäre mein beruflicher Werdegang nicht unerheblich ins Stocken geraten.

Aber wir gewannen auf sensationelle Weise, der Iltis wurde

zur Legende, und keiner aus der Sportabteilung wagte es mehr, über mich zu lachen.

1980 – im gleichen Jahr, in dem wir Paris–Dakar gewannen – wurde während des Genfer Autosalons der Audi quattro vorgestellt. Nach einigen Versuchen und Überlegungen hatte man sich entschieden, nicht den Audi 80 als Basis für den quattro zu nutzen, sondern das frontgetriebene Coupé. Dieses Coupé wurde dann zum ersten serienfertigen quattro. Wir boten dieses Coupé auch in der klassischen frontgetriebenen Version an. Doch es war der Audi quattro mit den Iltis-Komponenten, der den Siegeszug um die Welt antreten sollte.

Es dauerte noch eine kleine Weile, bis sich meine eigene Geschichte mit der des quattros wieder verweben sollte. Mit dem Allrad in einer Limousine stellte sich für Audi die Frage, wie man ein solches Auto den Kunden am besten schmackhaft machen konnte. Piëch ließ eine neue Abteilung gründen – die Sportabteilung, deren Leitung er Jürgen Stockmar übertrug –, um den Allrad über den Rallyesport bekannt zu machen. Später übernahm Stockmar in der Technischen Entwicklung andere Aufgaben, und Walter Treser wurde sein Nachfolger.

Treser war ein brillanter Marketing-Mensch, und das ist er heute noch. Doch als Ingenieur und Techniker fehlte ihm meiner Meinung nach das notwendige Gespür. Ihm waren das Design und das Image eines Autos wichtiger als dessen technische Reife. Natürlich spielt das Erscheinungsbild eines Autos eine wichtige Rolle, wenn man es verkaufen will, aber im Sportbereich geht es schlicht ums Gewinnen.

Während der Akropolis Rallye in Griechenland 1981 hatten unsere Autos mit Kühlungsproblemen zu kämpfen, was bei Temperaturen von bis zu vierzig Grad nicht ungewöhnlich war.

Treser meinte eine Lösung gefunden zu haben, indem er die Serienscheinwerfer, die man bei der Rallye nicht brauchte, einfach ausbauen ließ. In der Nacht benutzte man zusätzliche Halogenscheinwerfer, neben denen die herkömmlichen wie blasse Funzeln wirkten. Er ersetzte die Gläser mit Lüftungsklappen, die sich durch den Fahrtwind nach innen öffneten und für zusätzliche Kühlung sorgten. Das widersprach den offiziellen Regeln, und Treser wusste das auch. Er ließ also die Klappen so anmalen, dass sie flüchtig betrachtet wie Gläser aussahen. Wenn die Autos im Parc Fermé standen, konnte man die Täuschung tatsächlich kaum erkennen. Aber an den Straßenrändern standen jede Menge Journalisten und machten Fotos. Und auf diesen sah man, wo eigentlich die Scheinwerfer hätten sein sollen, nur schwarze Löcher. Abends aber, im Parc Fermé, waren die Scheinwerfer wieder da. Der Trick flog auf, und das komplette Audi-Team wurde disqualifiziert.

Piëch platzte der Kragen. „Gumpert, können Sie das nicht machen?"

Nichts lieber als das, nur hatte ich, abgesehen von Dakar, keine nennenswerte Erfahrung mit Motorsport. Hinzu kam, dass sich noch ein anderer Mann Chancen ausrechnete, Tresers Nachfolger zu werden: dessen Assistent Reinhard Rode, den Audi von der Abteilung Motorsport in Wolfsburg abgeworben hatte.

Das Problem bestand darin, dass weder Treser und erst recht nicht Rode – er hatte keine technische Ausbildung, er war Kaufmann – im eigentlichen Sinne Techniker waren. Um das Kühlungsproblem in Griechenland zu lösen, um bei diesem Beispiel zu bleiben, hätte man einen größeren Kühler oder einen elektrischen zusätzlichen Ventilator einbauen können. Natürlich gibt es im Rallyesport auch eine Grauzone: Wann ist etwas noch technische Innovation, und wann ist es schon Betrug? Darauf gibt es keine eindeutige Antwort, aber einfach die Scheinwerfer auszubauen, war eindeutig gegen die Regeln. Alle haben damals diese Grenzen ausgereizt, auch ich. Doch musste man ein Gefühl dafür haben, was möglich und gerade noch erlaubt war.

Wir experimentierten beispielsweise einmal mit Astronautenanzügen. Gerade während der Rallyes in Griechenland, Italien oder Portugal konnten die Temperaturen in den turbogetriebenen Autos bis zu sechzig Grad steigen – und die Fahrer sollten dabei Höchstleistungen erzielen! Also ließen wir uns Anzüge von der NASA aus Amerika kommen, die von Kühlschläuchen durchzogen waren. Verboten war das nicht, obschon die Konkurrenz unser Treiben mit Argusaugen beobachtete. Leider funktionierte das Konzept nicht einwandfrei, ein Rennauto fährt nicht so ruhig wie eine Apollo-Rakete. Die ständigen Erschütterungen auf den Pisten lösten die Schläuche, und so gaben wir diese Lösung bald wieder auf. Aber man muss an die Grenzen gehen, und gelegentlich muss man sie auch überschreiten. Innovation und Erfolg geschehen nicht, wenn man sich nur nach herkömmlichen Vorschriften und Gewohnheiten richtet. Kreativität ist immer Grenzüberschreitung, indem man die Grenzen dessen, was bisher gedacht und getan wurde, sprengt.

Mein Zugang zum Rallyesport war dementsprechend auch ein gänzlich anderer als der von Treser und Rode. Mir ging es nicht darum, eine gute Figur zu machen, sondern zu gewinnen. Das war mein Auftrag von Piëch. Und die beste Figur machte man nun einmal auf dem Siegertreppchen, zumal sich erst in solchen Momenten die Kameras der Welt auf das Team und vor allem auf die siegreichen Autos richteten. Piëch verlangte, dass wir die Rallyes für die Kunden gewannen, und zwar mit genau jenen

Autos, die sie dann auch kauften. Damit unterschieden wir uns von allen anderen Firmen, die eigens für die Rallyes Prototypen konstruierten.

Mir war klar, dass, um zu gewinnen, zwei Dinge Priorität haben mussten, nämlich die Autos und die Fahrer. Die Fahrer mussten gut und motiviert sein. Und die Autos mussten robuster, schneller und einfacher zu bedienen sein als die der Konkurrenz. Weder Treser noch Rode hatten das verstanden, zumindest handelten sie nicht danach.

Der Showdown mit Rode lag von Anfang an in der Luft. Wir bildeten eine ungewollte Doppelspitze, und unsere Vorgehensweisen waren unvereinbar. Piëch setzte auf mich, der Audi-Vorstand auf Rode.

„Herr Piëch“, sagte ich, „mit dem Rode komme ich nicht zurecht. Wenn ich Hü sage, sagt er Hott, wir müssen aber an einem Strang ziehen, wenn wir Erfolg haben wollen.“

Piëch sah das sofort ein, seine Einstellung zu effizienter Führung war meiner ziemlich ähnlich.

„In Ordnung“, versprach er, „ich kümmere mich darum.“

Damaliger Vorstandsvorsitzender von Audi war Dr. Wolfgang Habbel. Piëch unterstand damals die Technische Entwicklung und damit der gesamte Bereich „Sport und Sonderentwicklung“. Ich weiß nicht, was Piëch zu Dr. Habbel sagte, aber es muss überzeugend gewesen sein. Rode musste gehen, und ich wurde alleiniger Chef von Audi Sport.

Damit war es leider noch nicht genug. Ich hatte klare Vorstellungen von der Art und Weise, wie wir Audi an die Spitze des Rallyesports bringen konnten. Die Voraussetzungen konnten nicht besser sein. Wir verfügten über das schnellste und leistungsstärkste Auto, den quattro, und über exzellente Fahrer und

Fahrerinnen. Bereits Stockmar hatte den Finnen Hannu Mikkola und Treser die Französin Michèle Mouton verpflichten können, und im letzten Fall hatte Treser einmal mehr sein untrügliches Gespür für Marketing unter Beweis gestellt.

„Holen wir eine Frau ins Team", sagte er und warb die schnellste Frau Frankreichs für Audi an. Michèle Mouton war bereits bekannt, die Presse nannte sie aufgrund ihres dichten schwarzen Haars und ihres Fahrstils „le beau volcan noir", den „schönen schwarzen Vulkan". Es ist müßig, darüber nachzudenken, ob ich die gleiche Entscheidung gefällt hätte. Vielleicht hätte ich statt ihrer von Anfang an Stig Blomqvist, den ich erst später ins Team holte, verpflichtet. Ob eine Frau oder ein Mann unsere Rennen gewann, war mir vollkommen egal. Aber Treser hatte, wie ich glücklicherweise erfahren sollte, die richtige Entscheidung gefällt.

Obwohl damit alle Voraussetzungen für eine jahrelange Serie an Siegen gegeben waren, galt es noch einige Dinge zu regeln.

Ein Team muss genauso reibungslos funktionieren wie ein Auto, wenn man gewinnen will. Nicht anders als bei einem Differential, das rechtes und linkes Rad harmonisiert, müssen auch die Handlungen aller Mitarbeiter eines Teams aufeinander abgestimmt sein.

Als Erstes trennte ich mich von Freddy Kottulinsky, dem Sieger von Paris–Dakar, der nun die Rallyes als Techniker begleitete. Es machte mich alles andere als glücklich, ihn gehen zu lassen, zumal er nicht nur ein exzellenter Fahrer, sondern auch ein brauchbarer Techniker war. Ich mochte ihn sehr, vermittelte ihm später im Bereich Fahrertraining bei Audi eine Stelle als Instrukteur, und wir blieben bis zu seinem Tod im Jahr 2010 gute Freunde. Doch hatte er sich damals angewöhnt, auch über technische Fragen zu entscheiden, die nicht mit mir abgestimmt waren.

Ich sagte zu ihm also: „Freddy, du kannst Rennen fahren, und darin bist du tausendmal besser als ich. Aber du kannst mir nicht in meine Technik reinreden! Das ist meine Aufgabe, nicht deine!“

Ein weiterer Fall war ein Reifenexperte namens Köhler. Er war von Jörg Bensinger eingestellt worden, und, soweit ich weiß, verband die beiden auch eine Freundschaft.

Über die Bedeutung der Reifen im Rallyesport ist der Öffentlichkeit nicht viel bekannt, obwohl sie eine wichtige Rolle spielen. In der Regel produzierte eine Firma – Michelin, Uni Royal oder auch unbekanntere Marken wie Kleber – die benötigten Reifen für den Motorsport, und diese Erfahrungen wurden dann in die Serienproduktion übertragen. Während einer Rallye ist der Verschleiß an Reifen enorm. Köhler entschied nun nicht nur, welche Reifenfirma den Zuschlag bekam, er fuhr sogar zu den Rallyes mit und bestimmte, welche Reifen auf welches Auto aufgezogen werden sollten. Die Fahrer aber hatten die infrage kommenden Reifen während ihrer Probefahrten bereits getestet und wussten sehr genau, welchen Reifentyp sie brauchten. Es kam nicht selten vor, dass ein Fahrer sagte, für diese Spezialetappe wolle er einen Michelin X, aber Köhler bestimmte dann über dessen Kopf hinweg, dass ein Michelin Y aufgezogen werden sollte. Wer die Psyche von Rennfahrern kennt, weiß, dass jede Form von Bevormundung nicht nur respektlos, sondern auch taktisch ein Fehler ist. Wenn ein Fahrer davon überzeugt ist, dass der Reifen X der beste ist, wird er auch sein Bestes geben; wenn er aber weiß, dass er mit den falschen Reifen fahren muss, wird dies nicht gerade seine Motivation fördern. Man kann Rennfahrer nicht zwingen, etwas zu tun, was sie nicht wollen, ganz abgesehen davon, dass deren Entscheidungen aufgrund praktischer Erfahrung und die

Köhlers aus rein theoretischen Beweggründen heraus gefällt wurden.

„Köhler, ich frage mich, wozu ich Sie eigentlich brauche! Die Fahrer entscheiden, welche Reifen sie bekommen und Punkt!"

Nach einigen Diskussionen schmiss ich ihn hinaus. Man kann einem Fahrer sagen: „Meiner technischen Meinung nach ist der Michelin 2 der geeignete, was meinst du?" Mit Michèle Mouton konnte ich so reden, da sie mich immer wieder in technischen Fragen um Rat fragte, aber ein Walter Röhrl oder ein Stig Blomqvist hatten ihre feste Meinung, und die musste man akzeptieren.

Mit extremen Charakteren wie Mouton, Röhrl oder Blomqvist zu arbeiten, hieß auch, ein psychologisches Gespür für Motivation und Teamzusammenhalt zu entwickeln. Wenn Röhrl sagte: „Nein, ich will den Michelin 1", dann bekam er den auch. Ohne die Überzeugung, mit der besten Technik und den besten Materialien zu fahren, kann ein Rennfahrer nicht seine beste Leistung abrufen.

Nachdem Rode, Kottulinsky und der Reifenberater gegangen waren, war der Weg endlich frei. Wir konnten loslegen.

Zeitreise im Ur-quattro

— *Sommer 2020*

Wir versuchen unser Bestes, trotz der allgemeinen Coronaruhe weiterzuarbeiten. Wir haben ungewohnt viel Zeit. Meine Frau Lia und die Mädchen sind zu Hause. Ich versuche, meine Unruhe zu beherrschen. Es gibt ja eigentlich so viel zu tun: Ich habe eine

Reihe von Presseterminen. Ich stehe mit Investoren in Kontakt, teils aus der freien Wirtschaft, teils mit Ministerien der Bundesländer und der Bundesregierung. Doch die Mühlen der Bürokratie mahlen langsam, wir brauchen Geduld.

Für heute hat sich ein Team des Bayerischen Rundfunks angemeldet. Ein kurzer Film über den Ur-quattro. Der quattro feiert in diesem Jahr seinen vierzigsten Geburtstag. 1980 wurde er erstmals auf dem Genfer Autosalon der Weltöffentlichkeit vorgestellt. Ich bekomme viele Anfragen für Interviews, auch aus dem Ausland.

Dem Bayerischen Rundfunk gefällt die Idee, dass sich Roland Gumpert höchstselbst hinter das Steuer setzt. Man hat sich eine kurvenreiche Straße an einer Anhöhe ausgesucht. Ein Kameramann stellt an verschiedenen Punkten Kameras auf, vor einer Kurve, nach einer Kurve, auf gerader Strecke. Ich bekomme ein Funkgerät, das man später im TV-Beitrag nicht sehen soll. Ich fahre wie gewünscht auf der Anhöhe los, schneide ein bisschen die Kurven – die Bilder sollen ja etwas hergeben – und fahre haarscharf an den Kameras vorbei. Unten, außerhalb des Kamerawinkels, darf ich umdrehen und den Berg wieder nach oben fahren.

Erinnerungen kommen hoch. Ich sehe den Armaturenbereich in diesem typischen Design der frühen achtziger, kantig, funktional, heute hoffnungslos veraltet, damals der letzte Schrei. Dann der unverwechselbare Klang des Fünf-Zylinder-Motors; ich weiß, dieser Klang ist unter Autofans zur Legende geworden.

Es macht Spaß, diesen Oldtimer zu fahren, immer noch. Ich denke an Michèle Mouton und Walter Röhrl. Röhrl, der Weltklassefahrer hatte anfangs seine liebe Not mit dem Allradantrieb. Stig Blomqvist hat ihm Nachhilfeunterricht geben müssen. Und anschließend gewann Röhrl mit dem quattro die Rallye Monte Carlo vor Blomqvist.

Walter Röhrl erzählt gern, dass wir ihm zu Anfang seiner Zeit bei uns absichtlich die falschen Reifen gegeben hätten, damit er nicht vor Blomqvist oder Mikkola gewinnen würde. Die Geschichte trug sich aber anders und auch amüsanter zu. Röhrl beobachtete vor Rennbeginn, welche Reifen Blomqvist aufziehen ließ und entschied sich dann für die gleichen. Blomqvist aber störte sich daran, zumal er gegenüber Röhrl ohnehin einen nicht zu unterschätzenden Nachteil mit der Startnummer Sieben hatte, da die Fahrer in der Reihenfolge der Startnummern mit jeweils einer Minute Verzögerung in die Rennen starteten. Während Röhrl mit der Nummer eins das Privileg genoss, als Erster losfahren zu dürfen, musste sich hingegen Blomqvist zunächst durch das Schneegestöber der sechs Vorausfahrenden kämpfen, um diese zu überholen. Blomqvist zog nun bestimmte (eigentlich ungeeignete) Reifen auf, wartete ab, bis Röhrl mit den gleichen Reifen losfuhr, und ließ die seinen dann schnell durch die richtigen ersetzen. Ich selbst mischte mich darin nicht ein, es waren die Entscheidungen der Fahrer.

Die Schaltung geht schwer. Ich erinnere mich, dass wir diese Probleme schon damals zu lösen versuchten. In der Vorentwicklung experimentierten wir zum Beispiel mit einer Bowdenzug-Schaltung. Die Originalschaltung nutzte damals ein Gestänge. Wir verbauten also sechs Bowdenzüge vom Schalthebel zum Getriebe. Bowdenzüge übertragen Geräusche nicht so stark wie die eigentlich üblichen Stangen, nichtsdestotrotz hätte man sie isolieren müssen. Aus verschiedenen Gründen verwarfen wir die Bowdenzugidee wieder. Im Grunde, denke ich, haben wir damals dieses Problem nie abschließend gelöst. Nun gut, es interessierte auch kaum jemanden. Die Schaltung ging straff, doch der Stand der Technik Anfang der achtziger Jahre versprach auch kaum etwas Besseres. Durch die Fahrt mit dem Ur-quattro wird mir erneut klar, wie viel sich seitdem in der Automobilentwicklung getan hat. Die Konzerne übernehmen die Entwicklungen der anderen, die Technik wird immer ausgefeilter. Welches moderne Auto braucht heute noch eine Handschaltung über sechs Gänge, wenn es Automatik- oder elektronische Schaltungen gibt?

Die Takes sind fast alle im Kasten. Plötzlich höre ich dieses charakteristische Flopp, das ich aus der Zeit vor vierzig Jahren noch im Ohr habe. Es ist dieses typische Geräusch, wenn ein Gummischlauch unter Druck von einem festen Rohr rutscht. „Aha“, denke ich, „wie damals, der Turboschlauch.“ Damals verbauten wir bereits Turbotechnik im quattro und verbesserten diese stetig, zum Beispiel im Rallye-quattro, indem wir etwa die Druckschläuche auf Flug- und Renntechnik umstellten. Dabei handelte es sich um Gummirohrverbindungen von einem festen Rohr zum anderen, die wir mit einer Rohrschelle befestigten. Reichte diese nicht, nahmen wir zwei Rohrschellen. Doch die Aggregate bewegten sich natürlich, gerade im Rallyesport, und die Gummischläuche rutschten trotz der vielen Schellen bisweilen ab. Wir lösten das Problem, indem wir einen Zugstab einbauten, der dafür sorgen sollte, dass diese Verbindung nun weniger Spielraum hatte. Dennoch platzte gelegentlich der Turboschlauch heraus, und genau dieses Geräusch höre ich heute wieder. Die Leistung fällt spürbar ab. Ich greife zum Handy und rufe den Techniker von Audi Sport an, der bei diesem Dreh dabei ist.

„Nein, das gibt es nicht, das ist unmöglich, der Schlauch sitzt fest“, erwidert er.

„Doch, ich habe kaum noch Leistung, der ist runtergesprungen. Das hat man doch gehört.“

Wir klappen die Motorhaube auf, und tatsächlich, der Verbindungsschlauch zum Turbolader ist weg. Der Techniker entschuldigt sich staunend.

Es ist seltsam, nostalgisch werde ich nicht. Wir haben damals ordentliche Arbeit geleistet. Allerdings steige ich nach dem Dreh in die Nathalie. Es fühlt sich an wie Science-Fiction.

Erste Siege

1981 war das erste Jahr, in welchem wir in der Wertung der Weltmeisterschaftsläufe gelistet wurden, und die Erwartungen, die sowohl der Vorstand als auch ich selbst in uns setzten, waren entsprechend hoch. Unter Stockmar und Treser waren bereits der Finne Hannu Mikkola und die Französin Michèle Mouton verpflichtet worden. Die beiden galten schon damals als Weltklassefahrer. Zudem war ich davon überzeugt, dass uns die technische Überlegenheit des quattro über die Konkurrenz triumphieren lassen würde.

Die erste Rallye fand unter Treser im Februar in Schweden statt. Schnee und Eis – für unseren quattro kein Problem, für den Skandinavier Mikkola auch nicht, er gewann.

Der erste Weltmeisterschaftslauf und gleich auf dem Siegertreppchen. Solche Momente sind nicht ungefährlich. Der illusorische Rausch der Unbesiegbarkeit führt nicht selten dazu, in Fragen Disziplin und Sorgfalt und dem Respekt gegenüber der Konkurrenz nachlässig zu werden. Tatsächlich sollte Audi Sport

1 Mit dem Fahrrad unterwegs: Mutter und wir vier Brüder Gebhard, Roland, Winfried und Bodo (von links), 1950
2 Mutter bei einem Ausflug: neben mir meine Brüder Winfried, Bodo und Gebhard (von links), um 1952

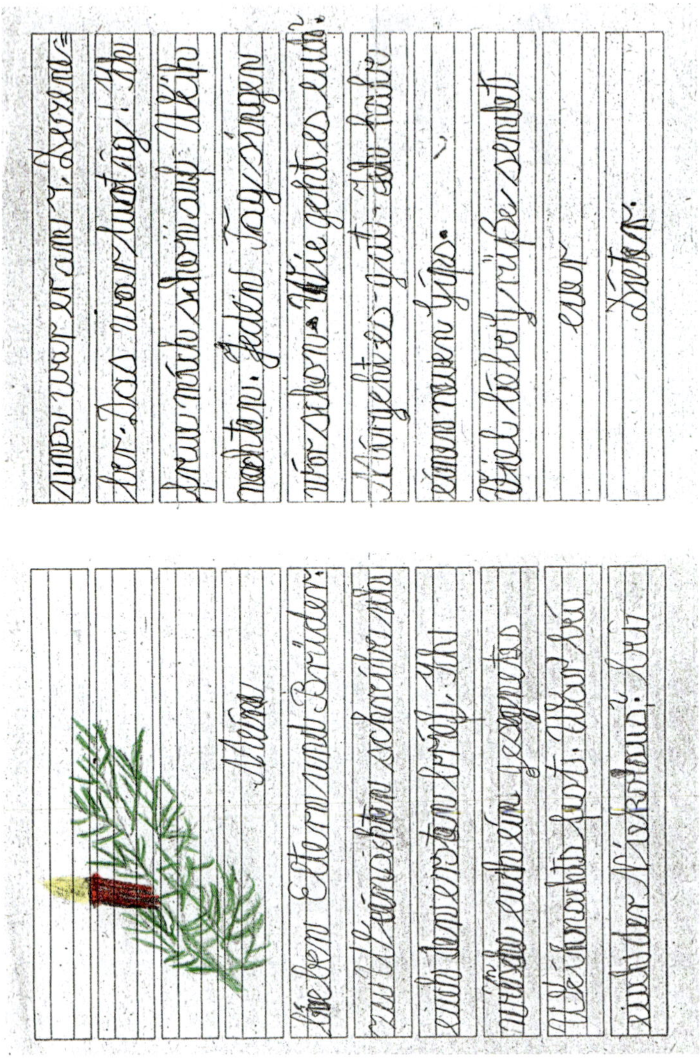

Meine
lieben Eltern und Brüder.
zu Weinachten schreibe ich
euch den ersten brief. Ich
wünsche euch ein gesegnetes
Weihnachtsfest. War bei
euch der Nikolaus? bei
uns war er am 7. Dezem=
ber. Das war lustig! Ich
freu mich schon auf Weih
nachten. Jeden Tag singen
wir schon. Wie gehts es euch?
Mir geht es gut. Ich habe
einen neuen Gips.
Viel liebe Grüße sendet
euer
Dieter.

3 Ein berührender Brief meines ältesten Bruders Dieter, kurz bevor er an Tuberkulose allein in Berlin verstarb, 1946

4 Meine Mutter Magdalena Gumpert, um 1945

5 Meine Eltern: Magdalena geb. Bartocher und Hans Gumpert, um 1955

6 Die „Viererbande" auf dem Gymnasium in Leoben, ganz vorn Gunter, dessen damalige Freundin Sylvia sich später für mich (rechts) entschied, um 1961
7 Mit meiner ersten Liebe und künftigen Ehefrau Sylvia vor meiner restaurierten Puch 250, 1962

8 Mein für Audi entwickeltes Motorrad Z02, damals nannte ich es noch „Black Power", 1975
9 Bei Testfahrten verzichteten wir auf das Audi- oder VW-Logo, um die Paparazzi in die Irre zu führen, um 1977

10 Ferdinand Piëch schaufelt den VW-Iltis frei, den er während einer Testfahrt in der Sahara selbst festgefahren hat, 1977

11 VW-Iltis-Testfahrt mit erfundenem Markenlogo, 1977

12 Unendliche Weiten bestimmten oft die Testfahrten, hier an einem Salzsee in der Sahara, um 1977

13 Kamel versus Iltis: bei einer Testfahrt des VW Iltis in Algerien

14 Testfahrt des VW-Iltis für die österreichische Armee an einem Steilhang eines Militärgeländes: Der Testfahrer wäre dabei samt Fahrzeug fast umgekippt, 1977

15 Wasser- und Schlammerprobung des VW-Iltis, 1977

16 Vorführung mit Hubschrauber während der Übergabe des Iltis an die Bundeswehr, 1978

17 Der brennende Rallyefahrzeug-Prototyp des Audi quattro, 1978
18 Mit Jörg Bensinger (links) vor dem ausgebrannten quattro

19 Während der Abnahme der zwanzig Sport quattros in Ingolstadt, 1984
20 220 homologierte Audi Sport quattros warten darauf, gezählt zu werden: Es sind tatsächlich nur 200, 1984

21 Hilfsbereite Zuschauer helfen Michèle Mouton, den von der Rennstrecke geflogenen quattro (im Auto ihre Beifahrerin Fabrizia Pons) wieder auf die Straße zu schieben: Leider verlor sie in diesem Jahr die Fahrerweltmeisterschaft gegen Walter Röhrl, 1982

22 Bei den Rallyes in den 1980ern gab es in einigen Ländern nur Benzin mit niedriger Oktanzahl. Um diese zumindest für die Trainingsfahrten zu erhöhen und damit die Motoren zu schonen, verwendeten wir Methanol, hier in dem mit einem roten Klebestreifen (im Bild u. a. links unten) dezent markierten Kanister. Methanol war damals schon begehrt!

23 Audi-Vorstandsvorsitzender Dr. Habbel, Roland Gumpert, Stig Blomqvist, Hannu Mikkola (von links) 1984 bei der Safari-Rallye
24 Stig Blomqvist, Roland Gumpert und Hannu Mikkola (von links) vor Hannus Sport quattro, 1984

in den Frühjahrsrallyes keine weiteren nennenswerten Erfolge einfahren. Bei der Akropolis Rallye wurde das Audi-Team unter Treser wegen des Regelbruchs mit den Scheinwerfern sogar disqualifiziert.

Im August 1981 übernahm ich den Bereich Sport, leitete meine erste Rallye, die in Finnland stattfand und in welcher Hannu Mikkola den dritten Platz holte. Wenige Monate später allerdings gewann Hannu die letzte Rallye des Jahres in Großbritannien, was ihn über den aus seiner Sicht mageren dritten Platz beim Heimwettbewerb hinwegtröstete.

Im Oktober aber kam es zu einem Sieg, der sogar über den Rallyesport hinaus weltweite Aufmerksamkeit erzeugte: Michèle Mouton gewann im Oktober bei der Rallye Sanremo ihren ersten Weltmeisterschaftslauf und war damit die erste Frau überhaupt, die in dem fast ausschließlich von Männern dominierten Rallyesport einen Weltmeisterschaftslauf siegreich bestritt.

Der „schwarze Vulkan" gewinnt Sanremo

— 1981

Über malerische Bergstraßen des ligurischen Hinterlandes, durch Eichen- und Zypressenhaine und mittelalterlich anmutende Orte mit sandfarbener mediterraner Architektur führte die Strecke der legendären Rallye Sanremo.

Michèle fuhr wie der Teufel, sie war verdammt gut und jedem männlichen Fahrer nicht nur ebenbürtig, sondern in den meisten Fällen haushoch überlegen.

Für Sanremo hatten wir zusätzlich den italienischen Nationalmeister Michele Cinotto engagiert. Cinotto war Südländer und Macho durch und durch. Obendrein kannte er jede Kurve in Sanremo. Anfangs fuhren beide etwa die gleichen Zeiten.

„Das gibt's doch nicht! Wieso fährt die Frau die gleiche Zeit wie ich!? Ich bin doch fünfmal schneller, Welten bin ich schneller als jede Frau!" Wie er sich täuschte!

Einige Läufe später kam er zu mir und klagte: „Geben Sie mir irgendetwas, Kokain, eine Koffeinspritze, einen Arzt, irgendwas, ich halte das nicht mehr aus!"

So etwas kam für mich nicht infrage. Wenn er meinte, dass er besser war, sollte er es beweisen. Immerhin fuhren sie das gleiche Auto, und er verfügte über den Heimvorteil. Cinotto fiel immer mehr ab, Michèle aber konnte ihre Zeiten halten und gewann souverän. Dem ihr von der französischen Presse verliehenen Namen „schwarzer Vulkan" machte sie bei diesem Rennen alle Ehre. Siegeshungrig fuhr sie kompromisslos und äußerst konzentriert mit ihrer Co-Pilotin Fabrizia Pons der verwirrten und in ihrer Ehre angegriffenen männlichen Konkurrenz schlicht davon. Ähnliches musste später der deutsche Rallye-Meister Harald Demuth erfahren, der eine Zeit lang ebenfalls zum Audi-Werksteam gehörte. Das Verhältnis zwischen ihren Fähigkeiten aber war ähnlich dem zwischen Champions League und Bundesliga.

Reihenweise demontierte Michèle die männlichen Vorurteile. Selbst Walter Röhrl, der 1984 zum Audi-Team stieß, war anfangs der Meinung, mit einem allradgetriebenen Auto zu gewinnen, sei keine Kunst, das sei ja ein technischer Vorteil, und „jeder Affe könne den fahren". Ein missverständlicher Satz, den die Presse aufgriff, um wenige Tage später in den Zeitungen Karikaturen von einem Audi zu platzieren, in welchem ein Affe saß und herzhaft in eine Banane biss. Die bösartigen Bilder suggerierten durch eine entfernte Ähnlichkeit, dass es sich bei der Fahrerin um Michèle Mouton handeln könnte. Zu Walter Röhrls Verteidigung sei angemerkt, dass er sicher nicht Mouton gemeint hatte, sondern mit seinem unglücklichen Satz lediglich die Überlegenheit des quattros zum Ausdruck bringen wollte. Auch Michèle Mouton sah diese Angelegenheit entspannt. Von der Presse auf Röhrls Bemerkung angesprochen, antwortete sie schlagfertig, er könne sie nicht gemeint haben, denn sie sei kein Affe, sondern ein Schaf („Mouton" heißt im Französischen „Schaf"). In Wirklichkeit respektierten sich die beiden sehr, waren bei Fiat bereits vor Audi in einem gemeinsamen Team gewesen, und Mouton wischte auch mehrfach in Interviews die bösartigen Gerüchte vom Tisch, zwischen Röhrl und ihr hätte es aufgrund der Sache Streit gegeben. Für sie waren das, sagte sie später auch in einem Interview, nur Pressegeschichten. Röhrl und sie hätten immer ein gutes Verhältnis gehabt, und sie hätte diese Gerüchte nie geglaubt.

Als Röhrl dann 1984 zum Audi-Team stieß, musste er dennoch die bittere Erfahrung machen, dass sie tatsächlich genauso gut fuhr wie er, zumal er nun nicht mehr das Argument ins Feld führen konnte, dass sie ja das bessere Auto steuerte. Nichtsdestotrotz war es im männerdominierten Rallyesport für einen Rennfahrer nicht ganz unproblematisch, zugeben zu müssen, von einer Frau geschlagen worden zu sein. Mouton musste sich nicht selten sexistischer Abwertungen erwehren. Viele Kollegen seien lediglich daran interessiert gewesen, sie ins Bett zu kriegen, sagte sie einmal. Ihnen antwortete sie trocken, sie sei die Konkurrenz und kein Wanderpokal.

Mit Hannu Mikkola überm Abgrund

Die Psyche von Rennfahrern ist von ganz besonderer Art. Man muss sich vergegenwärtigen, dass sie bei jedem Rennen ihr Leben aufs Spiel setzen. Sie wollen gewinnen, um jeden Preis. Und je leistungsstärker die Autos wurden – was in der berüchtigten Gruppe B bald zu einem Problem werden würde –, desto gefährlicher wurde ihr Job. Meine Entscheidungen als Teamchef – wie überhaupt alle Entscheidungen in diesem Extremsport – konnten für die Fahrer durchaus lebensgefährlich sein. Auch wenn sie außerordentlich tollkühne Charaktere waren, lebensmüde waren sie nicht.

Kein Wunder also, dass sie mich als neuen Sportchef erst einmal auf die Probe stellten.

Vor der Rallye Finnland, die mein Einstieg als Sportdirektor gewesen war, fragte mich Hannu Mikkola mit unschuldiger Stimme, ob ich nicht einmal einsteigen wolle, er würde eine kleine Probefahrt machen. Er hatte es wohl darauf angelegt, dass ich mich übergab. In einem Rennauto mitzufahren, ist für Leute ohne Erfahrung kein Spaß, und man sollte auf jeden Fall eine Kotztüte dabeihaben. Nur bin ich bei hohen Geschwindigkeiten und harten Kurven ziemlich empfindungslos. Hannu gab alles, beschleunigte, bremste, raste in Kurven, als gäbe es kein Morgen, und als er wieder hielt, musterte er mich neugierig.

Ich grinste nur und sagte: „Gut gemacht."

Hannu lachte.

Etwas später, in Griechenland, stellte er mich noch einmal auf die Probe. „Wir fahren noch mal eine Trainingsrunde, das Auto ausprobieren. Roland, kommst du mit?"

Hannu hatte sich eine Strecke herausgesucht, die nicht zur

Rallye gehörte, eine enge Serpentinenstraße, die einen zerklüfteten Berg hinaufführte.

Er kannte die Strecke und wusste, was auf uns zukam – im Gegensatz zu mir. Als Beifahrer saß ich auf der rechten Seite, und direkt neben mir gähnten Abgründe von mindestens hundert Metern.

Er raste also die Serpentine hoch, links, rechts, links, und dann kam eine Rechtskurve, in der auf einer Länge von vielleicht zehn Metern mehr als die Hälfte der Straße fehlte. Ich wunderte mich noch, dass er nicht abbremste. Hannu wusste, dass die Fliehkraft in einer solchen Kurve das Auto trotzdem sicher die zehn Meter überbrücken ließ, da sie das Auto in seine Richtung drücken würde. Ich wusste, Hannu würde weder mich noch sich selbst in Lebensgefahr bringen. Ich blieb gelassen, auch wenn ich für eine Sekunde über dem nackten Abgrund schwebte. Hannu erzählte mir später, dass er den Tipp von einem Einheimischen bekommen und er die Strecke vorher ausprobiert hatte. Er wollte sehen, wie der Gumpert in einer solchen Situation reagieren würde. Ich musste wohl den Test bestanden haben, jedenfalls fanden damit diese Spielchen ihr Ende.

Hannu zuckte nur mit den Schultern, grinste mich an und sagte beiläufig: „Na gut, du bist als Chef akzeptiert."

Nun war ich also der Leitwolf dieses Rudels außerordentlich starker und manchmal auch schwieriger Menschen. Ich musste sie kennenlernen, musste um ihre Stärken und Schwächen wissen. Musste sie gelegentlich in Schach halten, Eifersüchteleien klären, motivieren, dafür sorgen, dass sie sich im Team wohlfühlten. Hauptsächlich aber lag meine Aufgabe darin, ihnen die besten Leistungen zu ermöglichen, zu denen sie ihrer Natur nach fähig waren.

Den Begriff „Natur“ verwende ich nicht von ungefähr. Michèle Mouton und Walter Röhrl waren tatsächlich absolute Naturtalente, wenn auch auf unterschiedliche Art.

Walter Röhrl verschmolz förmlich mit dem Auto. Er verstand auf intuitive Weise das Verhalten eines Wagens, konnte genau sagen, was man an ihm noch verbessern konnte und wie das Auto noch besser fahren würde. Er war vorausschauend, kannte die Strecken bis zum letzten Baum am Straßenrand genau. Was mich als Ingenieur aber am meisten faszinierte, war seine Rücksicht auf die Technik. Lagen beispielsweise Steine auf der Fahrbahn, wich er ihnen aus, auch wenn das eine Zeiteinbuße von einigen Millisekunden bedeutete.

Ganz anders Michèle Mouton. Steine hin oder her, sie fuhr einfach durch. Wenn ich ihr sagte, sie solle ein bisschen auf das Auto aufpassen, sagte sie nur: „Dann mach das Auto besser, mach es robuster! Du bist der Ingenieur!“

Natürlich hatte sie auch ein feines Gespür für das Auto, aber ihre Stärke lag eindeutig in ihrer hungrigen Leidenschaft. Sie fühlte das Auto und dessen Technik, das machte es manchmal für sie schwierig, ihr Gespür in Worte zu kleiden. Aber ich verstand sie. Michèle hatte großes Vertrauen zu mir, und die ganze Mannschaft grinste schon, wenn über Funk ihre Stimme zu hören war:

„Rroland, Rroland, where are you?“, erst auf Englisch, und dann, wenn ich am Funkgerät war, erklärte sie mir auf Französisch das Problem, und ich beriet sie dann entsprechend oder fällte die nötigen Entscheidungen.

Der Finne Hannu Mikkola war bereits, wie Michèle Mouton, bei Audi Sport, als ich den Bereich übernahm. Wir nannten ihn den „Gentleman unter den Fahrern“. Er hatte in seinen frühen Jahren ein ziemlich schweres Alkoholproblem, was gerade für diesen Beruf nicht gerade förderlich war. Man sagte, in den Jahren vor Audi wäre er immer „unter Strom“ gefahren und meistens Bestzeiten. Als er zu uns stieß, hatte er das Problem allerdings bereits im Griff, und die Disziplin, die er in den folgenden Jahren an den Tag legte, indem er nie wieder einen Tropfen Alkohol anrührte, beeindruckt mich bis heute.

Bevor er zu Audi stieß, fuhr er für Ford hinterradgetriebene Autos, was einen deutlichen Unterschied zum Fahrverhalten mit Allrad darstellte. Aber er war von Anfang an dabei, gewöhnte sich schnell an den Allradantrieb und nahm die vielen Ausfälle in Kauf, die durch die frühe Entwicklungsphase des quattros bedingt wurden. Er zeigte damit, wie auch Michèle Mouton, eine Loyalität, die mich entscheiden ließ, dass er noch vor Blomqvist für unser Team Weltmeister werden sollte, und so geschah es dann auch 1983.

Als ausgewiesener Finnlandexperte war er auf feinem Schottersand nahezu unschlagbar. Stig Blomqvist wiederum war auf den verschneiten Straßen Schwedens zu Hause. Glätte und enge Kurven konnten ihm nichts anhaben. Stig stieß erst etwas später zu uns, und er war ausgesprochen hungrig auf schnelle Erfolge. Er wollte beweisen, dass er Michèle und Hannu das Wasser reichen konnte. So war er zumindest am Anfang etwas zu risikofreudig und hat auch eine Menge Autos damit kaputtgefahren. Ich musste ihn nicht nur einmal in seinem Enthusiasmus etwas bremsen.

Durch die Wolken des Mount Kenia

Während der Rennen selbst war es meine Aufgabe, so nah wie möglich unsere Autos zu begleiten, um im Falle eines Problems sofort helfen zu können. Anfangs nutzten wir einmotorige Flugzeuge, von denen aus wir allerdings nur über Satellitenfunk mit den Fahrern kommunizieren konnten. Um lange genug in der Luft bleiben zu können, stellten wir ein offenes Zweihundert-Liter-Fass mit weiterem Treibstoff im Flugzeug auf. Wenn der Sprit knapp wurde, tankten wir aus diesen Fässern durch eine Pipeline nach. Später setzten wir Hubschrauber ein, mit denen man leichter und fast überall landen konnte, auch wenn ihre Einsätze teurer als die der Flugzeuge waren. Wir hatten – sofern der Hubschrauber groß genug war – noch einen weiteren Mechaniker, Werkzeuge und Ersatzteile dabei. Dabei geriet ich nicht nur einmal in abenteuerliche und manchmal sogar in ziemlich gefährliche Situationen. In Griechenland etwa mussten wir einem unserer Fahrer bei einer Panne helfen, doch überall standen Häuser, es gab kaum eine Möglichkeit zu landen. Der Pilot rangierte den Hubschrauber behutsam auf das Dach eines Schuppens und achtete darauf, mit den Kufen das schon morsche Dach nur leicht zu berühren. Wir sprangen über die Kufen auf das Dach und von diesem auf den Erdboden.

Ein anderes Mal, während der Rallye Argentinien 1983, die Mikkola vor Blomqvist gewinnen sollte, kam es fast zu einem schlimmen Unfall. Wir hatten uns einen Militärhubschrauber gemietet, eine große und auch träge Maschine, mit der wir allerdings problemlos alle nötigen Werkzeuge und Ersatzteile transportieren konnten. Ein solcher Hubschrauber konnte nicht senkrecht starten, dazu war er zu schwer, zumal er voll beladen war. Er musste erst ein paar Zentimeter aufsteigen, dann Fahrt aufnehmen und mithilfe des Aufwindes nach oben ziehen. Vor uns befand sich hinter einer Senke ein Anhöhe. Der Pilot zog den Hubschrauber nach oben, überquerte die Hügelkuppe und wir glaubten unseren Augen nicht zu trauen, als wir hinter dieser direkt auf ein neu gebautes Haus zuflogen. Im letzten Moment riss der Pilot den schweren Hubschrauber nach oben, verfehlte die Mauer nur knapp, und hinter dem Haus stürzten wir aus zehn Metern Höhe auf die Wiese. Die Kufen waren verbeult und unsere Ladung durcheinandergeworfen, wir selbst aber blieben unverletzt.

In Kenia allerdings kam es zu einer ungleich brenzligeren Situation. Für die Safari Rallye mieteten wir uns einen kleinen, wendigen Hubschrauber samt seinem Besitzer, einem einheimischen Bauern, der mit diesem Helikopter, wie man uns sagte, eigentlich seine Felder düngte. Ich vermutete eher, dass er die Felder mit Pestiziden besprühte, doch so etwas sprach man nicht aus. Dem Piloten machte dieser Einsatz sichtlich großen Spaß. Wir beobachteten zusammen die Autos, die unten eine Serpentinenstraße den Mount Kenia hochfuhren. Das sollte er eigentlich nicht tun, sondern vielmehr auf unseren eigenen Weg achten. Er bemerkte dadurch nicht die dichten Wolken, auf die wir zusteuerten. Plötzlich sahen wir außer einer undurchdringlichen grauweißen Wand nichts mehr. Irgendwo musste der schneebedeckte Berg sein, doch wo? Der Pilot versuchte verzweifelt, den kleinen Helikopter nach oben zu ziehen. Ich hörte die Drehzahl der Propeller abnehmen und dann verreckte der Motor. Wir fielen senkrecht nach unten. Ich habe noch nie einen so kreideblassen Afrikaner wie unseren Piloten gesehen. Der Schweiß tropfte ihm von der Stirn. Wir fielen etwa zweihundert, dreihundert Meter tief, und der dabei entstehende Gegenwind gab den Rotorblättern wieder neue Bewegung, was die Fallgeschwindigkeit glücklicherweise ausbremste. Der Helikopter bekam wieder Leistung, der Pilot riss ihn nach oben, immer höher und im Kreis herum, noch immer nicht wissend, wo sich die nächste Wand befand. Und dann – Licht, wir hatten es geschafft, die Wolken lagen unter uns, wir hatten wieder Sicht.

Für die Dorfbewohner Kenias war es ein spektakuläres Ereignis, wenn die Boliden in unmittelbarer Nähe ihres Dorfes vorüberdonnerten. Sie verließen ihre Arbeit und ihre Häuser, strömten zu den Rennstrecken und schauten begeistert den Autos mit ihren Staubwolken zu. Es war wieder in Kenia, als ich zum dritten Mal mit einem Hubschrauber abstürzte. Wir waren auf dem Dorfplatz gelandet. Etwas weiter entfernt befanden sich die Rennstrecke und unser Servicepunkt. Wir erledigten die notwendigen Arbeiten, unsere Autos fuhren weiter, und wir wollten mit dem Hubschrauber ebenfalls starten. Der Pilot zog den Helikopter nach oben, hatte aber nicht genau genug geschaut, wohin er eigentlich flog. Nämlich direkt in ein Kabel, das zwischen zwei Palmen hing und offenbar unter Strom stand. Das Kabel verfing sich in den Flügelblättern, es zischte von einem Stromschlag, die Rotorblätter verbogen sich und gingen kaputt. Der Hubschrauber stürzte nach unten, direkt auf das Strohdach einer Hütte, die wie zerbrechende Streichhölzer in sich zusammenkrachte. Es war unser Glück, dass diese Hütte nur aus Stroh und leichtem Holz bestand, das rettete uns wahrscheinlich das Leben. Gott sei Dank hielt sich zudem niemand in der Hütte auf, die meisten Dorfbewohner befanden sich an der Rennstrecke. Über Funk rief ich um Hilfe, ich wurde abgeholt und ließ den unglücklichen Piloten allein, der sich nun mit den Folgen seiner Nachlässigkeit konfrontiert sah.

Tränen unterm Vollmond

— *1982*

Das Jahr 1981 endete für uns mit einem Sieg Mikkolas in Großbritannien. Es war uns klar, dass wir uns für das folgende Jahr ordentlich ins Zeug legen mussten. Drei gewonnene Weltmeisterschaftsläufe waren für uns als junges Team zwar keine schlechte Bilanz, der Ehrgeiz aber griff nach Höherem. Wir wollten Weltmeister werden.

Im Februar 1982 gewann Stig Blomqvist, den ich kurz zuvor für Audi unter Vertrag nehmen konnte, bei der Rallye Schweden. Wir hatten durch die Ereignisse des Vorjahres viel gelernt. Die organisatorischen Abläufe wurden routinierter, das Zusammenspiel des Teams ebenso. Wir entwickelten uns zu einem echten Weltklasseteam. Und der Erfolg gab uns recht: Mouton gewann im März in Portugal, im Juni in Griechenland und im August in Brasilien. Nur vierzehn Tage später siegte Mikkola bei der Rallye Finnland, sein Kollege Blomqvist wurde Zweiter. Im Oktober fuhren Blomqvist und Mikkola in Sanremo einen fulminanten Doppelsieg ein. Es sah verdammt gut aus: In der Markenwertung lag Audi deutlich vorn, und in der Fahrerwertung benötigte Michèle nur noch eine hohe Platzierung, um die erste Weltmeisterin des Rallyesports überhaupt zu werden. Das alles entscheidende Rennen sollte Ende Oktober an der Elfenbeinküste stattfinden.

Doch zwei Tage vor dem Weltmeisterschaftslauf starb Michèle Moutons Vater in Paris. Ihr Vater, der sie trainiert, der sie ermutigt, sie immer wieder aufgebaut und ihr Kraft und Selbstvertrauen geschenkt hatte. Das Besondere an diesem Weltmeisterschaftslauf war, dass Michèle noch nicht einmal hätte gewinnen müssen, um in der Gesamtwertung Weltmeisterin zu werden, ein zweiter Platz hätte durch die Punktzahl ausgereicht. Ich selbst fuhr als Copilot bei Hannu Mikkola mit, um Michèle schnell vor Ort helfen zu können, wenn es technische Probleme geben sollte.

„Ich kann nicht fahren, ich will nicht fahren", sagte sie weinend. Am liebsten hätte sie sich in einen Flieger gesetzt und wäre nach Paris geflogen, um bei der Beerdigung ihres Vaters dabei sein zu können.

Ich war hin- und hergerissen. Einerseits verstand ich sie sehr gut. Andererseits hatten wir so lange an dieser Rallye gearbeitet, hatten trainiert, alles vorbereitet und viel an Geld und Energie investiert. Und sie stand so kurz davor, Weltmeisterin zu werden.

Ich versuchte, sie zu überreden, und ich bin mir nicht sicher, ob das richtig war.

„Michèle, dein Vater sitzt jetzt dort oben im Himmel, und vielleicht schaut er jetzt zu uns herunter. Was glaubst du, wünscht er sich? Dass du zur Beerdigung fliegst, oder dass du die Rallye fährst und Weltmeisterin wirst?"

Meine nicht ganz uneigennützigen Engelszungen konnten sie überzeugen. Sie fuhr, gemeinsam mit ihrer langjährigen Beifahrerin Fabrizia Pons, und sie führte bald mit anderthalb Stunden Vorsprung. Ihr Verfolger war allerdings kein Geringerer als Walter Röhrl, der damals noch für Opel fuhr und erst später zum Audi-Team stoßen sollte. Röhrl war ein exzellenter Fahrer und Michèle absolut ebenbürtig, er verschmolz nahezu mit der Technik eines Autos, doch sein Opel, robust, aber langsam, stellte keine ernst zu nehmende Konkurrenz zu unserem quattro dar. Aber Röhrl wollte Weltmeister werden.

Es war wie verhext. Michèle sagte vor einer Halbzeitpause, nach der man die Autos in den Parc Fermé zu stellen hatte, das Getriebe müsse getauscht werden, es lasse sich zu schwer schalten. Ich wusste, dass es unsinnig war, das Getriebe war in Ordnung. Außerdem hatten wir nicht genügend Zeit. Mein eigentliches Team, das ein Getriebe in achtzehn Minuten tauschen konnte, war nicht verfügbar. Wir würden mindestens fünfundzwanzig Minuten brauchen, und das wäre über der erlaubten Zeit.

Die ganze Situation war unglaublich emotional. Michèle weinte oft, auch während des Fahrens, sie dachte an ihren Vater. Hinzu kam, dass Michèle, wenn sie dieses Rennen gewinnen oder Zweiter werden würde, in der Gesamtwertung Weltmeisterin werden würde. Es wäre die Krönung ihrer Karriere geworden.

Michèle beharrte auf dem Getriebewechsel, und wir gaben nach. Es war der falsche Ort, der falsche Zeitpunkt, das falsche Team, uns fehlte Werkzeug, und dennoch schafften wir den Wechsel innerhalb von zweiundzwanzig Minuten, also mit nur zwei Minuten Strafzeit. Irgendwie musste uns aber ein Fehler unterlaufen sein, das Auto ließ sich anschließend nicht kuppeln. Eigentlich hätten wir das Getriebe noch einmal ausbauen müssen, aber dazu fehlte uns die Zeit.

Ich sagte zu Michèle: „Du fährst jetzt ohne Kupplung, wir schieben dich an, und dann haust du die Gänge einfach so rein und fährst in den Parc Fermé. Und danach haben wir Zeit, morgen früh das Getriebe zu wechseln.“ Während die Wagen im Parc Fermé standen, durfte man an ihnen keine Reparaturen vornehmen.

Michèle erwiderte: „Ohne Kupplung fahre ich nicht in den Parc Fermé. Wie soll ich denn morgen wieder rauskommen? Ohne Kupplung?“

„Du stellst das Auto in Fahrtrichtung ab, legst den ersten Gang ein, und morgen fährst du mit dem Anlasser raus. Das sind nur zwanzig Meter, Fabrizia kann dich sogar schieben, und wir stehen dann schon da und haben alles vorbereitet.“

Sie ließ sich nicht überzeugen.

„Nein, ich fahre nicht weiter, ich fahre nur mit Kupplung!“

Was hätten wir tun sollen, Michèle war nicht weniger dickköpfig als ich. Also bauten wir das Getriebe wieder aus, richteten alles Nötige, bauten es wieder ein, und Michèle hatte anschließend trotz Strafzeit noch immer eine halbe Stunde Vorsprung. Mit Walter Röhrl im Nacken.

Die Pechsträhne wollte nicht enden. In der nächsten Nacht stand das Auto wieder in einem Parc Fermé, und die tropische feuchte Luft ließ das Auto am Morgen aufgrund von Fehlzündungen nur schwer starten. Wir machten uns wieder an die Arbeit, immer mit Blick auf die Uhr, denn die Zeit wurde immer knapper, der Vorsprung kleiner.

Mit nur noch zwanzig Minuten Vorsprung fuhren Michèle und Fabrizia weiter. Doch dann, in der folgenden Nacht – es war eine Nachtetappe – hatten die beiden einen Unfall. Sie überschlugen sich, landeten wie durch göttliche Fügung auf den Rädern, beiden war nichts passiert, das Auto fuhr ebenfalls noch, aber Fabrizia hatte ihr „Gebetsbuch“ verloren. Das Gebetsbuch bildete eine der wichtigsten Aufgaben des Beifahrers. In diesem Büchlein standen die Anweisungen über die Route, dort rechts, da geradeaus, bis dorthin und so weiter. Während des Unfalls musste das Buch aus dem Fenster gefallen sein. Die beiden suchten vergeblich in der Dunkelheit der afrikanischen Wildnis. Notgedrungen fuhren sie ohne das Buch weiter, verfuhren sich, stießen irgendwo an und dann riss es ihnen die Vorderachse heraus. Michèle fühlte sich immer verzweifelter. Ich fuhr sofort mit dem Serviceteam zu ihr. Wir taten, was wir konnten, und bauten eine neue Achse ein, aber langsam wurde deutlich, dass wir die zulässige Zeit überschreiten würden. Michèle und Fabrizia fuhren wie die Teufel, aber am nächsten Kontrollpunkt wurden unsere Befürchtungen zur Gewissheit. Mit wenigen Minuten Verspätung wurde Michèle wegen Zeitüberschreitung disqualifiziert. Ohne die Disqualifizierung wäre sie nach Walter Röhrl Zweiter geworden und damit in der Gesamtwertung Weltmeister. Sie wäre die erste Frau überhaupt gewesen, die diesen Titel erobert hätte, es war zum Haare ausraufen.

Da standen wir nun in der Wildnis der Elfenbeinküste, mitten im Nirgendwo, es war Nacht, über uns der Mond. Wir fühlten eine tiefe traurige Verbundenheit, hielten uns alle drei im Arm und weinten.

Kein Fairplay

Die Zeit als Chef von Audi Sport war nicht nur unglaublich aufregend, sondern auch sehr lehrreich für mich. Ich trug plötzlich eine Fülle an Verantwortung, hatte jede Menge zu organisieren, wählte unsere Mitarbeiter aus und war obendrein dem Vorstand eine Reihe von Siegen schuldig. Audi Sport war noch sehr jung. Wir brauchten neben den Rennfahrern auch Ingenieure, Techniker, Mechaniker und Organisatoren. Am Anfang etwa holten wir unsere Mechaniker direkt vom Band. Wir gingen zu ihnen und fragten: „Hast du Lust, für Audi Sport zu arbeiten und uns zu den Rallyes zu begleiten?“

Viele von ihnen waren noch nie aus Bayern herausgekommen, und nun fuhren sie mit unserem Team durch Argentinien, Griechenland oder Afrika, konnten kein Englisch, kein Französisch und waren generell nicht gerade weltgewandt. Ich wurde zum Mädchen für alles. Übersetzte, wenn nötig, kümmerte mich, wenn jemand einen Arzt brauchte oder wenn es Probleme in den Unterkünften gab, und hielt sie gelegentlich auch davon ab, unüberlegte Dinge in den Bars und Kneipen zu unternehmen.

Ich begriff unser junges Team als eine große Familie. Wir arbeiteten hart, und ich verlangte Disziplin, aber nach getaner Arbeit feierten wir auch gebührlich. Und doch musste eine strikte Grenze zwischen konzentrierter Arbeit und Freizeit gezogen werden. Alle Bereiche der Organisation der Rallyes, die mitunter nur im Abstand von wenigen Wochen und an weit entfernten Orten stattfanden, mussten ineinandergreifen wie ein perfekt abgestimmtes Uhrwerk. Zu einer bestimmten Zeit wartete das Transportflugzeug, die Autos und Lkws mussten verladen werden, es musste an Ersatzteile und Werkzeuge gedacht werden, Hotelbuchungen mussten zuverlässig und Visa gültig sein. Verspätete sich auch nur ein Lkw, konnte dadurch das ganze Unternehmen gefährdet werden. Dementsprechend ließ ich Ausreden für solche Unzuverlässigkeiten nicht gelten. Der Lkw musste pünktlich vor Ort sein. Unser Team war immer so stark, wie das schwächste Glied dieser Kette. Nun, an den Erfolgen von Audi Sport konnte man sehen, welch hervorragende Arbeit alle Mitarbeiter leisteten. Besonders stolz war ich auf unsere Mechaniker, die, obgleich in ungewohnter Fremde, ihr Bestes gaben und phantastische Arbeit leisteten.

Es gab nur selten Momente, in denen ich wirklich autoritär sein musste.

Es war während einer Rallye Portugal, Michèle Mouton lag bis dahin gut im Rennen, als mich ein Funkspruch erreichte, das Auto sei nicht mehr einsatzfähig.

„Ok, was ist los?“, fragte ich.

Zwischen Felge und Bremssattel des Hinterrades wäre durch einen eingeklemmten Stein der Bremssattel samt Bremsleitung abgerissen worden, Michèle könne nicht mehr bremsen. Zwei Minuten später war ich vor Ort. Ich schaute mir alles an und entschied, die Bremsleitung zweimal umzuknicken, wie eine Zahnpastatube, damit sie abgedichtet war und keine Bremsflüssigkeit mehr auslaufen konnte, und sagte Michèle, sie solle weiterfahren. Durch den quattro-Antrieb brauchte sie hinten nicht zwingend eine Bremse, da die vorderen Räder beim Bremsen durch den starren Durchtrieb der Kardanwelle zur Hinterachse auch die hinteren Räder verzögerten. Der Mechaniker aber, dem ich diese Anweisungen gegeben hatte, weigerte sich, diese Anordnung auszuführen. Er könne doch Michèle nicht in den Tod fahren lassen.

„Tod, was für ein Quatsch,“ sagte ich, „Michèle muss doch nur ein bisschen kräftiger aufs Pedal drücken, und das weiß sie, sie kennt das Auto!“

Durch diese vollkommen überflüssige Diskussion verloren wir wertvolle Zeit. Später sprach ich mit dem Mechaniker einige ernste Worte, aber damit war es dann auch wieder gut.

Natürlich ist eine demokratische Diskussionskultur in bestimmten Fällen sinnvoll. Aber ganz sicher nicht in Situationen, in denen innerhalb von Sekunden wichtige Entscheidungen gefällt und umgesetzt werden müssen. Da muss derjenige entscheiden, der sich am besten mit dem Sachverhalt auskennt, und die Mitarbeiter müssen diese Entscheidung zügig umsetzen. Dieses Prinzip lässt sich meines Erachtens auch auf politische Situationen sowohl in Konzernen als auch in Staaten übertragen.

Es war für mich eine wichtige Erfahrung zu lernen, Wesentliches von Unwesentlichem zu unterscheiden. Wie oft vergeudet man Zeit und Energie für aussichtslose Unternehmungen, meist aus einem vielleicht nicht unberechtigten Gerechtigkeitsgefühl heraus. Zwischen den Rallyes lagen oft nur wenige Wochen, und es mussten in den kurzen Zeiträumen dazwischen wichtige technische Fragen geklärt, die nächste Rallye und der Transport organisiert und die Ergebnisse ausgewertet werden. Auf Monte Carlo folgte wenig später ein Weltmeisterschaftslauf in Schweden, anschließend etwa in Portugal. Nach der Akropolis Rallye in Griechenland mussten wir innerhalb kurzer Zeit bereits in Neuseeland antreten. Da blieb keine Zeit für Geplänkel, welches die Gesamtwertungen gefährden konnte, indem es uns wertvolle Ressourcen stahl.

Vor Beginn einer Rallye in Neuseeland beispielsweise bekam ich einen Anruf vom Veranstalter, man hätte zu wenig Anmeldungen bekommen, und es wäre großartig, wenn wir noch einen dritten Wagen anmelden würden. Die Anmeldefrist war zwar schon vorüber, und ganz glücklich war ich mit dieser Anfrage auch nicht, bedeutete sie doch einen erheblichen organisatorischen und damit auch finanziellen Mehraufwand. Mouton und Mikkola waren schon dabei, und so fragte ich Ferdinand Piëch, ob wir nicht Blomqvist noch nachmelden sollten. Er teilte meine Bedenken, entschied sich dann aber doch dafür. In Neuseeland angekommen, legte die italienische Konkurrenz sofort Beschwerde ein, denn drei Autos bedeuteten auch eine höhere Gewinnchance für Audi. Sie sagten, die Anmeldefrist sei verstrichen, und Blomqvist sei damit von vornherein disqualifiziert. Also protestierten wir wiederum gegen den italienischen Protest. Eine absurde Situation, denn immerhin folgten wir nur dem Wunsch der Veranstalter. Es kam zu einem Urteil durch ein Schnellgericht, das besagte, Stig Blomqvist könne an der Rallye zwar teilnehmen, aber man würde erst nach der Rallye ein endgültiges Urteil fällen. Ich war mir sicher, dass wir im Nachhinein recht bekommen würden, und konzentrierte mich auf das Rennen. Wie das Schicksal es wollte, führte ausgerechnet der nachgemeldete Stig Blomqvist. Er erreichte einen Kontrollpunkt, an dem man das Buch vorweisen musste, in das die Zeiten eingeschrieben wurden, aber die Leute an dem Kontrollpunkt – welch Zufall, es waren Italiener – gaben ihm das Buch nicht zurück. Sie behielten es, bis Stig damit die erlaubte Zeit überschritten hatte und wegen Zeitüberschreitung disqualifiziert wurde.

Nun hätte ich vor Gericht gehen und ein Urteil erzwingen können. In Neuseeland als deutscher Teamchef! Der Prozess hätte eine Menge Zeit und Energie geschluckt, und was wäre das Resultat gewesen? Recht zu bekommen. Doch wozu? Ich sprach mit Ferdinand Piëch darüber und plädierte dafür, das alles hinter uns zu lassen und uns lieber auf unsere nächsten Projekte zu fokussieren. Mit der Disqualifizierung von Stig war die Sache ja sowieso erledigt, und im Nachhinein konnte er schwerlich noch gewinnen. Also vergaßen wir die ganze Sache und kümmerten uns um unsere nächsten Aufgaben. Und die waren aufregend genug.

Oft kämpfen Leute um ihr Recht oder um einen etwas höheren Gewinn aus irgendeiner Sache und übersehen dabei, wie viel kostbare Zeit sie damit verschwenden, die ihnen erlaubt hätte, erfolgversprechendere Vorhaben anzugehen.

Stallorder sind nichts für wilde Jungs

— *1983*

Stig Blomqvist war hungrig. Und wie jeder Rennfahrer mochte er es gar nicht, wenn man ihn am Gewinnen zu hindern versuchte.

„Nein, Stig, jetzt wird erst einmal der Hannu Weltmeister, der hat das verdient, er hat Audi Sport ja überhaupt erst zum Leben erweckt und ist so viel gefahren ohne irgendwelche Titel! Du wirst auch Weltmeister, aber zuerst ist der Hannu dran!"

Eine solche Stallorder ist für diese siegeshungrigen Geister immer ein Problem.

1983, Rallye Argentinien. Viele Schotterpisten, warme Temperaturen. Hannu Mikkola führte erwartungsgemäß. Er wusste um seine Führung und fuhr das Auto nicht voll aus. Warum sollte er auch, in solchen Fällen war es sinnvoll, das Auto zu schonen und Risiken zu vermeiden, die den sicheren Sieg nur gefährden würden. Stig Blomqvist aber überholte ihn auf einer Schotterpiste, schleuderte mit den durchdrehenden Reifen Steine gegen Hannus Windschutzscheibe, die daraufhin zerbrach. Fahrer wie Blomqvist sind erfahren genug, so dass man ihm mit ziemlicher Sicherheit Absicht unterstellen konnte.

Stig drosselte dann demonstrativ vor dem Ziel seine Geschwindigkeit und ließ Hannu wieder überholen. Für den Gewinner war eine solche Geste natürlich blamabel, auch wenn es später in den Punktwertungen niemanden mehr interessierte.

Stallorder sind natürlich notwendig, auch wenn sie ein massiver Angriff auf das Ego der Fahrer bedeuten. Da es aber zwei unterschiedliche Weltmeisterschaftswertungen gab, die Markenweltmeisterschaft und die Fahrerweltmeisterschaft, blieb allen Firmen nichts anderes übrig, als strategisch vorzugehen. Wenn Blomqvist siegen würde, bekäme Mikkola die entsprechenden Punkte nicht. Das konnte zur Folge haben, dass ein Fahrer eines anderen Teams in der Punktwertung insgesamt mehr Punkte erhielt und somit zwar Blomqvist den einen Weltmeisterschaftslauf gewonnen hätte, aber in der Gesamtwertung ein Fahrer eines anderen Stalls Weltmeister werden würde. In der Chefetage des VW-Vorstands wäre man darüber alles andere als amüsiert gewesen.

Blomqvist hatte sich an die Stallorder gehalten, allerdings nicht ohne Mikkola gezeigt zu haben, wer der eigentliche Gewinner hätte sein können. Wir belegten mit Mikkola, Blomqvist und Mouton bei dieser Rallye alle ersten drei Plätze. Nur einen knappen Monat später wiederholten wir beinahe diesen Erfolg: In Finnland gewann wieder Mikkola, dicht gefolgt von Stig Blomqvist.

Trotz allem gelang es uns in diesem Jahr nicht, den Herstellertitel zu verteidigen. Dieser ging an Lancia, und wir mussten uns mit dem unseligen Titel Vizeweltmeister begnügen. Immerhin wurde Hannu Mikkola, wie verdient und geplant, Weltmeister der Fahrerwertung.

Wir schauten uns die Konkurrenz sehr genau an und analysierten deren Strategien. Auch deren Stallorder war taktisch sehr klug konzipiert worden. Vor allem aber hieß ihr wichtigster Fahrer Walter Röhrl.

Auf Vorstandsebene entschied man, Röhrl für Audi zu verpflichten. Nicht nur wäre er eine weitere Sieggarantie für uns, ebenso konnten wir ihn als den für uns gefährlichsten Fahrer der Konkurrenz aus dem Spiel nehmen. Ich muss zugeben, dass dies nicht meine Entscheidung gewesen ist. Im Gegenteil blieb ich skeptisch. Röhrl war mit Allrad überhaupt nicht vertraut, und die ersten Probefahrten machten mir nicht gerade Mut. Zwar hatte er bereits vor einigen Jahren den quattro Probe gefahren, hatte sogar Michèle Mouton darin bestärkt, bei Audi einzusteigen, er selbst aber hatte das frühere Angebot noch ausgeschlagen. Die Traktion des Allrad sei zwar phantastisch, aber verglichen mit dem Lancia (für die er damals fuhr) sei das Auto selbst, vor allem beim Lenkverhalten, viel zu verspannt.

Für uns stand die nächste Saison vor der Tür, und damit die erste Rallye des Jahres in Monte Carlo. Viel Zeit hatte Röhrl nicht, um sich an die Besonderheiten eines quattro zu gewöhnen. Wir beschlossen, ihn gemeinsam mit Stig Blomqvist in die Schweiz zu schicken. Auf einem zugefrorenen See brachte der Schwede Röhrl das Allradfahren bei. Die Besonderheit bei der Rallyeversion des quattro bestand darin, bei Kurvenfahrten mit dem linken Fuß zu bremsen. Dabei ging es darum, die Vorteile des Allrads optimal auszunutzen: Der rechte Fuß bleibt auf dem Gaspedal, wenn man in die Kurve fährt, der linke Fuß bremst ein bisschen. Dabei erhöht sich das Gewicht, das auf die Vorderachse drückt, minimal (vielleicht vierzig Kilogramm), doch das reicht, um mehr Bodenhaftung zu erzeugen und damit schneller die Kurven fahren zu können.

Die Fähigkeit, mit dem linken Fuß bremsen zu können, musste bei den Rallyefahrern in Fleisch und Blut übergehen. In den engen Kurven mit vielen Beschleunigungen und Bremsungen gab es keine Zeit, lange nachzudenken und herumzuprobieren.

Die Konzentration lag auf der Straße, und die fein- und grobmotorischen Reaktionen mussten so instinktiv geschehen wie bei einem Rechtshänder das Schreiben mit der rechten Hand. Röhrl hatte also anfangs große Schwierigkeiten, auch nach dem Training mit Stig in der Schweiz. Am 21. Januar 1984 sollte Monte Carlo beginnen. Röhrl trainierte weiter, indem er über die verschneiten Straßen seines heimatlichen Bayerischen Waldes fuhr. Und dann, nur wenige Tage vor Rennbeginn, so berichtete es Röhrl selbst, hatte es plötzlich klick gemacht, sein Körper, meinetwegen seine Feinmotorik, hatte die Anforderungen des Autos verstanden. Röhrl ging an den Start – und gewann auf Anhieb seine erste Rallye für Audi.

Eine in gewisser Weise unschöne Erfahrung war es, die mitunter unsportlichen Wettbewerbsmethoden der Konkurrenz kennenlernen zu müssen. Ein Jahr zuvor, 1983, bestach vor Beginn der Rallye die italienische Crew die Fahrer der Schneepflüge und die Gemeinden, durch welche das Rennen führte, alle Streckenabschnitte zu salzen. Wir rechneten wie gewohnt mit verschneiten Straßen, auf denen der Allradantrieb unschlagbar gewesen wäre. Doch so gewannen die Italiener, und aus unserem Team konnte nur Stig Blomqvist einen dritten Platz einfahren. 1984 hingegen wunderten sich vermutlich die Schneepflugfahrer sehr über diverse technische Probleme ihrer Fahrzeuge, etwa versulzte Dieseltanks und dergleichen mehr. Die Straßen blieben, wie sie waren, und wir holten uns mit Röhrl, Blomqvist und Mikkola alle ersten drei Plätze.

In diesem Jahr waren wir auf dem Gipfel unseres Erfolgs. Blomqvist holte sich den Fahrer-Weltmeistertitel und Audi den der Markenwertung.

„Siegen Sie!" – der Sport quattro S1

— 1983

Mit Walter Röhrl als Verstärkung verfügten wir über das wohl leistungsstärkste Team in der Autorennsportgeschichte überhaupt. In den Jahren zwischen 1981 und 1985 gewannen wir zwei Weltmeisterschaftstitel und zwei Vizeweltmeistertitel in der Fahrerwertung. In der Markenwertung wurden wir zweimal Weltmeister und einmal Vizeweltmeister. Insgesamt konnten wir vierundzwanzig Siege in Weltmeisterschaftsläufen verbuchen.

Und doch fiel es uns zunehmend schwerer, uns gegen die Konkurrenz durchzusetzen. In anderen Firmen konstruierte man eigens für die Rallyefahrten Prototypen, die pro forma homologiert wurden.

Um als Rennwagen der Gruppe B zugelassen zu werden, so lautete ursprünglich die Regel der veranstaltenden Fédération Internationale de l'Automobile (FIA), mussten mindestens vierhundert (ab etwa 1982 waren es nur noch zweihundert) solcher Fahrzeuge hergestellt werden, um ihren Charakter als Serienfahrzeuge zu erfüllen. Wenn diese Regel dazu führen sollte, nur seriennahe Fahrzeuge in die Rennen zu schicken, war diese Absicht gründlich fehlgeschlagen. Die Autofirmen investierten nach unseren Erfolgen nur zu gern in die Produktion eigentlich überflüssiger vierhundert, später zweihundert Spezialfahrzeuge, da man hoffte, durch viele Weltmeisterschaftsläufe oder gar Weltmeistertitel einen guten Marketingeffekt zu erzielen. Audis Konzept aber war von Anfang an, auf die Entwicklung solcher Boliden zu verzichten und so nah wie nur möglich an den Serienfahrzeugen zu bleiben. Ich konnte Ferdinand Piëchs Gedanken verstehen: Gewann ein Audi quattro ein Rennen, konnten sich die Kunden sicher sein, ein zumindest sehr ähnliches Serienfahrzeug dieser Art kaufen zu können. Nur leider sah das die Konkurrenz etwas anders. Die meisten Rennställe hatten mittlerweile ihre Rennautos auf Mittelmotor umgestellt, die durch die Konzentration der Masse (durch die Lage des Motors vor der Hinterachse) um den Fahrzeugmittelpunkt ein deutlich besseres Kurvenverhalten zeigten. Wir merkten bald, dass wir mit unseren noch sehr an den Serienfahrzeugen orientierten Audi quattros den hochgezüchteten Boliden der anderen kaum mehr das Wasser reichen konnten.

Der Druck war enorm. Es lag auf der Hand, dass wir eigentlich einen Mittelmotor für den quattro bauen mussten, um wettbewerbsfähig zu bleiben. Piëch aber lehnte das aufgrund seiner Direktive, dass auch die Rallyeautos sich so weit wie möglich an den Serienwagen zu orientieren hatten, (vorerst) kategorisch ab. Piëch verlangte Siege, blockierte aber gleichzeitig die dazu nötige Mittelmotor-Entwicklung. Ich überlegte fieberhaft, welche Lösungen noch infrage kommen könnten. Ohne die Option eines Mittelmotors blieb uns nur, das Gewicht des quattros und dessen Kurvenverhalten zu optimieren, indem wir ihn kürzten. Ich diskutierte diese Möglichkeit mit der Technischen Entwicklung, doch dort hielt man diese Idee für undurchführbar und lehnte sie kategorisch ab. Trotz der Bedenken und mangels einer besseren Alternative nahm ich kurzerhand einen quattro und schnitt etwa in der Mitte ein Stück von vierzig Zentimetern heraus. (Natürlich schneidet man dabei nicht ein komplettes Auto auseinander, sondern lediglich die entsprechenden Einzelteile, die man anschließend zusammenbaut.) Dieser erste Prototyp erwies sich leider als kaum beherrschbar, und es schien bereits, als würden die Kollegen von der Technischen Entwicklung mit ihren Bedenken recht behalten. Einige meiner Kollegen drängten mich, die Idee wieder fallen zu lassen, ich müsse doch sehen, dass es nicht funktioniere. Diese Einwände sorgten allerdings eher dafür, dass mein Dickkopf erwachte. Die Idee, das Auto zu kürzen, konnte ja dennoch richtig sein, und vielleicht waren vierzig Zentimeter nur etwas zu viel? Für einen weiteren Prototypen fügte ich wieder acht Zentimeter hinzu, und dieser ließ sich nun hervorragend fahren. Um die Gewichtsverteilung des Autos weiter zu optimieren, verlegten wir nach einigen Testfahrten alles, was irgendwie möglich war, nach hinten. Tank, Kühler und Batterie wanderten in den Kofferraum. Die Luft leiteten wir an den Seiten zum Kühler und bauten zusätzlich einen durch ein Thermostat gesteuerten Ventilator ein. Um das Auto noch leichter zu machen, ließen wir von einer Schweizer Firma Karosserieteile aus Kunststoff anfertigen. Wir experimentierten anfangs auch mit einem Aluminiummotor, stießen aber dabei auf erhebliche Probleme mit den Zylinderlaufbahnen. Nicht nur einmal riss der Aluminium-Motorblock, und so kehrten wir zum bewährten Graugussblock zurück und verzichteten auf die Gewichtseinsparung von zehn bis fünfzehn Kilogramm. Allerdings verschoben wir den Motor um zwei Zentimeter nach hinten, also in den Fußraum hinein, was wiederum die Gewichtsverteilung etwas verbesserte.

Mich interessierten allerdings nicht nur die technischen Details des Fahrzeugs an sich. Ich sprach mit den Fahrern, ließ mir genau erklären, welche Verbesserungen aus ihrer Sicht nötig waren, um das Auto besser kontrollieren zu können. In Rallyeautos sitzt man – entgegen landläufiger Meinung – möglichst senkrecht, damit die Arme angewinkelt bleiben und der Fahrer schnell mit optimaler Muskelkraft das Lenkrad reißen kann. Die fast liegende Position mit ausgestreckten Armen, wie man sie etwa aus der Formel 1 kennt, ist einzig der Ausnutzung der Aerodynamik des

Autos geschuldet, nicht aber den Bedürfnissen der Fahrer. Der quattro beruhte ursprünglich auf dem Audi-Coupé mit recht schräger Windschutzscheibe. Die Folgen waren zum einen ungünstige Spiegelungseffekte bei Regen und Schnee, zum anderen, dass die Fahrer immer wieder mit dem Helm an die Decke stießen. Ich schmiss dementsprechend die schräge Windschutzscheibe hinaus und baute stattdessen die steilere Windschutzscheibe des Audi 80 ein. Die Fahrer bekamen dadurch mehr Platz, sahen besser und konnten effizienter reagieren und lenken. Nun ja, wie ein elegantes Rennauto sah der Prototyp damit nicht aus, und die Designer schlugen die Hände über dem Kopf zusammen. Aber welche Alternativen hätten wir sonst gehabt? Die Eleganz des Designs ist ein Luxus, den man sich nur dann leisten kann, wenn das Auto auch siegt. Erst nachdem die technischen Fragen gelöst und wir mit den Prototypen zufrieden waren, ließen wir die Designer das Auto etwas verschönern, indem sie zum Beispiel die Kotflügel etwas ausbauchten.

Nachdem sich der Sport quattro in den Testfahrten bewährte, warf Piëch seine Skepsis über Bord. Der S1 erwies sich als ein hervorragendes Auto und war schneller und effizienter als sein Vorgänger.

Aber auch hier, wie schon bei der Produktion des Ur-quattro im Jahr 1980, zeigte sich der Vorstand zögerlich. Wer solle denn ein solches Auto kaufen, fragten sie. Die Produktionskosten würden den Preis in Höhen treiben, die sich keiner mehr leisten könne. Piëch entgegnete schlagfertig, man solle ihm die zweihundert Stück geben, er würde sie selbst bezahlen und dann auf eigene Faust verkaufen.

1983, als ich den Sport quattro entwickelte, verfügten wir – da man an meine Idee noch nicht recht glauben wollte – über ein nur knappes Budget. Für die Rallyes brauchten wir nur zwanzig Autos, mussten aber laut Bestimmung der FIA weitere zweihundert vorweisen können. Leider reichte unser finanzielles Volumen gerade mal für hundertachtzig Autos. Ich telefonierte mit einem Vertreter der FIA, einem Engländer, der mir begeistert von seiner Leidenschaft für das deutsche Mittelalter erzählte, vor allem für die Ingolstädter Geschichte, und er kannte sich wirklich gut aus. Also lud ich ihn ein, nach Ingolstadt zu kommen, er könne sich die Stadt anschauen und nebenbei die Autos zählen. Wir reihten unsere hundertachtzig Stück auf und zählten bis zur Mittagspause. Meine Leute wies ich an, die ersten zwanzig zu nehmen und hinten wieder anzustellen. Dann zeigte ich dem Geschichtsenthusiasten die Stadt und wir aßen zu Mittag. Am Abend hatte er dann zweihundert Autos gezählt, er war rundum zufrieden, sowohl mit der Stückzahl als auch mit der Stadtführung.

Noch 1983 präsentierten wir den Sport quattro auf der Internationalen Automobilmesse in Frankfurt der Öffentlichkeit.

Den ersten Sieg des Sport quattro fuhr Stig Blomqvist bereits 1984 bei der Rallye Elfenbeinküste ein und gewann damit – versprochen war versprochen – seinen verdienten Weltmeistertitel.

Um ein für alle Mal mit dem Gerücht aufzuräumen, der S1 sei technisch nicht ausgereift gewesen, reicht ein schneller Blick auf die Erfolgsbilanz des darauffolgenden Jahres:

Im Januar 1985 belegte Röhrl mit dem S1 den zweiten Platz in Monte Carlo, im Februar Blomqvist ebenfalls einen zweiten Platz in Schweden. Im März schaffte Röhrl trotz eines Unfalls in Portugal den dritten Platz. Bei der Rallye Griechenland wurde Blomqvist im Mai Zweiter, bei der im Juni folgenden Rallye Neuseeland fuhr Röhrl den dritten Platz ein. Als im August Stig Blomqvist in Finnland einmal mehr nur den zweiten Platz belegte, konnte man wirklich nur von Pech sprechen. Da fuhr man eine Woche durch Finnland und schlussendlich trennten den Sieger (ein Peugeot mit Mittelmotor) und Blomqvist nur sage und schreibe achtundvierzig Sekunden.

Piëch schimpfte und hielt mir einen Vortrag: „Zweiter Platz ist zweiter Platz! Wir wollen gewinnen, Gumpert!"

„Achtundvierzig Sekunden, Herr Piëch! Das ist doch wie ein erster Platz!"

„Reden Sie keinen Unsinn, Gumpert, es ist nun einmal ein zweiter Platz, und das bleibt er auch. Siegen Sie!"

Gesagt, getan. Im September fand der nächste Weltmeisterschaftslauf in Sanremo statt, und Röhrl gewann souverän mit dem bereits mit Spoilern und Flügeln aufgerüsteten Sport quattro E2. Zweiter wurde wiederum der Mittelmotor-Peugeot, der uns in Finnland so knapp geschlagen hatte; allerdings gewannen wir diesmal mit einer Differenz von sechseinhalb Minuten, was schon etwas anders klingt als jene unglücklichen achtundvierzig Sekunden.

Wie in jedem Sport entscheiden auch bei den Rallyes nicht nur die Technik und das Können der Fahrer, sondern auch der Zufall. In den Jahren 1983 bis 1986, in denen wir sowohl mit dem Audi quattro A2 als auch mit dem Sport quattro an den Start gingen, wurden wir von einer ganzen Serie unglücklicher Zufälle heimgesucht. Ein Beispiel: Röhrl führt bei der Rallye Sanremo 1984 und wird von Ari Vatanen auf Peugeot verfolgt. Die Strecke ist eine Asphaltstraße auf einem Hang – auf der einen Seite Mauern, auf der anderen eine abschüssige Wiese. Es hat sintflutartig geregnet, es kommt zu Aquaplaning. Röhrl rutscht erst gegen die Mauer und von dort hinüber in den Abhang. Vatanen geschieht das Gleiche, er touchiert die Mauer, dreht sich, kommt aber wie durch ein Wunder noch auf der Straße und sogar in korrekter Fahrtrichtung zum Stehen und kann weiterfahren.

Eine andere seltsame Begebenheit fand während der Rallye Großbritannien 1985 statt, die obendrein meine letzte als Sportdirektor sein sollte. Mikkola führt. Doch plötzlich fällt der Motor aus, lässt sich nicht mehr starten. Keine Zündung, keine Einspritzung. Als ich zur Stelle bin, ist Mikkola wegen Zeitüberschreitung bereits disqualifiziert. Ich drehe den Zündschlüssel um, und der S1 startet ohne Probleme. Wir haben den Fehler nie gefunden. Wir konnten es nicht beweisen, aber die plausibelste Erklärung bestand darin, dass über eine Störfrequenz die Bosch-Einspritzanlage außer Gefecht gesetzt wurde, die damals noch nicht gut abgeschirmt war. Denn kaum war Mikkolas Zeit abgelaufen, lief der S1 wieder tadellos. Weit hergeholt ist diese Vermutung nicht, es wurde damals mit allen Mitteln versucht, die Konkurrenz auszuschalten, auch jenseits der Regeln.

Im Frühjahr 1985 rüsteten wir den S1 mit Flügeln und Spoilern auf, um genügend Abtrieb zu erzeugen, damit dieses Kraftpaket noch mehr Bodenhaftung erhielt. Wir nannten ihn etwas prosaisch Sport quattro E2, tatsächlich aber war er trotz des Namenszusatzes lediglich ein aufgerüsteter S1. Mit diesem gewann Hannu Mikkola bei der US-amerikanischen Olympus Rallye im Juni 1985, und Walter Röhrl erkämpfte sich mit ihm den Sieg bei der Rallye Sanremo.

Noch einmal sollte der Sport quattro nach der Schließung der Gruppe B (und auch nach meiner Zeit als Audi-Sportchef) zu einem triumphalen Einsatz kommen. Beim Pikes Peak International Hill Climb in Colorado, dem berüchtigten „Race to the clouds“, fuhr 1987 Röhrl mit dem quattro S1 einen Rekord von unter elf Minuten ein und gewann mit einer – wie er selbst einmal sagte –

„perfekten" Fahrt. Am Pikes Peak siegte Michèle Mouton bereits 1984 bei der Open Rally Class und 1985 auch in der Gesamtwertung, und im darauffolgenden Jahr gewann Bobby Unser sen. mit dem quattro S1. Doch der Rekord, den Röhrl aufstellte, blieb bis zur späteren Asphaltierung der Rennstrecke unerreicht.

Die konkurrierenden Rennställe fuhren damals extrem leistungsstarke Mittelmotor-Fahrzeuge, und dennoch gelang es uns mit dem noch immer seriennahen S1, in den Rallyeweltmeisterschaftsläufen insgesamt zweimal den ersten, fünfmal den zweiten und viermal den dritten Platz zu erkämpfen.

Der Vorstand hatte sich mit seinen anfänglichen Bedenken gründlich getäuscht. Trotz des stolzen Preises von ungefähr zweihunderttausend D-Mark – er war damals der teuerste deutsche Sportwagen – riss man uns den Sport quattro förmlich aus den Händen. Piëch verkaufte je ein Exemplar an den spanischen König und den Stardirigenten Herbert von Karajan. Aus Ersatzteilen und anderem übrig gebliebenen Material bauten wir per Hand weitere Sport quattros, um die Wünsche der Kunden bedienen zu können. Selbst Piëch ließ sich zwei Sport quattros (ganz in Schwarz) bauen.

Der Sport quattro ist heute eine Legende. Sammler bezahlen über vierhunderttausend Euro, um ein Exemplar aus den beiden Baujahren 1984 und 1985 zu ersteigern.

Monsterklasse

Die Gruppe B, erstmals seit Anfang 1980 für den Rallyesport zugelassen, nahm schnell monströse Züge an. Audi war daran nicht ganz unschuldig. Indem wir mit Allrad und Turbo den Audi quattro ins Rennen schickten, zwangen wir die Konkurrenz zu reagieren. Ursprünglich sollten nur Serienautos für den Einsatz im Rallyesport aufgerüstet werden. Dieses Konzept verfolgte übrigens Piëch mit unseren Fahrzeugen bis zum Schluss. Doch wir konnten uns diese respektable Haltung auch leisten, zumindest anfangs, denn der quattro war zur damaligen Zeit das einzige Straßenauto mit permanentem Allrad, und kein zweiradgetriebenes Auto konnte ernsthaft mit ihm mithalten. Also begannen viele Autofirmen den Spieß umzudrehen. Statt ihre Serienautos aufzurüsten, entwickelten sie reine Rennautos, die gemäß den Vorgaben der FIA mit einer Kleinserie von mindestens zweihundert Stück homologiert wurden. Diese waren zumeist ebenfalls mit Allrad, Turbo, Spoilern, Seitenflügeln und – im Gegensatz zu unseren Fahrzeugen – mit einem Mittelmotor ausgerüstet, waren aber eigentlich Prototypen, die nur pro forma durch die verlangte Kleinserie als Serienfahrzeuge durchgingen. Der Audi quattro bildete inmitten dieser hochspezialisierten Rallyemaschinen eine Ausnahme. Es wirkte schon ein bisschen paradox: Einerseits war der quattro der Auslöser für das schwindelerregende Wettrüsten der Rallyeteilnehmer, andererseits blieben wir lange der einzige Hersteller, der von sich behaupten konnte, ein tatsächliches Serienfahrzeug, wenn auch aufgerüstet, an den Start geschickt zu haben.

Alle wollten sich gegenseitig überbieten. Auch wir vom Audi-Team trieben es auf die Spitze, soweit es Piëch zuließ. Wir erreichten mit unseren quattros Fahrzeiten, die sich kaum noch von der Formel 1 unterschieden. Unsere Autos überschritten die 500-PS-Grenze, und sie beschleunigten auf Schotterstraßen in drei Sekunden auf 100 km/h. Wir alle, auch die anderen Autofirmen, überließen uns einem Sog aus Hybris. Wir wollten fliegen wir Ikarus, aber wer die Sage kennt, weiß, dass ein solcher Höhenflug meist nicht gut ausgeht.

Nur wenige Weltklassefahrer waren überhaupt noch in der Lage, diese hochgezüchteten Autos zu beherrschen. Hinzu kam, dass die aussortierten Boliden von den Firmen nach den Rallyes verkauft wurden. Sie waren teuer, und nur Söhne reicher Familien konnten sie sich leisten. Vom Geschwindigkeitsrausch angesteckt und mit einer gehörigen Portion Dummheit fuhren sie manche Rallye mit, in zweiter Reihe sozusagen. Aber es war schlicht Irrsinn zu glauben, man könnte ohne hinreichende Übung und Talent ein Auto beherrschen, für das ein Walter Röhrl oder eine Michèle Mouton bis zur Erschöpfung trainierten. Unsere Fahrer kannten jede Schraube an den Autos, sie fühlten jede Unregelmäßigkeit in den Kurven, sie wussten, was sie taten. Nicht aber diese jungen Dummköpfe, die das Geld ihrer Eltern für aussortierte Rennwagen verprassten.

1986 war es dann so weit. Während der Rallye Portugal raste einer dieser Fahrer in die Zuschauermenge, tötete drei und verletzte mindestens dreißig Menschen.

Aber auch alte Hasen konnte es erwischen. Henri Toivonen und sein Beifahrer Sergio Cresto kamen wenige Monate später bei der Rallye Korsika ums Leben, als ihr Auto von der Straße abkam und in Flammen aufging.

Aber es war nicht nur die zunehmende Unbeherrschbarkeit der Autos, die Probleme verursachte. Gerade in den Südländern Italien, Portugal und Griechenland vermochte die FIA es nicht, bestimmte Mindeststandards an Sicherheit durchzusetzen. Es versteht sich von selbst, dass an den Außenkurven keine Zuschauer stehen sollten, das Risiko durch die ausscherenden Autos war für das Publikum viel zu hoch.

Meine Fahrer formulierten das so: „Wenn wir nicht wüssten, wo die Straße entlangführt, würden wir sie gar nicht sehen. Vor uns stehen hundert Leute, und erst, wenn wir da reinfahren, springen sie zur Seite. Es sieht aus wie ein Kornfeld, in das der liebe Gott hineinpustet."

Manche tollkühnen jungen Fans hatten sogar Wetten abgeschlossen, wer zuletzt zur Seite springen würde. Einer ließ sich von Stig Blomqvist über den Fuß fahren, damit er anschließend damit prahlen konnte, dass er sich vom Weltmeister den Fuß hatte brechen lassen. Das alles artete immer mehr in selbstmörderischen Wahnsinn aus.

Die FIA musste reagieren, und ihr damaliger Präsident Jean-Marie Balestre beschloss daraufhin, die Gruppe B zu schließen und die betreffenden Autos in die Gruppe A, also in die Gruppe seriennaher Autos, die in ihren Auflagen viel strenger war, zu degradieren.

Auch Audi reagierte auf die ausufernden Bedingungen der Gruppe B und erklärte den Rückzug aus dem Rallyesport zum Jahr 1986. Nun ja, ganz aufrichtig waren die Verkünder mit ihrer Begründung nicht. Sie sagten, man wolle damit ein Zeichen für mehr Sicherheit setzen. Tatsächlich aber wussten wir alle, dass unser Audi quattro mit den anderen eigens für den Rallyesport konzipierten Rennautos, die eigentlich, wenn man ehrlich war, Prototypen waren, auf Dauer nicht mehr mithalten konnte.

Letzter Ausweg Mittelmotor

Der Audi quattro S1 war hässlich wie die Nacht. So hässlich, dass man ihn schon wieder schön nennen konnte, aber er besaß wohl die Schönheit eines dieser Monster, die man aus alten Sagen kennt. Wenn man um die ungeheure Kraft weiß, die einem solchen Fahrzeug innewohnt, strahlt dieses Wissen auf die Wahrnehmung der Form ab. Seine Hässlichkeit war der Preis seiner Leistungsfähigkeit, und das war bekannt.

Die Krux aber bestand darin, dass der S1 eines der ganz wenigen Autos war, das noch immer mit Frontmotor fuhr. Alle anderen Firmen hatten ihre Autos bereits mit Mittelmotor ausgerüstet. Lange würden wir unsere Siegesserie mit ihm nicht mehr aufrechterhalten können.

Ich lag Ferdinand Piëch in den Ohren: „Dr. Piëch, wir müssen das ändern! Sonst kommen wir nicht mehr mit!"

„Nein", antwortete er wie gewohnt, „wir müssen den Kunden zeigen, dass wir mit unseren Serienautos gewinnen. Das ist unser Konzept!"

Es gab aber kaum eine andere Lösung. Egal ob Peugeot, Citroën oder Ford, alle bauten kleine, wendige Rennautos mit Mittelmotor, Allrad und Turbo. Das waren keine Viersitzer mehr, sondern nur noch Zweisitzer, und damit um dreihundert Kilogramm leichter als unser quattro.

Zumindest mit der Idee, den quattro um zweiunddreißig Zentimeter zu kürzen, und damit den Sport quattro zu bauen, konnte ich mich durchsetzen. Mir war allerdings klar, dass dies nicht ausreichen würde, wenn wir wettbewerbsfähig bleiben wollten, und Piëch verstand den Ernst der Lage durchaus. Es musste etwas geschehen. Endlich gab Piëch für die Entwicklung eines Mittelmotorwagens grünes Licht. Dem VW-Vorstand gefiel diese Idee überhaupt nicht, immerhin stand bereits dessen Entscheidung, sich aus dem Rallyesport zurückzuziehen, fest.

Piëch sagte zu mir: „In Ordnung, Gumpert, bauen Sie den Mittelmotorwagen, aber behalten Sie es für sich. Wenn alles gut läuft, stellen wir den VW-Vorstand vor vollendete Tatsachen."

Ich fühlte mich bald in jene alten Zeiten zurückversetzt, als ich das vom VW-Vorstand abgelehnte Motorrad heimlich hinter einem Holzverschlag konstruierte.

Niemand durfte von dem neuen quattro wissen, und was wir da konstruierten, sollte alles überbieten, was Audi jemals für den Rennsport gebaut hatte.

Mein mir unterstellter Abteilungsleiter war zu jener Zeit Günther Claasen. Er war zuvor als Hauptabteilungsleiter bei „VW do Brasil" vier Jahre in Südamerika gewesen, nun zurückgekommen und suchte nach einer Anstellung. Nirgends war eine Aufgabe für ihn frei, also stellte ich ihn ein. Seine Aufgabe war es, die Konstruktion des Mittelmotor-quattro zu beaufsichtigen, und an sich machte er seine Sache sehr gut. Doch als die Prototypen fertiggestellt worden waren, ging es darum, sie im Gelände zu erproben. Wir entschieden uns für „Süditalien". Wer nun an Apulien oder Sizilien denkt, liegt beabsichtigterweise falsch. „Süditalien" war unser Codewort für die Tschechoslowakei, heute Tschechien. Dort waren wir vor den Paparazzi sicher. Ich kannte vor Ort einflussreiche Leute, die uns schon in der Vergangenheit vor unwillkommenen Gästen abgeschirmt hatten. Claasen war sich der Hartnäckigkeit der Fotografen aber nicht hinreichend bewusst. Diese Leute waren Jäger mit untrüglichem Instinkt und der Beharrlichkeit von Bluthunden. Claasen machte den Fehler, einen zweiten Testlauf in Österreich zu organisieren. Durch Wald, über Schotter, über nasse Wiesen und auf Hänge. Und dann geschah das Unglück, das dem Projekt Mittelmotor den Todesstoß versetzte. Mir wurde berichtet, dass der Sohn eines Presseangestellten von Audi gegen Geld der österreichischen Presse einen Wink gab. Wir ahnten davon nichts, und Walter Röhrl fuhr sogar noch den Mittelmotor-quattro im Bayerischen Wald Probe. Sein Resümee war eindeutig: ein tolles Auto, mit dem man jede Menge Siege einfahren könnte.

Am nächsten Tag stand alles in der Presse, samt Fotos. Piëch tobte.

In Wolfsburg sagte man ihm: „Wenn Sie Vorstandsvorsitzender werden wollen, dann unterbinden Sie das! Sie wissen, dass wir beschlossen haben, keine Rallyeautos mehr zu bauen!"

Ferdinand Piëchs Karriere stand auf dem Spiel. Er wies uns umgehend an, alles zu verschrotten. Nur ein Exemplar blieb übrig. Es steht heute im Museum.

Später wurden auf Grundlage unseres Prototyps tatsächlich einige erfolgreiche Modelle mit Mittelmotor für Ausstellungen gebaut: der Audi Avus quattro und der Audi quattro spyder, der es fast bis zur Serienreife schaffte – aber das ist ein schwacher Trost.

Rückblickend war der Mittelmotor-quattro vielleicht wirklich der Griff nach den Sternen des Rallyesports, wir wären für Jahre unschlagbar gewesen. Und der Wahnsinn wäre weitergegangen.

Verflixte Bremsen

— 1985

Durch die Rallye Korsika 1985 stand mein Job ohnehin bereits auf der Kippe. Dieses Rennen fand auf einer reinen Asphaltstrecke statt, und wir bauten zwei spezielle, besonders leichte Sport quattros mit extra großen Bremsen nur für Korsika. Die verschiedenen Rallyes erforderten immer wieder neue Anpassungen. Eine Safari-Rallye in Afrika machte ganz andere Konstruktionen notwendig als eine im verschneiten Schweden oder in Italien mit den besonderen Straßenbedingungen. Piëch kündigte an, sich für Korsika freizunehmen und vor Ort zu sein. Eigentlich waren die Umstände optimal. Röhrl und Mouton waren die besten Asphaltspezialisten der ganzen Branche, noch deutlich besser als Mikkola und Blomqvist. Außerdem machten wir die Autos um zweihundert Kilogramm leichter. Asphalt – das hieß, wir brauchten extrem gute Bremsen. Wir entwickelten eine Bremsscheibe mit größerem Durchmesser, die auch um einiges dicker als die herkömmliche war. Die entsprechenden Testfahrten stimmten uns zuversichtlich, und wir waren alle sehr zufrieden. Von der erprobten Bremse samt Scheibe bestellten wir dann die benötigten Mengen für die Rallye. Dummerweise wurde das bestellte Material falsch wärmebehandelt, und wir erlebten eine böse Überraschung, als schon nach der ersten Etappe eine der Bremsscheiben einen Riss bekam. Eine kreuzgefährliche Situation, denn der Bremssattel konnte sich in dem Riss verhaken und das Rad blockieren, was zwangsläufig einen gefährlichen Unfall zur Folge gehabt hätte. Wir wechselten die Bremsscheiben – und standen in der nächsten Etappe vor dem gleichen Problem. Ich ahnte da schon, dass es an der Materialqualität der Scheiben liegen musste. Aus der Not heraus verbauten wir nun die Bremsscheiben aus den Probefahrten, von denen wir wussten, dass sie in Ordnung waren. Doch Bremsscheiben halten generell nicht ewig, auch die besten nicht, nach etwa fünf Etappen muss man sie wechseln. Durch die Probefahrten waren sie bereits etwas abgefahren, und sie hielten nun auch nicht mehr als zwei Etappen. Nun hatten wir keine alten Bremsscheiben mehr, und die neuen waren einfach Mist. Piëch stand dabei und legte immer mehr die Stirn in Falten. Wir blickten uns an, das Unausweichliche war uns beiden bewusst. Ich überließ Piëch die Entscheidung, die ich ebenso gefällt hätte: Abbruch.

Verantwortlich für dieses Versagen war als Sportchef natürlich ich selbst. Piëch sagte nichts, aber ich sah ihm an, wie er mir grollte.

All diese Faktoren – die Entscheidung von VW, Audi aus dem Rallyesport zurückzuziehen, das Verbot der Gruppe B durch die FIA, mein vermeintliches Versagen auf Korsika und die Verschrottung des Mittelmotor-quattro – führten dazu, dass Ferdinand Piëch mich entließ.

„Aber ich habe eine tolle neue Aufgabe für Sie, Gumpert. Sie werden Bereichsleiter der Technischen Entwicklung Übersee. Was halten Sie davon?“

Ich überlegte. Es tat mir im Herzen weh, diese abenteuerliche Zeit hinter mir zu lassen. Ich war immer ein Praktiker gewesen, und ich bin es bis heute. Wenige Sportchefs großer Autokonzerne trifft man mit ölverschmierten Händen direkt an der Front an. Ich habe es geliebt, ich kannte die Autos besser als meine Westentasche, und ich liebte das Temperament der Fahrer, diese seltene Mischung aus Tollkühnheit und Präzision.

„Herr Piëch, Sie wollen auf die Rundstrecke wechseln. Das könnte ich doch übernehmen.“

Piëch lächelte mich an. „Gumpert, das wollen Sie nicht wirklich, oder? Das wissen wir doch beide."

Ich nickte. Ja, mein Herz schlug für die Rallyes, für das Abenteuer in der Wildnis Afrikas oder Südamerikas. Für die Vorausschau, die nötig ist, um eine Woche durch die Pampa zu fahren, im Zelt zu schlafen, Streckenabschnitte genau zu kennen. Was dagegen war denn die Rundstrecke? Man fuhr im Kreis herum, immer wieder, und auch wenn es da ebenso ums Gewinnen gehen mochte, es war doch eine ziemlich langweilige Sache.

Ich fügte mich also. Bereichsleiter Übersee. Das versprach wenigstens neue Abenteuer, fremde Länder, neue technologische Herausforderungen.

Ich brauchte zwar ein bisschen, um meinen Frieden mit dieser neuen Aufgabe zu finden, aber schließlich sagte ich zu.

Die verbliebene kurze Zeit als Sportdirektor verbrachte ich damit, die letzten Rallyes zu organisieren und durchzuführen. Röhrls Sieg mit dem S1 in Sanremo wurde zu einem letzten Triumph.

KAPITEL 6

AUF FERNEN KONTINENTEN

Rätsel im Outback

— 1986

Die Entscheidungen von VW, Piëch und der FIA nahmen die Geschwindigkeit aus meinem Leben. Und zwar recht plötzlich.

Der Job, den Ferdinand Piëch mir anbot, klang wie im Märchen, und ich hätte ihm sicher dankbarer sein müssen, als ich es, zumindest anfangs, tatsächlich war. Ich vermisste die Rallyes und das Abenteuer, den Rausch des Kampfes und des Sieges. Rundstrecke – geschenkt.

Mein ehemaliges Team machte es meinen Nachfolgern nicht gerade leicht, wir waren ja eine eingeschworene Gemeinschaft gewesen. Bis heute treffen wir, einige Mechaniker und andere Mitarbeiter dieser legendären Zeit, uns gelegentlich zu Stammtischrunden. Warum fällt es Menschen, mich eingeschlossen, so schwer, Veränderungen im Leben willkommen zu heißen? Vielleicht sind es die Routinen, die uns vertraut sind und von denen wir wissen, dass sie funktionieren, die wir nicht aufgeben wollen für eine ungewisse Zukunft. Und doch besteht das Leben, alles Leben, aus Veränderung.

In meinem Fall war es wohl eher das Gefühl, mein Leben im Geschwindigkeitsrausch würde ausgebremst werden. Das betraf nicht nur die äußeren Umstände, sondern auch das Denken, das immer wieder um Möglichkeiten kreiste, noch schnellere Motoren zu konstruieren, noch effizientere Lösungen zu finden. Es mochte ein seltsamer Zufall gewesen sein, dass es gerade das Bremsenproblem bei der Rallye Korsika gewesen war, das mir Piëch zumindest vorläufig nicht verzeihen konnte und das einen Baustein zu den vielen Gründen hinzufügte, die zu meiner Kündigung führten. Und so hatte mein Hochgeschwindigkeitsrausch tatsächlich ein vorläufiges Ende gefunden.

In der Tat aber erfuhr ich von Ferdinand Piëch immer Unterstützung. Er hatte sich damals im Vorstand für mich als Sport-Direktor eingesetzt, hatte sich bereits während Paris–Dakar hinter mich gestellt, hatte mir und meiner Art und Weise, den Rallye-Bereich zu führen, vertraut, und nun, da diese Zeit aus vielen Gründen vorbei sein sollte, schuf er eine völlig neue Stelle bei Audi für mich. Man kann über Piëch sagen, was man will – und es gibt genügend kritische Stimmen über ihn –, ich erlebte ihn als einen exzellenten Ingenieur mit einem guten Gespür für Strategie und Visionen. Er wusste nicht nur Loyalität zu schätzen, sondern war auch selbst gegenüber verdienstvollen Mitarbeitern immer loyal.

Entwicklung Übersee. Im Grunde ein Traumjob. Leider führte die besondere Stellung dieses neuen Bereichs auch zu viel Neid. Die übliche Verfahrensweise der verschiedenen Bereiche war so abgeregelt, dass jeder Bereichsleiter von wiederum anderen abhängig war. Entwickelte man eine neue Technologie, sei es ein Motor oder ein Getriebe, schickte man ein Auto mit diesen Komponenten in den „Dauerlauf“ mit mehreren tausend Kilometern und einer bestimmten Anzahl von Fahrzeugen. Die anderen Bereichsleiter konnten dann, wenn erfolgreich, die neue Entwicklung und damit den Wagen zur Serienproduktion freigeben oder auch nicht.

Nicht so bei mir. Ich konnte mir meine eigenen Entwicklungen selbst freigeben. Natürlich gefiel das den anderen nicht sonderlich. Bei aller Freiheit, die ich genoss, nutzten die anderen Bereichsleiter jede Gelegenheit, mir das Leben schwer zu machen. Damals lag auch China bereits in meinem Verantwortungsbereich. Jeden Monat kamen etwa dreißig Chinesen nach Ingolstadt, um die Konstruktionsarbeiten und die Fahrzeugversuche der Technischen Entwicklung zu studieren: zehn Tage im Bereich Motoren, zehn Tage im Bereich Getriebe, zehn Tage im Bereich Elektronik und so weiter. Dazu aber benötigte ich das Okay der jeweiligen TE-Bereiche, und diese sperrten sich, wo es nur ging. Man wollte die Chinesen einfach nicht haben. Es gab Verständigungsprobleme, da viele Bayern kein Englisch sprachen. In manchen Situationen war es nötig, ein Machtwort zu sprechen oder auf entsprechende Unterstützung von Piëch zurückzugreifen. Nun, wenn jemand Erfolg hat und vom Schicksal oder, wie in meinem Fall, vom Vorstand begünstigt wird, sind die Neider nicht weit. Das liegt wohl in der menschlichen Natur.

Abgesehen von diesen unschönen Begebenheiten forderte diese Tätigkeit auf eine neue, wenn auch etwas andere Weise meine Ingenieursseele.

Nehmen wir Australien. Einige Kunden hatten sich dort einen Audi gekauft, einen Audi 100 etwa, wohnten aber ziemlich weit draußen, im Outback, wo sich die Kängurus gute Nacht sagen. Diese Kunden fuhren zu neunzig Prozent ihre Autos auf Schotterpisten, über Sandwege, und nur selten auf asphaltierten Straßen. Natürlich hatten wir mit jedem Auto entsprechende Erprobungsfahrten in der Wüste Nordafrikas durchgeführt, aber diese

Fahrten waren kurz und konnten kaum die Langzeitwirkungen erfassen, die Sand und Staub hervorriefen. Nach zwanzigtausend Kilometern gingen die Stoßdämpfer durch Verschleiß kaputt, und die Kunden reklamierten das zu Recht. Also entwickelten wir spezielle Dämpferabstimmungen und härtere Federn, die wir dann in die Autos für Kunden im australischen Outback verbauten. Ebenso galt das für Türdichtungen, die nach kurzer Zeit durch den Sand porös und undicht wurden. Wir lösten das Problem, gaben uns selbst die Freigabe und konnten die neuen Wagen zur Zufriedenheit der Kunden verschiffen.

Diese Entwicklungen klingen nicht spektakulär, und ich gebe zu, dass es mehr Spaß macht, einen 500-PS-Motor zu entwickeln, den ein Walter Röhrl bis zum Weltmeisterschaftstitel fährt, aber auch diese Kleinigkeiten gehören eben zur Gesamttechnologie eines guten Autos.

Ein andere Anekdote spielte sich ebenfalls in Australien ab. Aus einem unerfindlichen Grund blieben des Öfteren Autos an Bahnübergängen stehen. Die Motoren versagten, und keiner wusste, warum. Ich flog nach Australien und schaute mir die Autos an, sprach mit den betroffenen Fahrern und Fahrerinnen, fuhr zu den Bahnübergängen, um das Phänomen selbst zu erleben. Ich erinnerte mich an das seltsame Versagen des S1 bei meiner allerletzten Rallye Großbritannien, welches Mikkola, der in Führung lag, eine Disqualifizierung eingebracht hatte, und dessen Ursache wir nie aufklären konnten. Meine Vermutung war damals gewesen, dass ein Störsender die Zündung und Einspritzanlage blockiert hatte. Vielleicht waren Störfrequenzen auch hier das Problem. Und tatsächlich, es waren die besonderen Frequenzen der Bahngleise und -leitungen, die die Elektronik der Einspritzanlage der Motoren störten. Diese wurde schlicht ausgeschaltet, und es wurde kein Treibstoff mehr eingespritzt. Wir fanden auch dafür eine Lösung.

Häufig bestanden die Probleme aber nicht vordergründig in der Technik und den natürlichen Umgebungsfaktoren, wie in Australien, sondern eher in politischen und bürokratischen Hindernissen, die es auf irgendeine Weise zu überwinden galt. Beispielsweise durften wir nach Malaysia nur Autos ohne Klimaanlage exportieren. Man wollte dort aus wirtschaftlichen Gründen eigene Klimaanlagen verbauen, die allerdings in keiner Weise unsere hohen Standards erfüllten. Das Ergebnis dieser einheimischen Klimaanlagen bestand darin, dass nach fünf Minuten Betrieb alle Scheiben beschlugen, die Fahrer nichts mehr sehen konnten und stehen bleiben mussten. Die malaysische Regierung wollte die inländische Produktion von Klimaanlagen unterstützen, und so mussten alle importierten Autos, egal ob von Mercedes, BMW oder Audi, vor Ort nachgerüstet werden. So verbrachte ich viel Zeit in Malaysia, lernte alles über dieses Spezialthema und versuchte, geeignete Lösungen für das Problem zu finden.

Eine weitere – und wie sich noch zeigen sollte, sowohl für mich als auch für Audi zukunftsweisende – Aufgabe bestand darin, in China eine Variante des Audi 100 mit dem pittoresken Namen „Rote Fahne“ zu entwickeln. Aus dieser Arbeit entstand um die Jahrtausendwende ein Joint Venture, das die Automobilindustrie in China, aber auch die Absatzmärkte für Audi in Fernost nachhaltig in Schwung bringen sollte.

Eine Zeit für spektakuläre Erfindungen war die Tätigkeit in der Technischen Entwicklung Übersee natürlich nicht. Eine spezielle Staubdichtung oder eine an tropische Verhältnisse angepasste Klimaanlage sind nichts, womit man Schlagzeilen macht. Aber all diese „Kleinigkeiten“ halfen mir, auch jenseits meines angestammten Arbeitsbereichs die Technik eines Autos immer besser zu verstehen. Ohne diese Zeit wäre es vielleicht nie dazu gekommen, dass ich Jahre später selbst Autos unter meinem Namen vom Entwurf bis zur Serienreife entwickeln konnte.

Wir bringen Audi nach Fernost

— *1991*

1988 wurde Ferdinand Piëch Vorstandsvorsitzender von Audi und am 1. Januar 1993 von VW. Es gelang ihm, den VW-Vorstand und -Aufsichtsrat davon zu überzeugen, Audi die Rechte am eigenen Vertrieb und Marketing, die seit der Übernahme in den sechziger Jahren allein bei VW lagen, zurückzugeben.

Nun suchte man händeringend nach einer Mannschaft, die diese Mammutaufgabe bewältigen konnte. Gleichzeitig wurde der Bereich Technische Entwicklung Übersee aufgelöst, dessen Aufgaben nun die verschiedenen Bereiche der Technischen Entwicklung übernahmen. Mir war das gar nicht recht, immerhin hatte ich in diesem Bereich noch immer als Ingenieur arbeiten und meine eigentliche Leidenschaft, nämlich technologische Lösungen zu finden, ausleben können. Doch offenbar standen die Entscheidungen des Vorstands fest, und jede weitere Gegenwehr wäre ein Kampf gegen Windmühlen gewesen.

Auf der Suche nach einem geeigneten Bereichsleiter für den neuen Bereich Vertrieb und Marketing Asien/Pazifik fiel der scharfe Blick der Personalabteilung schnell auf einen gewissen Roland Gumpert. Ich hatte die Sommer- und Wintererprobungsfahrten organisiert und durchgeführt, war in aller Herren Länder gewesen, sprach Französisch und Englisch und verstand etwas von Autos.

Glücklich war ich mit dieser Entscheidung nicht, aber was hätte ich tun sollen? Piëch, der mich immer unterstützt hatte, war in Wolfsburg, und der Audi-Vorstand Dr. Demel war mir nicht gerade wohlgesonnen. Also stürzte ich mich in die Arbeit und war froh, mich durch die vielen Auslandsreisen von dem leider zunehmend auch von Neid und Konkurrenz geprägten Klima in Ingolstadt und Wolfsburg fernhalten zu können.

Meine Arbeit entpuppte sich bald als nicht minder spannend als jene zuvor. Ein Beispiel betraf den Markt in Thailand. Die Einfuhrzölle waren streng geregelt. Ein Auto etwa mit einem 2,1-Liter-Motor fiel in eine ganz andere Zoll- und Steuerklasse als eines, das nur mit 2,0-Liter-Motor ausgestattet war. Was also tun? Wir konnten bis zu achttausend D-Mark pro Fahrzeug einsparen, wenn wir es schafften, in die nächstuntere Zollklasse zu fallen. Technologisch ist dies keine sonderlich schwere Aufgabe. Man konnte die Kolben etwas verkleinern, und das war dank des Baukastensystems von Audi auch kein Problem. Andere Bereichsleiter monierten, das würde sich nicht lohnen, denn diese neuen Fahrzeuge müssten die komplette Dauerlaufprozedur durchlaufen, und die Kosten seien immens. Ich widersprach natürlich, das sei doch nur ein bürokratisches Vorgehen, all die Elemente hatten ja die entsprechenden Dauerläufe schon durchgemacht und waren zur Serienproduktion freigegeben worden. Glücklicherweise konnte ich mich durchsetzen, und der Markt in Thailand begann bald zu florieren.

Bevor ich in Thailand anfing, gab es dort kaum eine Audi-Niederlassung. Ich fragte mich, warum BMW dort jede Menge Autos verkaufen konnte, und wir, mit vergleichbaren Produkten, so gut wie keines. Es stellte sich bald heraus, dass das Problem in einer rigiden Bürokratie auf Audis Seite bestand. In Thailand war es üblich, dass vor den Häusern Stromleitungen herumhingen, sichtbar und tatsächlich nicht schön anzusehen. Audi sagte nun, ein solches Erscheinungsbild sei unseres Unternehmens nicht würdig, und solche Filialen hätten zu schließen, um das Ansehen von Audi nicht zu demontieren. Sie übersahen dabei, dass die Einheimischen diese Leitungen gar nicht zur Kenntnis nahmen, da es überall so aussah.

Ich traf einige wichtige Entscheidungen, um das Geschäft dort anzukurbeln. Audi sagte zwar, unter dreißig Prozent Rendite würden wir gar nicht erst in den Verkauf gehen, aber eine solche Strategie war unter den Bedingungen in Ostasien vollkommen illusorisch. Ich beschloss, mich mit siebzehn oder zwanzig Prozent vorläufig zufriedenzugeben. Die Kunden mussten Audi überhaupt erst einmal kennenlernen. Ich ließ den Filialen alle Freiheiten, die den Gepflogenheiten des Landes entsprachen. Alles andere hielt ich für reine europäische Überheblichkeit. Eine Filiale nach komplett deutschem Standard war damals, in den achtziger Jahren, in nur wenigen Ländern der Welt überhaupt möglich. Wenn man sich nicht an die Traditionen und Bedingungen des Gastlandes anpasste, war jeder Erfolg von vornherein ausgeschlossen.

Ein prägnantes Beispiel lieferte des Weiteren Taiwan. Die meisten Händler, wie auch die Kunden, waren gläubige Buddhisten, und in den Filialen standen Buddhaskulpturen, was allgemein als Voraussetzung für Erfolg jedweder Art angesehen wurde. Rituale fanden statt, Räucherstäbchen glommen und verbreiteten exotische Gerüche. Was für unsere europäische Wahrnehmung fremdartig wirken mochte, war in anderen Ländern üblich, nicht anders als das Glockengeläut zur Mittagsstunde in den bayrischen Dörfern. Audi aber bestimmte, dass solcherlei Gepflogenheiten mit der Firmenphilosophie und dem Erscheinungsbild von Audi nicht kompatibel wären, und verbot all dies. Mit dieser Einstellung hatte man Konkurrenten wie BMW das komplette Feld überlassen.

Ich entwickelte eine allgemeine und sehr einfache Strategie, um Audi auch in Ostasien zu etablieren: Zu dem Preis einer vorläufig geringeren Rendite wollte ich dafür sorgen, dass wir überhaupt erst in das Verkaufsvolumen kamen, das BMW durch Weltgewandtheit und Offenheit für fremde Kulturen bereits erreicht hatte. Gleichzeitig gestattete ich den ortsansässigen Verkäufern, sich ihren Traditionen gemäß zu präsentieren, und, wenn gewünscht, auch mit Buddhastatuen und Räucherstäbchen. Des Weiteren verbesserte ich den ganzen Servicebereich, was hieß, auch technologische Lösungen für ortsspezifische Probleme finden und umsetzen zu können.

Die Strategie ging zu meiner und des Vorstands Freude auf. Bald bewegten wir uns auf einem Niveau von mehreren tausend verkauften Autos pro Jahr. Die Rendite stieg dank des höheren Volumens und auch dank der speziellen Neuentwicklungen.

Sich stur auf einmal festgelegte bürokratische Bestimmungen zu versteifen, ist nahezu ein Garant für Misserfolg. Offenheit, und nicht Borniertheit, führt zum Erfolg. Mit meiner Strategie bewegten wir uns ja dennoch im Bereich schwarzer Zahlen, wenn auch anfangs nicht auf dem bürokratisch vorgegebenen Niveau. Doch um das zu erreichen, musste man für den Anfang Abstriche machen, um den Markt überhaupt erst erobern zu können.

Mir half bei diesem unbürokratischen Vorgehen ein Mann, den ich bereits in meiner Zeit als Bereichsleiter Entwicklung

Übersee kennen- und schätzen gelernt hatte und der zu einem meiner besten Freunde werden sollte, Ulrich Geisel. Vor einigen Jahren, während einer Dienstreise in Australien, begegnete ich ihm zum ersten Mal auf einer Schiffsüberfahrt. Wir waren uns sofort sympathisch und unterhielten uns lange. Es mochte uns auch die Tatsache verbunden haben, dass wir beide Flüchtlingskinder waren. Es sind manchmal merkwürdige Zufälle, die Menschen miteinander verbinden können, und so war es auch mit unserer Freundschaft. Jahre später in Thailand staunte ich nicht schlecht, als ich Ulrich bei meinem dortigen Importeur Attaporn Leenutaphong wiedersah. Und tatsächlich war Ulrich sogar als Leiter für Vertrieb und Marketing für VW und Audi zuständig. Wir feierten unser unverhofftes Wiedersehen, tranken ein Bier zusammen und beschlossen, gemeinsam die Ärmel hochzukrempeln und Audi in Thailand zu einem ernst zu nehmenden Konkurrenten von BMW zu machen. Es gelang uns mit unserer unkonventionellen Einstellung, innerhalb kurzer Zeit die Stückzahlen der verkauften Modelle von mageren fünfzig Autos pro Jahr auf fünftausend zu steigern. Ulrich lebt noch heute in Thailand, die Freundschaft hielt über all die Jahre, und einmal erzählte er mir etwas resigniert, dass nach unserer gemeinsamen Zeit die Verkaufszahlen wieder auf fünfzig Stück pro Jahr zurückgegangen seien.

Es ist rückblickend wirklich erstaunlich, wie schwer es VW und Audi fiel, sich vorzustellen, welche Möglichkeiten im ostasiatischen Markt damals lagen. Die folgende Begebenheit illustriert diese mangelnde Weitsicht recht gut.

Der damalige Vertriebschef Franz-Josef Kortüm rief mich an und sagte: „Wir haben hier noch siebenhundert Autos stehen, die müssen diesen Monat noch raus. Können Sie da etwas machen?“

Ich rief daraufhin Leenutaphong, mit dem ich schon länger erfolgreich zusammenarbeitete, an und erläuterte ihm die Situation. Er sagte aufgeräumt: „Okay, die nehme ich alle!"

Ich ging zu Kortüm und sagte, alle siebenhundert Autos seien an Thailand verkauft worden. Er konnte es nicht fassen. Das sei doch ein Wunder, das könne er sich gar nicht vorstellen, da brauche er erst Sicherheiten, und er forderte, dass Leenutaphong eine Bankbürgschaft schicken solle. Mir war es ein bisschen unangenehm, wieder zum Hörer greifen und meinen Importeur um eine solche Bürgschaft bitten zu müssen. Aber mit der in Thailand üblichen Freundlichkeit antwortete er, das sei kein Problem, er weise die Bank sofort an, das zu erledigen. Binnen kurzer Zeit erreichte uns tatsächlich die Bürgschaft, aber der Verantwortliche der Deutschen Bank zog nur die Stirn in Falten und moserte herum, zwei Millionen Dollar seien zu wenig, gerade in Anbetracht der Risiken für die Bank, und so ginge das nicht. So viel Ignoranz war für mich kaum zu fassen. Ich sagte ihm, er solle mal genauer auf das Schreiben schauen, da hätte er wohl die Kommastelle falsch gelesen. Es waren nicht zwei Millionen, sondern zwei Milliarden, für welche die Bank of Thailand bürgte. Der gute Mann wurde ganz blass, und ich konnte zuschauen, wie sich ein verkniffener Buchhalter binnen weniger Sekunden in einen zuvorkommenden Bankchef verwandelte, der ganz auf Kundenfreundlichkeit setzte.

„Ja, Herr Gumpert, das alles ist natürlich wunderbar so, kein Problem!"

Mein Einsatzgebiet war im Grunde die ganze Welt, von Australien über die Fidschi-Inseln, Taiwan, Thailand, China, letztlich dann auch Brasilien und Brunei.

Lehrreich kann alles sein – manches auf offensichtliche Weise, manches eher im Verborgenen. Dies traf auch auf meine Begegnungen mit Ayrton Senna da Silva zu, dem Formel-1-Piloten und dreifachen Weltmeister, der auf tragische Weise 1994 bei einem Unfall ums Leben kommen sollte. Nachdem Audi nun seinen eigenen Vertrieb hatte, half Senna „Audi do Brasil", auf dem südamerikanischen Kontinent Fuß zu fassen, und einige Male besuchte er mich in Ingolstadt. Natürlich hatten wir allein schon aufgrund meiner Rallyezeit einiges an gemeinsamem Gesprächsstoff. Am meisten aber faszinierte mich seine professionelle Einstellung, seine präzise Arbeitsweise, die der meinen nicht unähnlich war. Ich fragte ihn einmal, woher er seine damals berühmte Fahrsicherheit nahm.

Er erklärte mir daraufhin seine Fahrweise: „Roland, schau mal, die meisten Fahrer schalten ziemlich willkürlich, je nachdem, welchen Gang sie gerade glauben zu brauchen. Das mache ich nicht. Wenn ich im sechsten Gang bin und ich brauche aber den zweiten, dann schalte ich alle Gänge nacheinander herunter. Erst in den fünften, dann in den vierten und so weiter, bis ich im zweiten bin. Nicht vom sechsten direkt in den zweiten. Andere Fahrer wissen bei ihrem wildem Herunterschalten manchmal nicht mehr, in welchem Gang sie eigentlich fahren."

Das mochte umständlich klingen, aber ich verstand sofort, was er meinte. Ein Beispiel zur Illustration: Ich fuhr hin und wieder kleinere Slalom-Rallyes mit. Keine großen, eher Landeswettkämpfe, nichts Bedeutendes. Ein Freund fragte mich, ob ich sein Beifahrer sein wolle. Ich sagte zu, und wir fuhren die Parcours Probe. In diesem Fall handelte es sich um mehrere Militärkurse, die nacheinander absolviert werden mussten, und da sie nicht groß waren, musste man jeden Parcours vier- oder fünfmal abfahren. Ich machte die entsprechenden Notizen im

Roadbook – meine Aufgabe würde es dann sein, als Beifahrer die Route vorzulesen. Wir fuhren in den ersten Kurs, und nach der ersten Runde wollte der Fahrer wieder hinaus. Ich sagte, nein, wir müssten doch viermal die Runde fahren.

„Aber warum denn? Dann wiederholt es sich doch nur!"

„Vertrau mir, nur so gehen wir wirklich auf Nummer sicher."

Nach dem vierten Parcours hatte er die Nase voll.

„Roland, du gehst mir auf die Nerven! Eine Runde reicht doch jetzt!"

Später dann, als wir den fünften Parcours während des Rennens absolvieren mussten, las ich also treu und brav die einzelnen Abschnitte vor, und dann fragte er mich: „Wie viele Runden haben wir jetzt eigentlich?"

„Das weiß ich doch nicht", gab ich zurück, „ich kann doch nicht mitzählen, wenn ich dir jede kleinste Kurve ansagen muss!"

Nun, wir sind eine Runde zu viel gefahren. Ja, es mag etwas umständlicher sein, jeden Kurs mehrere Male vorher abzufahren, aber man kann sich zu hundert Prozent sicher sein, keinen Fehler zu machen. Alle wirklich großen Fahrer waren Perfektionisten, ob sie nun Walter Röhrl oder Ayrton Senna hießen.

Die Begegnungen mit Senna bestärkten mich in meiner pragmatischen Haltung eines gesunden Perfektionismus, der möglichst viele Risiken minimiert und den Arbeitserfolg nach allen Seiten absichert. Auf kluge Vorbereitungen aufgrund von Ungeduld zu verzichten – wie in dem Beispiel auf dem Militärparcours – bringt keinerlei Vorteile und nur Nachteile.

Ein Job, der einen um die ganze Welt führt, bringt unweigerlich auch bizarre Erlebnisse mit sich. Und all diese Erlebnisse, die bizarren wie die gewöhnlichen, bilden gemeinsam die Bausteine eines umfassender werdenden Weltbildes. Irgendwann fragt man sich, was angesichts der komplexen Umstände auf diesem Planeten sinnvoll ist zu tun. In welche Projekte steckt man seine Energie und Zeit und, nicht zu vergessen, auch sein Geld? Natürlich kann man am ehesten etwas in dem Bereich erreichen, der einem im Blut liegt und eine Herzensangelegenheit ist. Ich bin Ingenieur, ich baue Autos. Die Zeit als Vertriebschef Asien/Pazifik half mir allerdings, die Welt besser zu verstehen. Dieses grundlegende Verständnis ist der Grund dafür, dass ich heute an nachhaltigen, bezahlbaren Technologien arbeite, die das Umwelt- und Ressourcenproblem auf diesem Planeten lösen könnten. Es liegt nicht in meiner Natur, allzu lange auf Problemen herumzureiten und sie immer wieder anzuprangern. Es reicht doch, das Problem verstanden zu haben. Anschließend muss es darum gehen, Lösungen zu entwickeln.

Es gibt viel Reichtum auf der Welt – und viel Armut. Und bei manchem Vermögen darf man sich fragen, ob es sinnvoll angelegt ist.

Ich saß im Flugzeug von Singapur nach Brunei. Der Sultan hatte einen V8 bestellt, ganz aus Aluminium und ohne Farblack. In Europa war und ist das verboten, die Sonne würde auf dem glänzenden Aluminium reflektiert werden und die anderen Autofahrer blenden. Nun, im Sultanat Brunei galten die Regeln des Sultans, und er wollte ein solches Auto haben. Wir richteten eines nach seinen Wünschen her, polierten das Aluminium nur und spritzten es mit Klarlack. Ich sollte das Fahrzeug ihm oder seinem Vertreter vor Ort übergeben.

Der Palast des Sultans bestand angeblich aus über tausend Zimmern, und das riesige Dach war mit Ziegeln aus Gold gedeckt. Man munkelte, dass unter den Regenrinnen eine Goldrückgewinnungsanlage verbaut worden war. Der Monsunregen würde, so das Gerücht, so viel Gold abwaschen, dass sich eine Rückgewinnung lohnen würde. Nun, ich weiß nicht, ob das stimmt, denkbar jedenfalls wäre es.

Mit mir saßen etwa zwanzig bildschöne junge Frauen im Flieger, und ich fragte neugierig die Stewardess, wer sie seien, ob vielleicht irgendwo eine Modenschau oder ein Modelcasting stattfinden würde.

Nein, sagte sie leise, das wären alles Frauen eines hochpreisigen Escortservices aus England, die der Sultan für die nächsten drei Monate eingekauft hätte. Wenn er ihrer überdrüssig wäre, schickte er sie zurück und würde sich den nächsten Schwung bestellen. Ich konnte nur staunen, was mit genügend Geld alles möglich war.

Hauptsächlich arbeitete ich in jener Zeit daran, in verschiedenen Ländern effiziente Vertriebsstrukturen aufzubauen. Auch in diesem Fall griff ich auf meine bewährte Einstellung zurück, dass persönliche Bindungen das Geschäftsleben einfacher gestalten. Ich lud die wichtigen Importeure aus den unterschiedlichsten Ländern regelmäßig zu Meetings ein, nach denen wir zum Beispiel in München Go-Cart-Rennen veranstalteten. Auch setzte ich Preise für die besten Verbesserungsraten aus – nicht etwa im Vergleich der absoluten Zahlen, das wäre unfair gewesen, sondern im Vergleich der Erfolge vor einem Jahr und gegenwärtig. Wir feierten zusammen, tauschten uns über Strategien aus, und die Importeure lernten sich persönlich kennen. Diese emotionale Atmosphäre, denke ich, trug einen erheblichen Teil zu unserem Erfolg bei.

Im Laufe der Jahre allerdings wurde ich immer unzufriedener. Der Gegenwind durch Neid und Eifersucht, der sich schon in der Zeit der Technischen Entwicklung Übersee gezeigt hatte, machte mir zu schaffen. Das quasipolitische Abwiegeln und diplomatische Gerangel, dies oder jenes durchsetzen zu können, raubte mir Energie, die für effektive Arbeit besser eingesetzt gewesen wäre.

Vielleicht lag es an der Routine, die sich einschlich, vielleicht auch an der (subjektiv empfundenen) Lebensmitte, die obendrein persönliche Fragen aufwarf.

Die Unzufriedenheit betraf nahezu alle Lebensbereiche. Beginnen wir mit der Arbeit. Eine Begebenheit bei Audi machte mich ziemlich nachdenklich.

Unsere Fahrzeuge kosteten in den verschiedenen Ländern unterschiedlich viel. Um das zu vertuschen, wurden die Autos unterschiedlich ausgestattet. Die Grundausstattungen und Sonderausstattungen hätte man akribisch auflisten müssen, um die Preisunterschiede erklären zu können, und das machte natürlich niemand. In Österreich und Italien allerdings war dieses Vorgehen so offensichtlich, dass sich viele Deutsche dort ihre Autos anschafften, da sie dort viel billiger waren. Den Händlern vor Ort aber war es verboten worden, an Deutsche die Autos zu verkaufen, die für den österreichischen oder italienischen Markt vorgesehen waren. Es gab natürlich kein Gesetz dagegen, aber intern war das eine feste Regel. VW schickte nun einen Finanzexperten nach Italien zu Lamborghini (das von Audi gekauft worden war und nun zum Konzern gehörte). Seine interne Aufgabe aber war es, die Importeure, die gegen diese Regel verstoßen hatten, abzustrafen, indem er ihnen die Vertriebsrechte von Audi-Fahrzeugen entzog. Das allerdings verstieß eindeutig gegen EU-Recht, und es kam zu einem Prozess gegen VW, in dessen Folge der Konzern dreihundert Millionen D-Mark Strafe zu zahlen hatte. Da dieser Finanzmensch aber noch weiteren Importeuren die Rechte entzogen hatte, was wiederum neue Prozesse und noch mehr Verluste zur Folge gehabt hätte, entschloss man sich, ihn aus der Schusslinie zu nehmen. Wohin aber mit ihm? Und da fiel dem Vorstand der Bereich Vertrieb/Marketing Asien/Pazifik von Gumpert ein.

Der Audi-Vertriebsvorstand Georg Flandorfer kam zu mir und fragte scheinheilig, ob es in Ordnung sei, den Finanztypen bei mir unterzubringen. Ich kannte die Hintergründe damals nicht, mir sagte auch der Name nichts, und so stimmte ich ahnungslos zu. Ohne mir Bescheid zu geben, entschied sich die Personalabteilung gemeinsam mit Flandorfer, dem Neuen eine Position einzuräumen, in der er pro forma mein Vorgesetzter wurde. Etwa ein Jahr ging das gut, er mischte sich nicht in meine Arbeit, aber dann begann er aufdringlich zu werden, entschied über meinen Kopf hinweg, und ich verstand zunehmend die Intrigen und Heimlichkeiten, die dahintersteckten.

Ich war enttäuscht. Mein Verständnis von Loyalität ist ein anderes. Audi hätte mir reinen Wein einschenken können, hätte dieses Versteckspiel mit mir absprechen können. Das alles aber heimlich zu organisieren und mich im Dunkeln tappen zu lassen, führte dazu, dass ich zunehmend die Nase voll hatte.

Als man etwas später mit dem Vorschlag an mich herantrat, das Joint Venture mit China auf Vorstandsebene zu organisieren, sagte ich erleichtert zu. Nur weg aus dem Sumpf, den ich nicht mehr verstand und der meinen eigenen Werten so sehr zuwiderlief.

Nicht nur bei Audi liefen zu der Zeit die Dinge schlecht. Unsere Ehe kriselte. Sylvia und ich hatten uns offenkundig auseinandergelebt. Etwa dreißig Jahre waren wir verheiratet und haben eine wundervolle Tochter und vier großartige Söhne. Doch zunehmend entwickelten wir unterschiedliche Interessen, sahen uns seltener, und so zeichnete es sich immer deutlicher ab, dass wir bald unterschiedliche Wege gehen würden. Es kam zur Scheidung.

Ich werde immer dankbar sein für die wunderbaren Jahre, die wir gemeinsam erlebt haben. Unsere gemeinsamen Kinder sind ein starkes Band, das uns immer zusammenhalten wird. Nach Sigrid und den Zwillingen kam 1982 unser viertes Kind Christian und im Jahr 1984 Mattias zur Welt. Mattias war das Nesthäkchen, nicht anders als ich selbst in meiner Kindheit, und wie ich musste er lernen, sich gegen die Übermacht der älteren Geschwister durchzusetzen. Wie unzertrennlich das Familienband auch nach der Scheidung war, zeigte sich ganz besonders im Jahr 2004, als Harald, einer unserer Zwillinge, zu Weihnachten von dem verheerenden Tsunami in Thailand überrascht wurde und wir viele Tage in schrecklicher Ungewissheit verbrachten. Wir hielten uns gegenseitig, gaben uns Trost und Mut und halfen uns, die Hoffnung nicht zu verlieren. Nach acht furchtbaren Tagen wurde Harald in einem kleinen thailändischen Krankenhaus gefunden. Er war schwer verletzt, und es brauchte dreizehn Operationen, um ihn wieder herzustellen. Glücklicherweise halfen uns meine guten Kontakte in Bangkok.

Einige Zeit nach meiner Scheidung begegnete ich auf einer Dienstreise in Italien Lia. Ein Freund hatte mich gebeten, eine junge Studentin vom Bahnhof abzuholen und, da ich ohnehin in die entsprechende Richtung fuhr, sie ein Stück mitzunehmen. Kaum sah ich die junge, wunderschöne Italienerin, war es um mich geschehen. Sie stieg ins Auto, und ich brachte kaum ein Wort heraus. Der Zufall oder das Schicksal wollte es, dass Lia bald ein Praktikum in Ingolstadt absolvieren sollte, und wir sahen uns wieder. Hals über Kopf verliebten wir uns ineinander.

Gleichzeitig stand das Angebot, nach China zu gehen, im

Raum. Ich hatte schon als Bereichsleiter Entwicklung Übersee in China gearbeitet, hatte den Audi 100 für den chinesischen Markt entwickelt, ich kannte das Land und pflegte meine Kontakte dort. So lag es also nahe, für das Audi/FAW-Joint Venture die Verantwortung zu übernehmen und meinen Lebensmittelpunkt für einige Zeit nach China zu verlegen. Vielleicht hätte ich abgelehnt, wenn die Vertrauensverhältnisse in Ingolstadt besser gewesen wären, so aber erschien mir diese Möglichkeit als Ausweg aus einer ansonsten ziemlich festgefahrenen Lebenssituation.

Ich hätte gern meine beiden jüngsten Söhne, Christian und Mattias, mitgenommen. Audi war bereit, finanziell auch für die Schuldbildung dort aufzukommen, aber Sylvia war dagegen. Nun gut, man kann Kinder nicht auseinanderschneiden, und so gab ich nach.

Ich fragte Lia, ob sie sich vorstellen könne, mich zu begleiten. Zu meiner großen Freude zögerte sie nicht und sagte sofort ja. Nicht nur zu China, sondern auch dazu, meine Frau zu werden.

Nach all den unschönen Erlebnissen bei Audi und mit der neuen Liebe meines Lebens brach ich aus Ingolstadt auf, um das Reich der Mitte zu erobern.

Wie China zum Auto fand - Joint Venture Audi/China

— *1986*

Um die Hintergründe meiner Arbeit in China zu erklären, müssen wir in der Zeit ein bisschen zurückreisen.

Im Jahre 1953 gründete China, das bis dahin über keine Automobilproduktion verfügte, mithilfe der Sowjetunion die „First

Automotive Works“ (FAW). In den achtziger Jahren begann sich China unter Deng Xiaoping wirtschaftlich behutsam zu öffnen, und man beschloss, sich auf dem internationalen Markt nach Möglichkeiten umzusehen, die rudimentäre Automobilindustrie aufzurüsten. Immerhin hatte sich die Automobiltechnik rasant weiterentwickelt, und die Chinesen verstanden durchaus, dass trotz aller kommunistischer Ideologie der technische Fortschritt auch vor ihnen nicht Halt machen würde.

Es kam zuerst zu einer kurzen Zusammenarbeit mit Mercedes, während der die FAW in Changchun sogar einige Mercedes S baute. Aufgrund eines Streits um die Produktionsqualität scheiterte das Projekt jedoch, und Mercedes zog sich schnell aus China zurück. Daraufhin suchten die Chinesen nach einer Möglichkeit, von einem anderen Autokonzern die Produktionsstraßen eines Auslaufmodells zu kaufen. Im amerikanischen Hersteller Chrysler fanden sie bald einen willigen Handelspartner. Das Interesse der FAW galt zunächst den Karosserie- und Fahrwerksstraßen. Allerdings hinkte das zur Verhandlung stehende Chrysler-Modell beispielsweise einem Audi 100 in der Entwicklung um zehn Jahre hinterher, und das gefiel den Chinesen überhaupt nicht. In der Folge erwiesen sie sich als gewiefte Taktiker. Sie machten den Amerikanern weiß, sie hätten tatsächlich Interesse an den Karosserie- und Fahrwerkstraßen mit den alten Starrachsen, aber man brauche ja auch einen Motor. Chrysler war hocherfreut und bereit, der FAW obendrein eine komplette Motoren-Produktionsstraße zu verkaufen. Sie hatten drei davon, aber brauchten diese nicht mehr, da die Technologie hoffnungslos veraltet war und sie waren gottfroh, den alten Kram loszuwerden. Die Chinesen aber gaben sich skeptisch. Die Motorenstraße war auf die Produktion von etwa dreihunderttausend Motoren pro Jahr ausgelegt, und die Chinesen warfen ein, dass sie keine dreihunderttausend Motoren brauchen würden, das sei viel zu viel. Chrysler sah das äußerst günstige Geschäft – man hoffte ja, auch die Karosseriestraße an die Chinesen verkaufen zu können – schon den Bach hinuntergehen und redete mit Engelszungen auf die Einkäufer der FAW ein. Das sei doch kein Problem, ganz im Gegenteil, man überlege sich doch nur die Möglichkeiten, die sich künftig durch die hohe Stückzahl auftun würden, etwa könne man spielend bei Bedarf die Produktion erhöhen, und der Einkaufspreis sei doch nun wirklich ein Schnäppchen. Und das stimmte. Die Chinesen wussten das natürlich auch. Ihr Zögern war Kalkül gewesen, um einen noch besseren Preis aushandeln zu können. Man beging damals noch den Fehler, die Chinesen zu unterschätzen. Kurz, man wurde sich einig. Für einen Apfel und ein Ei wechselte die Motoren-Produktionsstraße die Besitzer und wanderte vom Erzkapitalisten ins kommunistische Reich der Mitte. Kaum aber hatten die Chinesen ihre Motorenstraße, zogen sie ihr Angebot, Chrysler auch die Karosseriestraße abzukaufen, zurück und ließen die verblüfften Amerikaner auf ihrem Auslaufmodell sitzen.

Der Chryslermotor beruhte auf Patenten von Audi. Das vermutlich brachte die Chinesen auf die Idee, 1985 in Deutschland, bei VW und dadurch bei Audi vorstellig zu werden, denn zu einem Motor gehörte natürlich auch ein Auto. Der Audi 100, im Gegensatz zum Chrysler damals ein hochmodernes Auto, schien ihnen angemessen.

Dazu muss man wissen, dass die chinesische Automobilproduktion damals weniger für einen allgemeinen freien Markt, sondern für verdienstvolle Mitglieder der Partei, für Funktionäre und Provinzgouverneure ausgelegt war. Die FAW produzierte bereits ein Flaggschiff, eigentlich einen Lkw getarnt als Limousine, mit einem amerikanischen Getriebe und einem großen Amimotor mit acht oder zwölf Zylindern, ein Auto mit fast ausschließlich amerikanischen Bauteilen, aber natürlich musste es offiziell ein chinesisches Fahrzeug sein. Undenkbar, dass der Staatpräsident mit einem Auto des imperialistischen Gegners umherfuhr. Von diesem Fahrzeug, das ideologisch korrekt „Rote Fahne“ (chinesisch „Hongqi“) hieß, wurden höchstens dreißig Stück gebaut. Nun sollte ihm eine kleinere Variante mit deutlich höherer Stückzahl beigesellt werden. Als es dann zu dem Joint Venture mit Audi kam, nannten wir die Staatskarossen intern „Big Red Flag“, und unseren Audi 100, der in China ebenfalls den stolzen Namen Hongqi trug, „Little Red Flag“.

Der Audi 100 also gefiel ihnen. Piëch hatte nichts gegen einen solchen Handel und beauftragte im Jahre 1986 den Produktionsvorstand Hermann Stübig und mich, nach China zu reisen, um die Verhandlungen durchzuführen. Sein Auftrag war eindeutig und hatte einen Haken: Die FAW könne den Audi 100 bekommen, aber nur mit Motor! Der Motor sei das Herz eines Audi, sagte er, und in einen solchen gehöre kein anderes Herz hinein.

Eine Woche lang redete ich auf die Chinesen ein, begründete, warum der Chryslermotor nicht in den Audi 100 passe, und dass es demzufolge nötig sei, auch die Audi-Motorenstraße mitzukaufen.

Tatsächlich gab es ein Problem mit diesem Chryslermotor. Ursprünglich von Audi entwickelt und dann an Chrysler verkauft, war er eigentlich ein 1,8-Liter-Motor. Die Amerikaner aber hatten den Hubraum auf 2,2 Liter vergrößert. Damit waren technische Probleme entstanden, die nur gelöst werden konnten, indem sich Chrysler von einem Schweizer Professor eine Ausgleichswelle konstruieren ließ, doch letztlich blieb die Weiterentwicklung dieses Motors eine ziemlich sperrige Bastelei. Aber immerhin verkauften sich die entsprechenden Chryslerfahrzeuge mit dem modifizierten Audimotor in Amerika sehr gut, und den Ansprüchen der FAW schien er zu genügen.

Die kommunistischen Chinesen hatten Chrysler eine Lektion in kapitalistischem Verhandlungsgeschick erteilt, indem sie den Preis für die Motorenstraße mit der Aussicht auf einen noch größeren Deal gedrückt hatten, aber stattdessen nun nach Deutschland gingen. Vielleicht dachten sie, dass zu einem Audimotor auch ein Audi gehörte, ein Denken, das dem Piëchs erstaunlich ähnelte.

Eine Woche lang brachte ich in China alle möglichen Argumente vor, warum der unverhältnismäßig große 2,2-Liter-Motor nicht in die Karosserie des Audi 100 passte. Das läge am Öl und an diesem und jenem, und ein Einbau des Chryslermotors in einen Audi 100 sei, wie man es auch drehen und wenden würde, unmöglich. Ziel war ja, dass die Chefs der FAW auch unseren Originalmotor kauften. Verständlicherweise wollten sie das nicht. Sie hatten soeben eine komplette Chrysler-Motorenstraße fast geschenkt bekommen und waren davon überzeugt, dass es möglich sei, diesen Motor auch in den Audi zu verbauen. Natürlich hatten sie recht. Es gibt für die allermeisten technischen Probleme Lösungen, wenn man lange genug experimentiert und etwas über den gewohnten Tellerrand hinausschaut.

Nach dieser Woche, in der ich mir den Mund fusselig redete, hatte ich sie überzeugt. Nur leider zogen sie daraus nicht etwa den Schluss, den Audimotor zu kaufen, sondern stattdessen auch auf die Fahrwerk- und Karosseriestraße von Audi zu verzichten.

Am Samstagabend, unserem vorletzten Tag in China, riefen wir Piëch an, und Hermann Stübig berichtete ihm – ich stand daneben – vom Stand unserer Verhandlungen. Piëch war ungehalten, aber er rückte von seinem ursprünglichen Ziel ab.

„Herrgott, dann verkaufen wir eben den Audi 100 ohne Motor“, schimpfte er.

Wir sollten alles vorbereiten und zum Vertragsabschluss fertig machen.

Man kann sich vorstellen, dass ich ordentlich ins Schwitzen geriet. Da hatte ich eine Woche lang die chinesischen Chefs und Ingenieure davon überzeugt, dass es unmöglich sei, diesen unsäglichen 2,2-Liter-Motor in unseren Audi zu verbauen, und nun hatte ich ihnen bis morgen früh zu erklären, warum es nun plötzlich doch machbar sein sollte.

Die ganze Nacht brütete ich über den Blaupausen, drehte gedanklich den Motor um ein paar Grad, passte dort etwas an und justierte da etwas um, und am nächsten Morgen war ich bereit, eine Lösung zu präsentieren.

Wir trafen uns am Sonntagmorgen in einer Aula, in der sonst die kommunistischen Veranstaltungen stattfanden. Es war saukalt, alle saßen mit dicken Mänteln da. Ich erzählte davon, dass ich in der Nacht eine Erleuchtung gehabt und die Lösung gefunden habe, ja, es sei nun doch möglich, den Motor in unsere Karosse zu verbauen. Eisiges Schweigen, den Temperaturen der Aula entsprechend. Sie glaubten mir nicht. Offenbar hatte ich vorher gute Überzeugungsarbeit geleistet. Für den Moment schien es, als sei unsere automobile Osterweiterung gescheitert. Und ich wollte einfach nur nach Hause, zu meiner Familie, in ein geheiztes Haus.

Auf dem Rückflug dachte ich nach. Wer bis hierher diese Biografie gelesen hat, weiß, dass ich ungern aufgebe. Nicht, solange es noch irgendeine Idee gibt, die man ausprobieren kann.

Die Gelegenheit ergab sich rasch. Bereits vor den gescheiterten Verhandlungen waren die Chinesen zu einem Besuch nach Ingolstadt eingeladen worden. Trotz des Misserfolgs blieb die Einladung bestehen, wenn auch nur aus Höflichkeit. In drei Wochen sollte die chinesische Delegation eintreffen. Ich hatte also so lange Zeit. Nicht viel. Ich entwickelte einen aberwitzigen Plan, in den ich Piëch vorsorglich nicht einweihte, um Zeit zu sparen.

Ich nahm drei Audi-100-Limousinen, alle in Schwarz und mit Leder, eine davon mit einem Fünf-Zylinder-Motor und die beiden anderen mit den gewohnten vier Zylindern ausgerüstet. Für eine der beiden Vier-Zylinder-Limousinen kaufte ich mir in Ingolstadt einen gebrauchten Chrysler, baute den 2,2-Liter-Motor aus und in den dritten Audi 100 ein. Ich benutzte dabei genau jene Ideen, die ich in der kalten Nacht in China entworfen hatte. Der Motor passte, wir konnten die Motorhaube so belassen, wie sie war, alles lief.

Wir holten die sechsköpfige chinesische Delegation mit den drei Audi 100 vom Münchner Flughafen ab. Je zwei von ihnen nahmen in den Autos Platz, und wir brachen Richtung Ingolstadt auf. Jeder von ihnen, so war mein Plan, sollte alle drei Autos erlebt haben. So hielten wir zweimal auf der Strecke und ließen unsere chinesischen Gäste die Fahrzeuge wechseln.

In Ingolstadt fuhren wir auf das weiträumige Audi Forum, direkt vor das Gebäude, in dem im vierten Stock der Vorstand saß.

Ferdinand Piëch und der gesamte Vorstand kamen nach unten, begrüßten die Delegation, fragten nach ihrem Befinden und wie die Reise gewesen sei, und wollten sie nun zu formalen Gesprächen einladen.

Ich unterbrach das Prozedere und bat: „Einen kleinen Moment, Herr Piëch, ich möchte unsere Gäste noch etwas fragen.“

Piëch nickte, und ich wandte mich an die FAW-Leute: „Nun, wie gefallen Ihnen unsere Autos? Welcher fuhr sich am besten?"

Die Chinesen antworteten, dass sie alle drei Autos toll fanden.

„Dieser hier", erläuterte ich, „fährt mit einem Fünf-Zylinder-Motor."

Ja, der sei sehr schön und ruhig gefahren, bestätigten sie, das sei ein großartiger Motor.

Aus den Augenwinkeln bemerkte ich Piëchs messerscharfen Blick. Er hatte keine Ahnung, worauf ich hinauswollte.

„Und die anderen? Was halten Sie von denen?"

„Die sind auch großartig. Da gibt es ja keinen Unterschied, es sind ja beides die Vier-Zylinder-Motoren ..."

„Nein", lächelte ich und öffnete die Motorhaube, „eben nicht. Dieser hier ist ein Vier-Zylinder-Motor von uns. Aber dieser", und ich zeigte auf den dritten Audi, „ist mit Ihrem Motor ausgerüstet! Mit Ihrem 2,2-Liter-Chrysler-Motor! Sehen Sie? Er passt hinein, es funktioniert!"

Unsere chinesischen Gäste staunten nicht schlecht. Ich öffnete auch diese Motorhaube und zeigte ihnen den Motor und wie ich ihn eingebaut hatte. Sie nickten und sprachen aufgeregt miteinander. Ich versuchte, Piëchs Blick auszuweichen, mit dem er mich in diesen Augenblicken wohl am liebsten getötet hätte.

Piëchs Zorn verrauchte schnell, immerhin hatte ich den China-Deal gerettet. Er mochte es nur nicht, wenn man ihn überging, und das verstehe ich auch. Aber ich hatte schlicht nicht die Zeit gehabt, mein Manöver mit ihm vorher abzusprechen. Später zeigte Piëch auf seine ganz eigene Art seine Dankbarkeit für mein eigenständiges und für mich auch riskantes Vorgehen, mit dem ich Audi und VW den Einstieg in die chinesische Automobilwelt ermöglichte. Er ließ mir weitgehend freie Hand bei den weiteren damit verbundenen Aufgaben und hielt mir den Rücken frei.

Der Vorstand und seine Gäste verschwanden nach vielen freundlichen Worten und Händeschütteln im Gebäude, um die entsprechenden Verträge zu besprechen und zu unterzeichnen.

Ohne meine heimliche Aktion würde es heute wahrscheinlich keinen Audi in China geben, davon war nicht nur ich, sondern offenbar auch Piëch überzeugt, der mir bereitwillig die Entwicklung des Audi 100 für China überließ.

Als Bereichsleiter Entwicklung Übersee oblag mir in der Folge die Umsetzung des deutschen Audi 100 auf die verlängerte China-Version. Wir kümmerten uns um die technischen Details, halfen, die Produktionsstraße aufzubauen, wiesen die FAW in die Konstruktionspläne ein, und einige Jahre später, nachdem wir die Produktion zur Serienreife gebracht hatten, fuhren alle chinesischen Funktionäre die „Kleinen Roten Fahnen", also die Audi 100 mit Chrysler-Motor. Insgesamt siebzehn Jahre sollte die „Kleine Rote Fahne" von ihrer Serienreife und Freigabe im Jahre 1988 bis in das Jahr 1999, und in einer etwas verbesserten Version auf der Basis des Audi 200 von 1996 bis 2005 produziert werden. Mir fällt kein anderes Auto ein, das nahezu unverändert über einen so langen Zeitraum hergestellt wurde.

Für den Übergang allerdings rüsteten wir die Audi 100 noch mit unseren eigenen Motoren aus. Fünf Jahre, von 1986 bis 1991, brauchte die FAW, bis sie den Chryslermotor produzieren konnte. Audi sah darin natürlich kein Problem, denn in der Zwischenzeit verbauten wir wie gehabt den originalen Audimotor in die „Kleine Rote Fahne". Wir führten die Fahrten durch, die nötig waren, um das Auto freizugeben. Sechzigtausend Kilometer quer durch China. Ich lernte das Land kennen, die Mentalität der Menschen, aber auch die Schwierigkeiten und Besonderheiten, die dieses riesige Land charakterisierten.

In der westlichen Welt verfällt man oft dem Irrtum, der „Kollektivismus" Chinas sorge dafür, dass die Menschen weniger individualistisch seien und sich mehr in das Gemeinwesen einbringen würden. Mein Eindruck war der des Gegenteils; ein jeder schien sich selbst am nächsten zu stehen. Im Alltag erlebte ich oft, dass dem Gros der Chinesen ihre Mitmenschen völlig egal waren. Der Straßenverkehr ist oft ein guter Seismograf für die soziale Grundstimmung eines Landes. In China hatte prinzipiell das Fahrzeug Vorfahrt, das über die robusteste Karosse verfügte. Der Lkw fuhr vor dem Bus, der Bus vor dem Kleinlaster, dieser vor dem Pkw, bis hinunter zum Fahrrad und Fußgänger. Als Fußgänger wurde man förmlich gejagt, und wenn man nicht aufpasste, würde man unweigerlich unter die Räder kommen.

Ich denke, dass der Kollektivismus keine Gegenthese zum Egoismus einer Gesellschaft darstellt, sondern vielmehr diesen durch die Überregulierungen sogar bedingt. Je mehr Regeln der Staat für das alltägliche Zusammenleben aufstellt, desto mehr lässt die eigenverantwortliche Rücksicht auf die Mitmenschen nach, und das Ergebnis ist die verschwindende Aufmerksamkeit für die anderen und damit verbunden eine zunehmende Konzentration auf das eigene Wohlergehen. Wenn in China heute eine Kamera verfolgt, ob man bei Rot über eine Ampel geht, und man daraufhin eine schriftliche Verwarnung und einen Minuspunkt in dem sogenannten Sozialkreditsystem bekommt, wird die Motivation zwangsläufig die sein, die entsprechenden Minuspunkte zu vermeiden – nicht aber Rücksicht auf die Mitmenschen zu nehmen.

Ich sehe einen ähnlichen Trend in Europa. Die zunehmende Abgabe der Verantwortung für das eigene Leben und das der eigenen Kinder an die Institutionen des Staates erzeugt automatisch einen Rückgang von bewusster Verantwortung für sich selbst und den Umgang mit den Mitmenschen.

Im China der achtziger Jahre war den Han-Chinesen (die etwa neunzig Prozent der Bevölkerung ausmachen) nur ein Kind pro Paar gestattet. Die Eltern arbeiteten beide, das Kind wuchs oft bei den Großeltern oder in einem Internat auf, die Familie sah sich selten. Eine Generation von Einzelkindern, die nicht in der liebevollen Behütung einer Familie aufwuchs – natürlich erzeugen diese frühen Erfahrungen eine gewisse Tendenz zum Egoismus.

Als ich in den Bereich Vertrieb/Marketing Asien/Pazifik wechselte, standen neue Entwicklungen in China ins Haus. Man versuchte, für die „Kleine Rote Fahne" nun auch den Markt der allgemeinen Bevölkerung zu erschließen. Jeder, der es sich leisten konnte, wollte natürlich auch ein solches Auto fahren. Es war eine Frage des Prestiges.

Bis Ende der neunziger Jahre war natürlich auch bei Audi viel passiert. Der Audi 100 hatte mehrere Entwicklungsstufen durchlaufen und war zum A6 geworden. In China aber baute man noch immer die „Kleine Rote Fahne": mit unserer Karosserie und unserem Fahrwerk, mit der gleichen McPherson-Achse und mit dem gleichen Chrysler-Motor.

Das sollte sich nun ändern. China trug sich tatsächlich mit der Absicht, den A6 zu produzieren – in einer für den chinesischen Markt angepassten Version – und ihn über ein Händlernetz im ganzen Land zu vertreiben. Wir übersprangen einige Entwicklungsstufen des A6 und stiegen gleich mit einer Langversion (die es in Europa nicht gibt und die zwanzig Zentimeter länger als unser gewohnter A6 ist) ein.

Für dieses Joint Venture wurde jemand aus Ingolstadt gebraucht, der bereit war, auf Vorstandsebene den Vertrieb für das Joint Venture aufzubauen. Vor Ort, in China. Und das war ich.

Bisher hatten wir in China den Audi 100 nach dem CKD-Prinzip gebaut. CKD stand für „Complete Knock Down". Vereinfacht gesagt waren es Kisten mit allen Bauteilen, die zur Fertigung eines Autos nötig waren. Von der Menge der CKD-Kisten hing es also ab, wie viele Fahrzeuge wir bauen konnten. Als wir begannen, den A6 in China zu produzieren, konnte die Karosserie bereits in China gepresst werden. Statt der vollständigen CKD-Pakete benötigten wir nun sogenannte Slow-Knock-Down-Pakete (SKD), die nur noch jene Komponenten enthielten, die noch nicht vor Ort in China hergestellt werden konnten, beispielsweise den Motor, das Getriebe, Fahrwerkskomponenten, die Lichtmaschine und anderes. Insgesamt machten die SKD-Pakete etwa die Hälfte des Fahrzeugwertes aus.

Wir standen in China vor einer Goldgrube, die Nachfrage war riesig, und dennoch stieß ich erstaunlicherweise bei Audi auf Widerstand. Die Unternehmensberatung Roland Berger, befreundet mit unserem Vertriebsvorstand, erstellte eine drei Millionen D-Mark teure Studie, die den Bedarf an Audi-Fahrzeugen in China eruieren sollte, und kam zu einem Ergebnis von dreitausend Stück pro Jahr. Das waren drei Millionen D-Mark, die man schlicht zum Fenster hinausgeworfen hatte. Ich verkaufte stattdessen siebzehntausend Autos im ersten Jahr! Ich verlangte entsprechend mehr SKD-Kisten für das Folgejahr. Statt mir begeistert das angeforderte Material zu schicken, wurde ich nach Wolfsburg beordert, um mich dafür zu rechtfertigen, warum ich so viele Autos verkaufte. Es war eine rundweg absurde Situation.

Statt mich zu erklären, forderte ich für das nächste Jahr dreißigtausend SKD-Kisten. Im zweiten Jahr verkauften wir vierundzwanzigtausend A6 (in der Langversion), und im dritten Jahr waren es bereits mehr als dreißigtausend Autos.

Doch dann versuchte der bereits erwähnte Finanzmensch – den man einige Jahre zuvor in meinem Ingolstädter Bereich Vertrieb/Marketing Asien/Pazifik als meinen Pro-forma-Vorgesetzten „geparkt" hatte, um ihn aus der Schusslinie zu nehmen – einmal mehr, mir zu schaden. Mir war übrigens schleierhaft, warum er nach all dem von ihm verursachten Ärger noch immer für Audi arbeiten konnte. Er versuchte mit allen Mitteln, die von mir verlangten Mengen an SKD-Paketen zu verringern, und scheute auch vor Intrigen nicht zurück.

Als ich im Jahr 2002 aus China nach Ingolstadt zurückkehrte, kam es zu einem Gespräch mit dem damaligen Audi-Vorstandsvorsitzenden Dr. Franz-Josef Paefgen. Ich kannte Paefgen schon lange, und eigentlich duzten wir uns. In dieser Situation aber kehrten wir zum distanzierten Sie zurück. Ich beklagte mich über die Machenschaften des Finanzmenschen, berichtete von dessen unzähligen Intrigen und dass wir meiner Meinung nach in China tatsächlich vor einer Goldgrube stünden.

„Okay", entschied er, „beweisen Sie mir, dass Sie recht haben, dann fliegt er. Aber wenn er recht behält, fliegen Sie!"

Nichts leichter als das. Ich suchte entsprechende E-Mails, Abrechnungen und Bestellungen heraus und legte diese Dr. Paefgen vor, der sich überzeugen ließ. Der Finanzmensch wurde weggelobt. Er fand einen Posten bei Toyota und ich meinen Seelenfrieden.

Aufbruch ins Reich der Mitte

— *1999*

Lia und ich hatten versucht zu heiraten, waren aber an den aberwitzigen Auflagen der Behörden vorerst gescheitert. Ich war evangelisch und Deutscher, sie katholisch und Italienerin. Es war unglaublich, welche Hindernisse sich von behördlicher Seite aus vor uns auftaten. Die italienischen Behörden verlangten Dokumente, die wir einfach nicht hatten, etwa die Geburtsurkunden der Eltern und Großeltern oder Nachweise über deren Religionszugehörigkeit. Audi war diesbezüglich um einiges aufgeklärter. Es reichte, Lia zu meiner Lebensgefährtin zu erklären, und sie wurde daraufhin behandelt, als wäre sie meine gesetzlich angetraute Gattin. Bevor wir endgültig nach China zogen, bot uns Audi eine Rundreise an, auf der wir das Land kennenlernen konnten, ein übliches Vorgehen, wenn Mitarbeiter der Firma für längere Zeit ins Ausland gingen.

Es waren aber nicht nur behördliche Schwierigkeiten, die wir anfangs zu überwinden hatten. Lia ist eine leidenschaftliche Südländerin, die liebste und beste Frau, die man sich vorstellen kann, gelegentlich aber kollidierte ihr Naturell mit dem meinen, das eher nüchtern-überlegt und, nun ja, stark preußisch geprägt ist. Doch preußischer Geist hin oder her, Lias Temperament schien meiner Neigung zu Aufregung und Abenteuer ganz offensichtlich zu entsprechen. Ich hatte die Rallyes geliebt, die Unvorhersehbarkeit der Ereignisse, das Abenteuer, die Herausforderungen. Ich denke, das sagt etwas über mein eigenes Temperament, das offensichtlich nicht nur preußisch zu sein scheint. Mit Lia wird es nie langweilig. Wen wundert es, dass ich mich in diese Frau, deren Leidenschaft manchmal wie ein italienischer Vulkan sein kann, verliebte und sie bis zum heutigen Tag liebe. Hinzu kommt, dass uns beiden Familie und Freundschaften wichtige Werte sind, und Lia ist mir bis heute nicht nur meine liebevolle Frau, sondern ebenso eine wunderbare Mutter unserer drei gemeinsamen Töchter.

In Changchun, im Norden Chinas, angekommen, bezogen wir die uns zur Verfügung gestellte Hälfte eines der kleinen und gemütlichen Häuser im „deutschen Dorf", einem abgetrennten Teil einer riesigen Hotelanlage mit großzügigem Park, grenzend an einen kleinen See. Unser Nachbar war Jack Pan, ein gebürtiger Chinese, dessen Vater einst, als es in China brenzlig zu werden drohte, nach Amerika auswanderte und dort eine Professur erhielt. Jack hatte in Harvard studiert, und als Audi begann, sich international zu öffnen, stellte man ihn ohne zu zögern ein. Erst, das gebe ich zu, war ich ihm gegenüber skeptisch, ich hatte ja meinen eigenen Stamm an Leuten, aber bald entpuppte er sich als einer meiner besten Mitarbeiter.

Es gab nur einen Zugang zum „deutschen Dorf", gesichert mit Schranke und Wachposten. Uns wurde ein Auto mit Fahrer gestellt, allerdings handelte es sich dabei um einen VW. Als überzeugter Audianer, zudem im Auftrag Audis unterwegs, hielt ich das für unpassend und beharrte darauf, einen Audi 100 zu fahren. Dahinter stand nicht nur die private Vorliebe, sondern ebenso geschäftliches Kalkül. Da ich ein Vertriebsnetz für den Audi 100 aufbauen wollte, war es natürlich sinnvoll, mit eben jenem Auto die möglichen Vertriebspartner aufzusuchen. Meistens verzichtete ich auf den Fahrer und fuhr selbst, was mitunter zu einer Herausforderung wurde. Es gab nur Sommerreifen, auch im Winter. Der Schnee wurde nicht geräumt, sondern festgefahren. Die Straßen bestanden aus zentimeterdicken Eis- und Schneeschichten. Glücklicherweise war ich es durch die vielen Wintererprobungsfahrten und die Rallyezeit gewohnt, bei schwierigen Wetterbedingungen zu fahren. Lia hingegen zeigte sich in solchen Situationen dankbar für den Chauffeur.

Ich begann sofort, mich um den Aufbau des Vertriebsnetzes zu kümmern. Aus vielen Städten bekamen wir nach unseren Ausschreibungen entsprechende Bewerbungen, die wir sichteten und von denen etwa ein Viertel für einen Audi-Standort infrage kamen. Notgedrungen waren wir viel unterwegs und reisten von Stadt zu Stadt, um die Bewerber kennenzulernen. Natürlich gaben unsere Gastgeber alles, um uns den Aufenthalt in ihren Städten so angenehm wie möglich zu gestalten. Wenn ich morgens von einer Limousine zu einem Arbeitsmeeting abgeholt wurde, stand schon eine weitere für Lia bereit. Und sie genoss es, von einer einheimischen Führerin und mit Chauffeur die Stadt gezeigt zu bekommen, einkaufen zu gehen, die Sehenswürdigkeiten zu bestaunen, kurz, das Flair einer faszinierenden fremden Kultur kennenzulernen.

Wir reisten also durch die vielfältigen Regionen Chinas, und ich traf mich mit potenziellen Händlern und organisierte den Aufbau eines landesweiten Netzes von Audi-Vertretungen nach dem berühmten Hangarsystem, das Audi entwickelt hatte.

Ich bin immer gern in fremden Ländern unterwegs gewesen. Jede Kultur bietet eine Fülle an Lernerfahrungen, wenn man für diese offen ist. Ich erkundigte mich schon vor unserem Umzug nach Changchun über Sitten und Gepflogenheiten und die politischen wie gesellschaftlichen Hintergründe Chinas und der Provinz Jílín, deren Hauptstadt Changchun ist. Eine Begegnung zweier so unterschiedlicher Kulturen kann durchaus für beide Seiten bereichernd sein. Ich denke, es spricht nichts dagegen, auch den Gastgebern bestimmte Aspekte der eigenen Kultur zu zeigen. Es war zum Beispiel in China unüblich, unter Kollegen und Geschäftspartnern Weihnachten mit den Familien zu feiern. Kurzerhand lud ich meine chinesischen Kollegen samt ihren Frauen und Kindern ein. Es war herzerfrischend mitzuerleben, wie dadurch die Feiern lebendig wurden. Kinder tollten umher, die Frauen tauschten sich aus, Weihnachten wurde zu dem, was es sein sollte, einem Fest der Verbundenheit. Ähnlich verhielt ich mich in den Mittagspausen. Höhergestellte Beamte oder Funktionäre speisten gewöhnlich nicht mit den Mitarbeitern, und so wurden meine großen Tische, an denen ich mit meiner Belegschaft saß, anfangs mit Misstrauen gesehen. Doch schnell zeigten sich die Vorteile der gemeinsamen Pausen. Man unterhält sich bei Tisch ja nicht nur über Privates, sondern auch über die Arbeit. Das Verständnis für die Tätigkeiten, vielleicht auch für die Sorgen und Nöte der anderen wird größer, der Chef kann diese besser berücksichtigen, aber ebenso neue Impulse und Ideen aufnehmen. Das zwischenmenschliche Klima wurde spürbar besser, der Zusammenhalt größer.

Lia hatte anfangs einen schweren Stand im „deutschen Dorf“. Man wollte nicht recht glauben, dass die junge Italienerin den um einiges älteren Ingenieur wirklich liebte, da musste doch irgendein unedles Motiv dahinterstecken. Wir waren das unschöne Gemunkel schnell leid, außerdem wollten wir endlich heiraten.

In Europa war es uns nicht möglich gewesen, all die behördlichen Hindernisse in der Kürze der Zeit zu bewältigen, außerdem sollte eine Hochzeit Spaß machen und nicht vom Stress kleinlicher Verordnungen überlagert sein. Wenn uns dieser Weg in Europa verbaut war, warum dann nicht eine Urlaubsreise nach Amerika unternehmen? Und in Las Vegas heiraten? Lia war begeistert, und plötzlich wurde alles ganz leicht. Problemlos heirateten wir in der Wüste von Nevada, im glitzernden Las Vegas, bekamen die Urkunden überreicht, und – wer hätte das gedacht – diese wurden in Deutschland und in Italien ohne Beanstandung akzeptiert. So einfach also kann es sein.

Frisch verheiratet kehrten wir nach China zurück. Lia erkämpfte sich Schritt für Schritt durch ihr freundliches und hilfsbereites Wesen den Respekt unserer Nachbarn. Sie begann Unterricht in Deutsch zu geben und erhielt dafür sogar ein Diplom der Universität Changchun als besonders begabte Lehrerin. Für ihre Fähigkeiten bewundere ich sie bis heute. Ich wüsste so gut wie keine grammatische Regel zu benennen, die ich, wie alle anderen Muttersprachler auch, nur instinktiv anwende, geschweige denn, könnte ich sie erklären. Lia unterrichtete erst unsere chinesischen Audi-Mitarbeiter, dann auch Studenten der Universität.

Natürlich wurde sie der Reisen bald überdrüssig. Es war nicht Lias Sache, lediglich hedonistisch in den Tag zu leben und von chinesischen Stadtführerinnen, Chauffeuren und Bodyguards hofiert zu werden. In ihrer Arbeit als Deutschlehrerin fand sie die Aufgabe, die ihrem Aufenthalt in China auch einen persönlichen Sinn gab. Und zu unserer großen Freude wurde sie schwanger.

Nathalie kam zur Weihnachtszeit 1999 zur Welt. Wir nannten sie „unser italienisch-deutsch-chinesisches Joint Venture". Sicherheitshalber reisten wir zur Geburt nach Ingolstadt, und bis heute sagt Nathalie, ihr wäre es lieber, wenn in ihrem Pass als Geburtsort Changchun stehen würde. Ihre ersten Worte waren tatsächlich chinesische und italienische. Wir beschäftigten, wie alle Bewohner des „deutschen Dorfes", eine einheimische Haushälterin, eine Kulanz unserer chinesischen Gastgeber. Lia freundete sich mit ihr an, und noch heute stehen die beiden in freundschaftlichem Kontakt.

Lia lernte schnell Chinesisch. Um ihre Sprachbegabung habe ich sie immer beneidet. Und so plapperte die kleine Nathalie in astreinem Mandarin und in ebensolchem Italienisch – nur mit mir konnte sie sich anfangs nicht wirklich unterhalten. Deutsch wurde erst ihre dritte Sprache.

Es war für mich eine sehr tiefe Erfahrung, die sich mit der zwei Jahre später geborenen Magdalena und mit unserem Nesthäkchen Lucrezia wiederholte, in meinem ja schon etwas reiferen Alter noch einmal Vater zu werden. Das Bewusstsein war durch die Lebenserfahrung natürlich viel intensiver, der Geist offener für das Wunder des Lebens und der Liebe. Ich genoss es sehr und ließ mich bereitwillig durch meine Damen, nun ja, wie sage ich es, in meinem Herzen weicher und sensibler machen.

Weich im Herzen, ja, aber nicht im Geschäftsleben. Es gelang uns, innerhalb kurzer Zeit vierzig Audi-Filialen in allen großen Städten Chinas zu etablieren. China wurde zu einem der größten Absatzmärkte von Audi. Wenn man in Deutschland für das Errichten eines komplexen Hangars etwa zwei bis drei Jahre brauchte, schafften die Chinesen das in sage und schreibe drei bis vier Monaten. Und zwar nach genau jener Norm, die von Audi vorgegeben war, mit geneigter Glasfront, um Spiegelungen zu vermeiden, mit integrierter Werkstatt, Galerie und Platz für bis zu dreißig Autos.

Im Jahr 2000 haben wir in China mit vierhundertsiebzig Mitarbeitern einen Gewinn von einer Milliarde D-Mark eingefahren, in Deutschland und den anderen Märkten verbuchte Audi einen ähnlich hohen Gewinn, allerdings mit zweiundvierzigtausend Mitarbeitern!

Audi ließ nun in China den A6 (in der nur für die chinesischen Bedürfnisse angepassten Langversion A6L) in hoher Stückzahl produzieren, parallel aber lief auch die Produktion der „Kleinen Roten Fahne“ weiter, die bei weitem billiger und damit auch für weniger betuchte Familien erschwinglich war. China war Audi-Land geworden.

Ende des Jahres 2001 war die Arbeit getan. Ich brachte Lia, mit Magdalena hochschwanger und der kleinen Nathalie auf dem Arm, zum Flughafen, da das Baby in Ingolstadt zur Welt kommen sollte. Wenige Wochen später, nach Erledigung der restlichen Arbeiten in China, kehrte auch ich zur rechten Zeit nach Ingolstadt zurück, um bei Magdalenas Geburt dabei zu sein.

Für Heimkehrer, nicht nur bei Audi, sondern bei allen großen Firmen, stellt sich immer die Frage, wie es beruflich weitergehen wird. Es kommt darauf an, ob gerade eine passende Stelle frei ist oder ob es eine Aufgabe, für deren Lösung man der geeignete Mann ist, gibt.

Ferdinand Piëch bot mir an, zu ihm nach Wolfsburg zu kommen. Dort hätten Aufgaben auf Vorstandsebene auf mich gewartet. Ich wusste Piëchs Angebot sehr zu schätzen, allein mir fehlte die Motivation. Ich bin Techniker, kein Technokrat. Außerdem mochte Lia Wolfsburg nicht. Lieber wäre es auch mir gewesen, in Ingolstadt zu bleiben und weiter den chinesischen Markt zu organisieren. Da gab es noch immer jede Menge zu tun, außerdem konnte unser Engagement dort noch deutlich ausgeweitet werden. Doch Dr. Paefgen, der Vorstand von Audi, zögerte und schob eine Entscheidung immer wieder hinaus. Zu jener Zeit hatte er mit ganz anderen Problemen zu kämpfen. Aufgrund seiner Position als Vorstandsvorsitzender von Audi trug er die Verantwortung für das Audi-TT-Desaster. Der TT war ein im Grunde recht schmucker Sportwagen, doch aus ästhetischen Gründen hatte man auf einen Heckspoiler verzichtet, der dem Auto einen zusätzlichen Abtrieb von vierzig Kilogramm gegeben hätte. Das klingt nicht viel, hätte aber gereicht, um den Auftrieb im Bereich der Hinterachse bei hohen Geschwindigkeiten zu verringern und so das Auto sicherer und stabiler zu machen. Ohne diesen Spoiler hatte es einige Audi TT von der Straße getragen, und es war sogar zu einigen tödlichen Unfällen gekommen. Man musste die Autos zurückrufen und entsprechend nachrüsten, was nicht nur einen enormen finanziellen, sondern zugleich einen großen Imageschaden für Audi bedeutete. Piëch entließ Paefgen, machte ihn aber immerhin zum Vorstandsvorsitzenden von Bentley.

In dieser Zeit kontaktierte mich Roland Mayer, der ein Tuning-Unternehmen betrieb, und fragte mich, ob ich nicht Lust hätte, mit ihm einen Supersportwagen aufzubauen. Er brauche einen erfahrenen Ingenieur dafür. Wir trafen uns, tauschten uns aus, er stellte mir das Projekt, das später Apollo heißen würde, vor, und ich erkannte sofort das Potenzial.

Da bei Audi die Verhandlungen über meine weiteren Aufgaben noch immer zäh verliefen und ich offen gestanden die Lust verlor, mich in diesen nervenden Diskussionen aufzureiben, traf ich eine Entscheidung.

Paefgen reagierte unwirsch, aber er zeigte auf seine Art auch Verständnis.

„Ach, machen Sie doch, was Sie wollen“, grummelte er und ließ mich bei weiterlaufenden vollen Bezügen für zwei Jahre gehen.

Ich konnte mich wieder ganz meiner Kernleidenschaft widmen: Ingenieur sein und Autos bauen.

KAPITEL 7

DER ERSTE GUMPERT

Ein Supersportwagen aus eigener Manufaktur

— 2002

Ich kannte Roland Mayer, den Gründer und Eigentümer von MTM (Motoren Technik Mayer) noch aus Audi-Zeiten, als er Motorsachbearbeiter für Turbomotoren gewesen war. Er hatte in einer Garage angefangen, Motoren zu tunen und daraus ein (bis heute) weltweit aktives Unternehmen aufgebaut. Seine Tätigkeit bestand darin, die Computerchips, welche die unterschiedlichen Komponenten eines Motors steuern und die vom Werk bereits vorprogrammiert sind, so umzuprogrammieren, dass nahezu jeder Parameter an seine Leistungsgrenze verschoben wird. Da die verbauten Komponenten Toleranzen haben, werden vom Werk die Werte bewusst mit einem Sicherheitsabstand zur Höchstgrenze eingestellt, um ein Überschreiten dieser Höchstgrenzen zu vermeiden, durch die es zu gravierenden Schäden am Motor kommen würde, etwa in Form durchgebrannter Ventile, Kolben oder anderem. Mit einer Feinabstimmung, also einem Tuning, die voraussetzt, dass die Daten des entsprechenden Autos zuvor präzise gemessen werden, lassen sich diese Parameter allerdings einzeln an ihre Höchstgrenze verschieben und so vielleicht zwanzig oder dreißig PS mehr für das Auto gewinnen.

Gemeinsam mit Oswald Gerl entwickelte Mayer nun die Idee eines Sportwagens, der seinen potenziellen Kunden zeigen sollte, was seine Firma draufhatte. Ich besuchte ihn im Jahr 2002, und er stellte mir sein Projekt vor.

Wir schauten uns die bisherigen Entwürfe und Ideen an, und allein schon das Design verriet die kompromisslose Idee eines Sportwagens, der nur das und nichts anderes sein wollte. Mich interessieren reine Designfragen zwar herzlich wenig, aber in diesem Fall regte die Karosse weitere Gedanken an. Warum nicht die Ästhetik mit der Physik verbinden, und die Kompromisslosigkeit, die sich im Urdesign schon andeutete, auch auf die Technologie übertragen? Das klassische Rennwagendesign hat ja seine Ursprünge in der Notwendigkeit, die Eigenleistung eines Autos präzise mit den physikalischen äußeren Faktoren, etwa dem Luftwiderstand, in Einklang zu bringen. Was also, so meine Idee, wenn wir ein Auto entwickelten, das buchstäblich an einer Tunneldecke kopfunter fahren konnte?

Das Design stammte von dem in Ingolstadt geborenen Deutschitaliener Marco Vanetta. Er hatte während seines Studiums eine Arbeit über Möbeldesign eingereicht, die ihm eine ziemlich schlechte Note eingebracht hatte. Möbel waren wohl nicht seine Kernkompetenz. Tatsächlich aber verfügte er über ein sehr gutes Gespür für Autodesigns. Er bewarb sich mit einigen Entwürfen bei Roland Mayer, und dem gefielen diese. Die Öffentlichkeit reagierte auf das Äußere des Apollo äußerst positiv. Wohin auch immer das Auto kam, es erregte überall Aufsehen und Bewunderung. Abgesehen von wenigen Ausnahmen sahen die meisten in ihm das Urbild eines Sportwagens schlechthin. Was dabei oft vergessen wird, ist der Umstand, dass jenes Design letztlich weniger ästhetischen Regeln, sondern vielmehr physikalischen Bedingungen und technologischen Optimierungen folgte. Wir brauchten für den Luftwiderstand präzise berechnete Angriffsflächen und optimierte Karosserielinien, damit dieser einen auf das ganze Auto gleichmäßig verteilten Abtrieb erzeugte. Nun, das waren erste Gedanken. Den Luftwiderstand optimal auszunutzen, gelingt dem Ingenieur nur teilweise mit der sichtbaren Oberfläche des Fahrzeugs – der größte Teil der dabei zu berücksichtigenden Flächen liegt unter dem Fahrzeug. Dies betrifft den Unterboden. Dieser wurde in den kommenden Monaten sowohl theoretisch als auch praktisch im Windkanal sorgfältig ausgearbeitet.

Mayer sprach mich an: „Sag mal, hast du nicht Lust mitzumachen? Wir könnten einen erfahrenen Ingenieur wirklich brauchen."

Mayers Arbeit bestand hauptsächlich darin, bereits existierende Autos technisch aufzurüsten. Einen kompletten Prototypen, also ein ganz neues Auto, hatte er jedoch noch nie gebaut.

Wir einigten uns für den Anfang auf eine Beteiligung von zwanzig Prozent für mich, die restlichen achtzig Prozent teilten sich Mayer und Gerl. Ich sah mich als helfende Hand, vielleicht als Berater. Ich begann aber bereits beim ersten Prototypen Skizzen und technische Zeichnungen anzufertigen, denn natürlich hatte ich die Möglichkeit einer Reproduzierbarkeit des Wagens bereits im Kopf. Mayer kam aus einer ganz anderen Arbeitsrichtung. Sein Ziel bezüglich des Apollo war lediglich, ein einzelnes Auto zu bauen, das in der Presse Aufmerksamkeit erzeugte, um das Image seiner Firma auszubauen. Ich aber war es gewohnt, dass Prototypen letztlich auch zu weiteren Fahrzeugen und, wenn möglich, zur Serienreife gelangten. Mayer war damit überhaupt nicht einverstanden, das Projekt würde viel zu groß werden, man müsse neue Mitarbeiter einstellen, und überhaupt sei das finanziell viel zu riskant.

Zwischenzeitlich notierte ich jede Schraube des Apollo akribisch, und später bauten wir auf Basis dieser Aufzeichnungen weitere Autos. Ich machte Mayer und Gerl, die keinerlei Interesse an einer Serienreife des Apollo hatten, den Vorschlag, dass ich das Projekt übernehmen und sie auszahlen könnte. Zuerst schlug Oswald Gerl in den Deal ein, später auch Roland Mayer, dem ich eine beträchtliche Summe für seine Anteile und Entwicklungsarbeit auszahlte. Sie glaubten keine Sekunde daran, dass ich Erfolg haben würde.

Nachdem ich mich von Roland Mayer getrennt hatte, zog ich mit meinem Apollo-Projekt vorerst in der Firma Ideenion meines Freundes Mirko Konta ein. Mit seiner Firma und seinem genialen Konstrukteur Roland Maier (nicht zu verwechseln mit dem MTM-Chef) brachten wir den Apollo zur Serienreife.

Währenddessen schaute ich mich in Ingolstadt nach einem geeigneten Industriegelände für eine Manufaktur um, bis ein Freund, der in Immobilien investiert hatte, von meiner Suche hörte, und mir einen Vorschlag unterbreitete. Er hätte im thüringischen Altenburg eine alte Nähmaschinenfabrik gekauft, sie stünde größtenteils leer, und es wäre doch eine tolle Idee, sich am Aufbau der ostdeutschen Bundesländer zu beteiligen, indem ich dort den Apollo produzierte.

Altenburg ist ein hübsches Städtchen, gelegen in der hügeligen grünen Landschaft Ostthüringens. Die Nähmaschinenfabrik erwies sich als geeignet. Wir mieteten neben einigen Büroräumen eine große Halle an, die zwar im zweiten Geschoss lag, aber durch die Lage an einem Hang auf einer Seite eine Ausfahrt besaß.

Währenddessen entwickelten wir ein Finanzierungskonzept des Projekts. Das Land Thüringen bot Förderprogramme für Investoren an, und um diese bewarben wir uns. Ich suchte nach Mechanikern aus der Umgebung von Altenburg, warb für den Anfang zehn von ihnen an und bildete sie ein halbes Jahr bei Ideenion in Ingolstadt aus. Schlussendlich beschäftigten wir vierzig Mitarbeiter, fast alle aus der Region. Die Landesregierung von Thüringen zeigte sich aufgeschlossen und versprach mir das Blaue vom Himmel. Fördergeld in spürbarer Höhe würde mir zustehen, dazu gäbe es aus EU-Töpfen weitere Fördermittel. Es sah also gut aus. Nur leider sollte sich herausstellen, dass ich in einem Sumpf aus informellen Netzwerken – im Osten nannte man sie „Seilschaften“ – zu versinken drohte.

Das Auto, das an der Decke fahren kann

Vorerst aber waren die Fortschritte, die wir mit dem Supersportwagen machten, erfolgversprechend.

Mir gefiel die Idee, ein Auto zu konzipieren, das bei genügender Geschwindigkeit auch kopfüber an der Decke durch einen Tunnel fahren konnte. Was so wahnwitzig klang, war aus technologischer Sicht durchaus möglich, auch wenn eine solche Wahnsinnstat kaum ein Fahrer ohne spezielles Training gesundheitlich aushalten würde.

Ein solches Kraftpaket von Auto brauchte natürlich einen würdigen Namen und ein ebensolches Logo. Es war Lia, die für das Auto den Namen fand. Während einer Italienreise saßen wir eines Tages am Strand und sprachen darüber. Wir experimentierten mit Ideen, keine davon hatte uns aber bisher überzeugen können. Bis Lia sagte: „Apollo. Der Gott des Lichts und der Schönheit. Was hältst du davon?“

„Klingt wirklich gut“, gab ich zurück, „und man kann dabei auch an die Apollo-Raketen denken, das würde schon gut passen.“

Unsere weiteren Recherchen ergaben, dass eines der dem Gott Apollo zugeordneten Tiere der sagenumwobene Greif war, ein mythisches Mischwesen aus Adler und Löwe. Diese beiden Prinzipien charakterisierten unseren Supersportwagen ziemlich treffend: Die Symbolik des Königs der Lüfte und des Königs der Landtiere entsprach dem fein abgestimmten Ausnutzen der Luftströme und der geballten Kraft des Turbomotors. Diese beiden Prinzipien mussten fusionieren, das eine funktionierte nicht ohne das andere.

Ich zog Blau als Farbe für das Logo in Erwägung, doch Lia hatte eine bessere Idee: „Golden muss es sein! Das ist dem Gott des Lichts angemessen. Und zusätzlich Rot und Schwarz, denn der Apollo steht ja auch für deutsche Ingenieurskunst.“

Ich muss wohl nicht erwähnen, dass ich sofort einverstanden war.

Aerodynamik ist ein sehr weiter Begriff, und es bedarf einiger physikalischer und technischer Kenntnisse, um diese Gesetzmäßigkeiten gemäß dem technologischen Ziel optimal auszunutzen. Unser ehrgeiziges Vorhaben war, ein Auto zu bauen, das besser als ein Porsche oder ein Ferrari war.

Das Auto musste, um die Voraussetzungen etwas vereinfacht zusammenzufassen, stabil sein, musste ausgeglichene Achslasten und einen Mittelmotor haben, musste über genügend Anpressdruck verfügen, und vor allem mussten die Gesetzmäßigkeiten der Aerodynamik optimal ausgenutzt werden. Entsprechend wurden wir unschlagbar: Wir hatten einen phantastischen Abtrieb an der Vorderachse, hatten den Unterboden so ausgeformt, dass er mit zunehmender Geschwindigkeit einen Sog zum Boden erzeugte und damit den Abtrieb noch einmal erhöhte, wir präzisierten den Heckspoiler, hatten einen Diffusor an der Hinterachse und einiges mehr. Das alles sorgte Punkt für Punkt für den optimalen Abtrieb.

Die Kehrseite war: Je mehr Anpressdruck das Auto erzeugte, desto mehr Energie brauchte man, um in den höheren Geschwindigkeiten noch weiter zu beschleunigen. Um etwa von 300 auf 320 km/h zu beschleunigen, konnte es durchaus sein, dass für diese verhältnismäßig geringe Differenz weitere 80 PS Motorleistung benötigt wurden. Tatsächlich bauten wir probeweise auch einen Apollo, der ohne großen Anpressdruck problemlos 360 km/h fuhr – auf gerader Strecke natürlich. Aber unser Ziel war es, den Anpressdruck zu erhöhen, auch wenn damit eine Verringerung der Höchstgeschwindigkeit und ein höherer Kraftstoffverbrauch verbunden waren. Denn mit dem hohen Anpressdruck verbesserten wir das Bremsverhalten, und man konnte schneller und sicherer in Kurven fahren, da die Reifen fester auf den Boden gedrückt wurden und damit besser hafteten.

Als alter Audianer war ich mit Luftwiderstandsbeiwerten gut vertraut. Man erinnere sich an den Audi 100, dessen Karosse so optimiert worden war, dass er lange Zeit den Rekord im optimierten Luftwiderstand halten konnte. Der Audi 100 C3 aus den Jahren ab 1982 hatte einen cw-Wert von knapp unter 0,3. Der cw-Wert stellt den Luftwiderstandsbeiwert dar, und bei den üblichen Autos hatte er bei etwa 0,5 gelegen. Nur wenige Modelle wiesen damals bessere Werte auf (man denke an den Tropfenwagen von Edmund Rumpler aus den 1920er Jahren, der einen cw-Wert von

0,28 erreichte, aber solche Autos blieben Ausnahmen). Bei der Konstruktion der Audi-100-Karosse hatte man darauf geachtet, dass jede mögliche Kerbe, etwa zwischen Karosse und Fenster, verschwand, so dass der Gegenwind keine Angriffsfläche mehr fand. Gerade bei hohen Geschwindigkeiten sind die positiven Konsequenzen für den Benzinverbrauch signifikant.

Im Fall des Apollo setzte ich auf das physikalische Prinzip des Abtriebs durch den Druck der Luft auf die Karosserie und den Unterdruck zwischen Unterboden und Straße, die bei hohen Geschwindigkeiten entstehen. So wie ein Flugzeug durch die Ausrichtung der Flügel bei hoher Geschwindigkeit durch den entstehenden Luftwiderstand nach oben gedrückt wird, so sollte durch genaue Umkehrung des „Flügelprinzips" der Apollo reziprok zu steigender Geschwindigkeit auf den Boden gedrückt werden. Wenn die Kraft der durch die Flügel und Stromlinien der Karosse aufgefangenen Luft größer wird als das Eigengewicht des Autos, wird es rein technisch möglich, an einer Tunneldecke mit dem Dach nach unten zu fahren. Wichtig dabei war, dass der Abtrieb gleichmäßig vorn und hinten das Auto nach unten drückte – würde der Abtrieb durch den Heckspoiler nur hinten wirken, bestünde die Gefahr, dass der Wagen sich aufbäumte, wie manch Mercedes beim 24-Stunden-Rennen in Le Mans.

Wir unternahmen Versuche im Windkanal, rechneten, suchten nach Material, das einerseits stabil und andererseits leicht genug war, um das Eigengewicht des Apollo so gering wie möglich zu halten. Wir benutzen für den Rahmen Hohlrohre aus Chrommolybdänstahl, höchst stabil und extrem leicht, wenn auch schwer zu bearbeiten, ein Problem, das wir mit speziellen Schweißgeräten lösten. Dieses Gerüst bestand aus etwa siebenhundert Rohrelementen und anderen Teilen, die wir entsprechend zu einem Rahmen verarbeiteten, der allen Sicherheitsvorschriften entsprach. Das Monocoque bestand komplett aus Karbon, ebenso leicht und stabil wie auch der Rahmen.

Mir ist es wichtig, an dieser Stelle etwas über die Sicherheit des Apollo, wie überhaupt aller Autos, an deren Konstruktion ich beteiligt war, zu sagen. Schon bei Audi spielte das Thema Fahrsicherheit eine zentrale Rolle. Je stärker ein Auto motorisiert ist, desto wichtiger wird es, technologische Lösungen für Fragen der Risikominimierung zu finden. Der Apollo war ein Kraftpaket; um ein solches zu beherrschen, musste man natürlich ein versierter Fahrer sein. Aber selbst bei den besten Fahrern kann es zu Unfällen kommen, und dem muss in der Konstruktion Rechnung getragen werden.

Der Apollo war einerseits extrem leicht, andererseits kraftvoll wie eine Rakete. Wir unternahmen Crashtests für das Monocoque, für den Rahmen, für das komplette Auto, und rüsteten es mit Vier-Punkt-Gurten, bei Bedarf für Rennfahrten auch mit Sechs-Punktgurten aus. Mit einem gewissen Stolz kann ich heute sagen, dass in meiner Zeit als Verantwortlicher für das Auto kein einziger Fahrer ernsthaft verletzt wurde, geschweige denn zu Tode gekommen ist. Auf dem Nürburgring knallte einmal ein Apollofahrer mit etwa 200 km/h in die Leitplanken, und alle Augenzeugen riefen entsetzt, der sei mit Sicherheit tot. Nach einer Minute aber stieg er etwas benommen aus, und erst am nächsten Tag stellte sich heraus, dass er sich eine Rippe angebrochen hatte. Allen erschien es als ein Wunder.

Ein anderes Beispiel betraf den achtzehnjährigen Sohn eines Kunden, der sich dessen Apollo heimlich aus der Garage stahl, um mit seiner sechzehnjährigen Freundin eine Spritztour zu machen. Nun, Achtzehnjährige haben in einem Supersportwagen nichts verloren. An einer Biegung auf einer Landstraße, die vielleicht mit 120 km/h genommen werden konnte, fuhr er doppelt so schnell und der Wagen samt Insassen überschlug sich mindestens achtmal. Der Wagen war Schrott. Den beiden aber war nichts passiert.

Der Apollo konnte einem Verzögerungswert von 40 g standhalten. Das heißt, bis zu diesem Wert konnte das Auto den Krafteinwirkungen bei einem Aufprall trotzen, ohne dass Fahrzeugteile in den Innenraum eindrangen. Natürlich sollte man diesen Wert nicht ausreizen; schon ab 28 g kann es für einen Menschen lebensgefährlich werden. Ralf Schumacher, der jüngere Bruder von Michael Schumacher, hatte einmal kurzfristig 38 g aushalten können, aber bei einem solchen Wert muss man mit Schäden an inneren Organen und Haarrissen in den Knochen rechnen. Ralf Schumacher hatte beim Großen Preis der USA 2004 in Indianapolis Glück im Unglück, als er nach dem Aufprall mit einer Gehirnerschütterung und zwei leichten Wirbelsäulenbrüchen davonkam. Und dennoch ist ein hoher Verzögerungswert bei einem Auto durchaus von Vorteil, die Fahrerkabine ist sicher, nichts dringt ein. Allein die Widerstandskraft des menschlichen Körpers setzt eine natürliche Grenze.

Um das Gewicht niedrig zu halten, verzichteten wir in der Basisversion auf Audiosystem und Klimaanlage. So kamen wir auf tausendzweihundert Kilogramm. Bei diesem Gewicht musste man eine Geschwindigkeit von 270 km/h erreichen, damit der Abtrieb durch die Luft genauso groß wie das Eigengewicht wurde. Ab diesem Moment konnte man theoretisch mit dem Apollo kopfüber an einer Tunneldecke fahren und der Schwerkraft ein Schnippchen schlagen.

Wir testeten das Gewicht des Autos bei hohen Geschwindigkeiten auf einer Teststrecke von Michelin in Frankreich. Wir fuhren mit verschiedenen Geschwindigkeiten über die Waage, und es zeigte sich, dass wir bei 270 km/h eine Verdoppelung des Gewichts erreichten. In der Praxis ist die Tunneldeckenfahrt natürlich etwas problematischer. An der Decke verlieren die Reifen an Anpressdruck, rutschen durch und so würde man an Geschwindigkeit verlieren. Das Auto müsste also auf über 270 km/h beschleunigen, dann diagonal die runde Tunnelwand nach oben, eine Weile an der Decke entlang, auf der anderen Seite wieder nach unten und so eine Spirale fahren.

Diesbezüglich standen wir vor zwei Problemen: Wir brauchten einen Tunnel, und wir brauchten einen Fahrer. Es stellte sich als unmöglich heraus, einen Tunnel zu mieten. Er hätte abgesperrt werden müssen, es wären Versicherungsfragen zu klären gewesen, und es hätten bauliche Veränderungen vorgenommen werden müssen. Also rechneten wir aus, wie viel es kosten würde, selbst einen Tunnel aus Holz zu bauen, und kamen auf ein Minimum von fast zwei Millionen Euro.

Das zweite Problem erwies sich als nicht minder schwierig. Ein „normaler" Rennfahrer konnte dieses Experiment nicht wagen. Man musste Kopfüberfahrten trainiert haben, und welcher Rennfahrer braucht so etwas?!

In der Speed-Flying- und Motorschirm-Legende Hannes Arch fanden wir den geeigneten Mann. Hannes flog damals für Red Bull und gewann verschiedene Meisterschaften, darunter auch einen Weltmeistertitel. Er war wagemutig und offen für neue Herausforderungen, kurz, er war genau unser Mann. Eine gewisse Berühmtheit haben die Sprünge von hohen Felsen mit den Gummianzügen und Flügeln zwischen Armen und Oberkörper errungen. Daraus wurde später ein ganzer Sport. Hannes erweiterte sogar unsere Idee. Er wolle nach der Apollo-Tunnelfahrt noch mit seinem Flugzeug durch den Tunnel fliegen.

Leider ist es zu diesen Extremtests nie gekommen. Es war eine traurige Ironie des Schicksals, dass dieser tollkühne Bursche bei einem routinemäßigen Versorgungsflug ums Leben kam. Beim spätabendlichen Rückflug flog er gegen einen Felsen, ein an Bord befindlicher Passagier überlebte, Hannes nicht.

Wir führten mit unserem Supersportwagen jede Menge spektakuläre Aktionen durch und fuhren eine Reihe von Rekorden ein. In England veranstalteten wir ein Wettrennen mit einem Düsenjet. Und wir gewannen! Nun ja, ab ungefähr 270 km/h hob der Jet ab und war dann natürlich schneller, aber die Beschleunigungsstrecke konnten wir klar für uns entscheiden.

Ein ähnliches Wettrennen organisierten wir auf unserer Teststrecke auf dem Flughafen Nobitz in der Nähe von Altenburg. Ein Sportflieger erklärte sich bereit, sich mit seiner hauptsächlich für den Kunstflug entwickelten russischen Jakowlew Jak 55 dem Apollo zu stellen. Unserem Sportwagen mit seinem V8-Biturbomotor und 650 PS stand die Jak 55 mit einem Zwölf-Liter-Sternmotor, neun Zylindern und 400 PS entgegen. Ein Rennen aus dem Stand heraus wäre gegenüber dem Flugzeug nicht sonderlich fair gewesen. So einigten wir uns auf eine Startgeschwindigkeit von 150 km/h, genau die Geschwindigkeit, bei der die Jak 55 abheben konnte. Zwar achteten Fahrer und Pilot darauf, bei 150 km/h auf gleicher Höhe zu sein, dennoch nahmen wir für die Strecke von einem Kilometer auch die genaue Zeit. Beim ersten Versuch gewann das Flugzeug knapp, beim zweiten Versuch allerdings der Apollo, so dass wir uns nach diesem großen Spaß auf ein Unentschieden einigen konnten.

Anfangs kämpften wir noch mit allerlei Kinderkrankheiten,

das war auch beim Audi quattro nicht anders gewesen. Rennsport und technische Entwicklung gingen von jeher eine Symbiose ein. Das Publikum mochte sich am Wettkampf erfreuen, und natürlich ging es um das Gewinnen. Doch das Gewinnen war nicht nur eine Funktion des Fahrers und der Organisation, sondern hauptsächlich der technologischen Innovation. War ein Auto bereits „reif", bestand das Hauptziel darin, der Welt zu zeigen, dass es besser war als alle anderen. Für ein neu entwickeltes Auto aber war der Wettkampf die geeignete Teststrecke, um in der Praxis zu erproben, was es zu verbessern galt. Ein technisch bedingter Ausfall mitten in einem Rennen ist für einen frischen Prototypen keine Katastrophe, im Grunde sind solche Ausfälle zu erwarten. In diesen Situationen zeigen sich die Schwachstellen eines Autos, dadurch der Nachbesserungsbedarf und so die letztendliche Optimierung.

Schon in seinem allerersten Rennen belegte der erste Apollo im März 2005 beim Divinol-Cup auf dem Hockenheimring hinter zwei baugleichen Porsche mit ihren jeweils 1.000 PS einen respektablen dritten Platz vor weiteren siebenundvierzig Teilnehmern. 2009 fuhren wir mit dem Apollo auf der Nordschleife des Nürburgrings den Rundenrekord für serienmäßig hergestellte und straßenzugelassene Autos. Wir wurden erst vier Jahre später von einem Porsche geschlagen, allerdings handelte es sich bei diesem um einen Prototypen und nicht um ein Serienfahrzeug. Zu mehr als einer Gelegenheit konnten wir die Überlegenheit des Apollo gegenüber den Serien-Porsche beweisen. Als die BILD-Zeitung titelte, der Gumpert Apollo sei der „Porschekiller", fühlten wir alle eine gewisse Genugtuung.

In jenem Jahr 2009 geschah aber noch etwas weit Wichtigeres …

Märchenhochzeit in Katar

— Heute

Vor wenigen Wochen ist Lucrezia, unser liebes Nesthäkchen, in das Gymnasium eingeschult worden. Habe ich Lucrezia schon erwähnt? Eigentlich hatte es nach unseren Töchtern Nathalie und Magdalena genug sein sollen, so hatten wir es beschlossen. Aber wie so oft, wenn man einen rationalen Plan macht, hatte der Liebe Gott wohl andere Absichten mit uns verfolgt. Oder es war schlicht ein orientalischer Zauber, dem wir im Jahre 2009 verfielen, als Lia und ich an einer Märchenhochzeit in Katar teilnahmen.

— 2009

Katar: das, gemessen am Bruttoinlandsprodukt, reichste Land der Welt. Über den mit mir befreundeten Professor für Medizin Frank Christ aus München, der gute Kontakte zum Königshaus von Katar unterhält, erfuhr ich vom Interesse Katars, eine eigene Automobilproduktion auf der Basis des Apollo aufzubauen. Katar mag ein monarchistisches Land sein, regiert von einem Emir und seiner Familie. Nichtsdestotrotz gab es vorausschauende Überlegungen, was die Zukunft des Landes anbelangte. Die Frau des Herrschers schien eine der treibenden Kräfte gewesen zu sein, die sagten, man könne nicht ewig vom Öl leben und um den Reichtum und den Wohlstand des Landes langfristig aufrechtzuerhalten, brauche man Industrie, Universitäten und zeitgemäße Ausbildungen für die junge Generation.

Das Projekt sollte darin bestehen, eine Art „Wüsten-Apollo" zu entwickeln und in der Folge beim Aufbau einer eigenen Produktion zu helfen. Ich präsentierte die Wüstenvariante des Apollo vor dem Herrscherhaus und Studenten in Dohar. Wir hatten das Auto an die dortigen Bedingungen angepasst. Das Ergebnis war ein Viersitzer, eigentlich ein SUV mit Allrad und Mittelmotor, den man sowohl bei der Rallye Paris–Dakar (es war unser Plan, dieses Auto an der Rallye teilnehmen zu lassen) als auch für einfache Transportaufgaben einsetzen konnte. Und natürlich mit allem gehobenen Schnickschnack, den die Kunden in diesem reichen Land wünschten.

Den Wüsten-Apollo konnten wir zwar entwickeln und vorstellen, aber zum Bau einer Fabrik in Katar sollte es dann doch nicht kommen. Dohar entschied sich für den Kauf von VW-Aktien in Milliardenhöhe, und so erlahmte das Interesse an einer Gumpert-Manufaktur. Doch über die beharrlichen Kämpfe und vielen Meetings mit Herrscherhaus und Verkehrsministerium entstanden persönliche Beziehungen, die über das Scheitern der Verhandlungen hinaus Bestand hatten. Und so erhielten wir eines Tages eine Einladung zur Hochzeit des Verkehrsministers, der, wie viele Würdenträger des Landes, ein Bruder des Emirs war.

Wir reisten zu viert an, Frank Christ und seine Frau Leona, und Lia und ich. Wir wurden mit Luxuslimousinen vom Flughafen abgeholt, und, wie es sich für Hochzeitsgäste der Herrscherfamilie gehörte, in einem mondänen Hotel untergebracht.

Keiner von uns war mit den Gepflogenheiten des Landes sonderlich vertraut, geschweige denn mit dem Ablauf einer traditionellen Hochzeit. Wir erfuhren lediglich, dass am Vormittag Frank und ich zur Feier abgeholt werden sollten und unsere Frauen sich noch etwas würden gedulden müssen. Ihnen würde es allerdings in dem Luxushotel an nichts fehlen.

Wir stiegen in die Limousine ein, die uns geschickt worden

war und uns dann zu einem riesigen Palast brachte. Die Wagen wurden in einem Vorgarten abgestellt, und wir erschraken ein wenig, als wir eine lange Schlange von Wartenden sahen. Uns wurde geheißen zu warten wie die anderen. So standen wir also und übten uns in Geduld, vertrieben uns die Zeit mit Plaudereien. Die lange Schlange der Gäste bewegte sich langsam an den Seiten des riesigen Saales entlang, bis man an der Stirnseite des Saals dem Bruder des Emirs seine Referenz erwies, und auf der anderen Seite gingen die Gäste wieder hinaus.

Es dauerte etwa zwei Stunden, bis wir den Bräutigam begrüßen und beglückwünschen durften. Ich überreichte ihm unser Geschenk – oh, was hatten Lia und ich uns den Kopf zerbrochen, was man einem so reichen Menschen schenken konnte! Wir hatten uns dann nach langem Hin und Her für klassisches österreichisches Swarovski-Kristall entschieden. Der Minister nahm es freundlich entgegen, wechselte einige Worte mit mir, unter anderem über den, wie konnte es anders sein, Apollo, aber die Zeit war knapp, andere Gäste warteten, um dem Bräutigam ihre Aufwartungen zu machen. Ich ging weiter, etwas unsicher, wohin eigentlich, und war sogar ein wenig konsterniert. Das sollte die Hochzeitsfeier gewesen sein? Glücklicherweise wurde ich gemeinsam mit dem Professor abgefangen. Man sagte uns, wir seien Ehrengäste und wir sollten warten. Im Laufe der Stunden lichtete sich die Menge. Nur wenige, vielleicht zwanzig oder dreißig Leute, blieben, man unterhielt sich leise und schlenderte durch die schönen Räume, die auf uns wirkten wie aus einem Märchen aus „Tausendundeine Nacht“. Am späten Nachmittag öffnete sich ein weiterer, etwas kleinerer Saal, und wir gewahrten staunend fünf opulent gedeckte Tische. Uns wurden Plätze zugewiesen, leider saß mein Freund ein paar Stühle weiter weg. Auf jedem der

Tische lag auf einer silbernen Platte ein dampfendes Kamelkalb. Gebraten natürlich und verführerisch duftend. Es war wahrlich fürstlich eingedeckt worden. Vor mir lag Besteck aus Gold und Silber, die Gläser bestanden aus seltenen Kristallen. Ich warf Frank einen fragenden Blick zu, den er mit einem angedeuteten Schulterzucken beantwortete. Als auch der Bräutigam an exponierter Stelle Platz genommen hatte, senkte sich kurz Schweigen über die Gesellschaft. Ich wusste beim besten Willen nicht, wie ich mit dem zierlichen, wenn auch vermutlich sehr teuren Besteck das Kamel anschneiden sollte und ob ich das überhaupt durfte, also wartete ich vorsichtshalber ab. An unserem Tisch saßen auch einige Scheichs. Einer von ihnen krempelte sich die Ärmel nach oben, holte mit dem rechten Arm aus und boxte mit aller Kraft in das Kamel. Sein Arm verschwand in dem Fleisch, er fummelte im Inneren des Bratens herum und dann zog er sich mit nackter Hand ein Stück dampfenden Fleischs heraus.

„Das ist das beste Filetstück!" belehrte er uns.

Vermutlich rächte sich hier meine sittsame preußische Erziehung, ich brachte es nicht über mich, es dem Scheich gleichzutun. Mit Messer und Gabel schnitt ich mir ein kleines Stück des Kamels ab und legte es mir auf den Teller. Die Beduinen um uns herum lächelten verständnisvoll, griffen aber nacheinander auf die gleiche Weise in das Fleisch, zerrten sich ihre Filetstücke heraus, ignorierten Teller und Besteck, rissen mit ihren Zähnen große Stücke aus dem Fleisch in ihren Händen. All das wertvolle Besteck wurde weder beachtet noch benutzt, Gläser fielen um, und niemanden interessierte es. Aber das Fleisch war köstlich.

Auf einmal stand der Bräutigam auf – alle Gäste erhoben sich ebenfalls – und ging wortlos aus dem Saal. Die Party war vorbei. Später hörte ich, dass die Essensreste – und von denen gab es reichlich – nach der Feier den Angestellten des Palastes überlassen wurden.

Verwundert saßen Frank und ich wieder in einer Limousine, die uns zum Hotel zurückbrachte, und wir fragten uns, wie es wohl unseren Frauen ergangen war, von denen wir in der ganzen Zeit kein Wort gehört hatten.

Wir gingen auf unsere Zimmer. Keine Spur von unseren Angetrauten. Wir fragten nach und erhielten nur die knappe Mitteilung, die Frauen seien noch auf der Feier, und sie würden in der Nacht zu uns gebracht werden.

Ich machte mir allmählich Sorgen und fragte mich, wo Lia abblieb und ob etwas passiert sein könnte. Und dann, in der Nacht, klopfte es an die Hotelzimmertür, ich sprang auf, riss die Tür auf, dachte, na endlich, Lia ist wieder da. Vor der Tür stand eine arabische Schönheit, duftend nach seltenen Parfümen und verführerisch lächelnd. Auf arabische Art geschminkt, die Haare zurechtgemacht wie in einem Märchen, Kleider, wie sie Scheherazade wohl getragen haben mochte, und – man verzeihe mir – ich dachte kurz, man habe mir eine inländische Schönheit geschickt, vielleicht als Trost dafür, dass man mir so lange meine Frau entführt hatte. Es war natürlich Lia. Und es war wohl der orientalische Zauber, der uns nicht aufpassen ließ, denn in dieser Nacht entstand Lucrezia.

Lia erzählte mir später, sie und die anderen Frauen seien tagsüber zu Friseurbesuchen eingeladen gewesen und wären von Meistern ihres Faches geschminkt und eingekleidet worden, kurz, sie hatten einen Tag Wellness all inclusive in einem Luxushotel genossen. Gegen Nachmittag waren auch sie dann abgeholt und zu einem wahrhaft gigantischen Zelt, das Platz für zwei- oder dreitausend Menschen bot, gefahren worden. Anders als bei uns platzierte man sie in dem riesigen Zelt sofort an den Tischen und bewirtete sie fürstlich mit einem Menu aus mehreren Gängen. In der Mitte des Zeltes stand ein Podest mit einem Laufsteg, und auf diesem saß die Braut. Keine der Frauen trug Schleier, denn es war kein einziger Mann anwesend.

Mitten während des Essens kletterte eine Reihe von etwa zwölfjährigen Mädchen auf die Bühne. Sie drehten sich im Kreis und posierten mit einigen vermutlich einstudierten Schritten. Einige Frauen standen auf, traten näher an das Podest, gestikulierten, riefen sich gegenseitig etwas zu, das Lia nicht verstand. Eine Stunde dauerte dieses merkwürdige Schauspiel, berichtete meine Frau. Neugierig hatte Lia eine Katarerin gefragt, was dieses Schauspiel denn bedeutete. Das seien, so die Antwort, Mädchen, die für eine Heirat zur Verfügung standen. Und die Frauen, die dort vorn schauten und diskutierten, seien Mütter von Söhnen, für die sie geeignete Bräute suchten. Da wurde verhandelt und gestritten und zugeteilt wie auf einem Basar. Aha, die Nummer 13 aus der Familie Soundso, ja, das könnte passen, außerdem wäre eine Verbindung zu dieser Familie in unserem Sinne, so könne man sich einigen.

Spät am Abend, vielleicht gegen elf Uhr, betrat plötzlich der Bräutigam das Zelt, lief stolzen Schrittes durch die Menge, betrat das Podest, nahm sich seine Frau, ging mir ihr einmal im Kreis und nahm sie dann wortlos mit. Damit war auch die Feier der Frauen beendet.

— Heute

Zehn Jahre ist das her, Lucrezia ist schon auf dem Gymnasium. Lia sucht nach einem Grund, morgens etwas Sport zu treiben.

Wir sind in diesem seltsamen Jahr, wie so viele andere Menschen, oft zu Hause. Lia meint, sie hätte zugenommen, und sie werde mit Lucrezia ab sofort morgens mit dem Rad zur Schule fahren, solange das Wetter dies zulässt, und sie am Nachmittag wieder abholen. Und da passiert es: Lucrezia verpasst knapp die Absenkung des Bordsteins, rutscht ab, schlägt hin und bricht sich den linken Arm. Nach einigen Tränen und einem Arztbesuch aber freut die Kleine sich, dass sie nicht mehr Rad fahren muss. Nathalie, unsere älteste Tochter, klärt uns als angehende Medizinerin auf: Es sei ein „Grünbaumbruch", wie er nur bei Kindern möglich ist. Der Knochen ist zwar gebrochen, nicht aber die Knochenhaut; diese biegt sich wie ein junger Zweig und schützt die gebrochenen Stellen im Inneren. Der Arm muss nur ruhiggestellt werden, und mit der Zeit wird der Knochen heilen. Bei mir wäre der Knochen durch gewesen, wie bei einem alten Ast.

Mit dem Gymnasium beginnt auch Lucrezias Lateinunterricht. Erinnerungen an meinen Vater tauchen auf. An die ersten lateinischen Worte, die er mir beibrachte, ich glaube, in einer ähnlichen Situation.

„Asinus es", sage ich zu Lucrezia, „Asinus ist der Esel. Und ‚sum' heißt ‚ich bin' und ‚es' heißt dann ‚du bist'."

„Ich bin ein Esel?"

Wir müssen beide lachen.

„Weißt du, was mich dein Großvater damals fragte? Pass auf, vielleicht kannst du es übersetzen. Was heißt: ‚Cäsar fährt Rad'?"

„Papa, das geht gar nicht, damals gab es noch gar kein Fahrrad!"

„Doch, es heißt: ‚Cäsar equus consilium'."

„Das glaube ich nicht, Papa!"

„Schau mal, ‚equus' heißt Pferd, und ‚consilium' ist der Rat, wie in Ratschlag. Siehst du? ‚Cäsar equus consilium', Cäsar fährt Rad, wie du."

„Jetzt nicht mehr, jetzt musst du mich morgens zur Schule fahren", und sie lächelt mich auf ihre bezaubernde Art an.

Darf ein Mann weinen? Ich denke schon.

Wir sitzen in großer Runde beim Abendessen, die ganze Familie, Lia, die Töchter, Nathalie mit ihrem Freund. Lia will mich aufziehen, und erzählt in etwas spöttischem Tonfall, wie ich vor über zwanzig Jahren auf die gerade neugeborene Nathalie reagiert hatte.

„Du hast gesagt, sie würde wie eine Fledermaus aussehen. Du hättest noch nie ein so hässliches Baby gesehen."

„Papa!", ruft Nathalie entsetzt, kann sich dann aber das Grinsen nicht verkneifen.

„Ja, aber das stimmte doch", verteidige ich mich, „du hattest riesige Fledermausohren. Aber das ist doch egal. Wenn man ein Kind liebt, spielt es doch keine Rolle, ob es hübsch ist. Im Gegenteil, dann muss man es sich nicht schönreden."

Ich fürchte, ich mache es damit noch schlimmer, und lenke ein.

„Und nach drei Tagen warst du dann ja das schönste Baby, das wir je gesehen haben!"

Ich erinnere mich, wie es damals hieß, Nathalies Geburtstermin wäre der gleiche wie mein eigener Geburtstag, der 10. Dezember. Aber die Kleine ließ sich Zeit. Am 23. Dezember, einen Tag vor Heiligabend, entschieden die Ärzte, dass man nun nachhelfen müsse, das Kind würde sonst zu groß werden; „übertragen" nannten sie das Phänomen. Es wurden alle möglichen Mittel eingesetzt, um die Wehen einzuleiten, und vermutlich wollten die Ärzte diese Geburt hinter sich bekommen, immerhin begann ein

Tag darauf Weihnachten. Lia presste und presste, die Hebamme stand vorn, ich an der Seite, der Arzt gab mir Anweisungen, ich solle auf den Bauch drücken. Es war kurz gesagt eine Schlacht, die Lia schlug, und ich frage mich noch immer, wie Frauen solch eine Tortur aushalten können. Die Frage danach, welches das „starke Geschlecht" ist, müsste unter diesem Gesichtspunkt neu verhandelt werden. Nathalie flutschte dann heraus, und es war, ich gebe es zu, der Schock meines Lebens, als ich das fledermausartige Wesen in den Armen hielt. Natürlich ergingen sich alle in überschwänglichen Lobpreisungen, wie süß das Kind doch sei, wie hübsch, und ich suchte nach der Schönheit, von der alle sprachen, und konnte sie nirgends entdecken, jedenfalls nicht in den äußeren Merkmalen. Ich hielt dann lieber den Mund.

Heute, beim Abendessen, versuche ich mich zu verteidigen. Lia und Magdalena schimpfen mich aus. Nathalie grinst und schweigt, ebenso wie ihr Freund, der hier wohl keine Partei ergreifen möchte.

Lia holt die Fotoalben, wir schauen uns Bilder an, zeigen sie Nathalies Freund, und so kommen wir auch auf Magdalenas und Lucrezias Geburt.

„Und bei Lucrezias Geburt hast du geweint", sagt Lia mit ruhiger Stimme. Lucrezia schaut mich mit ihren großen, braunen Augen erstaunt an.

„Aber warum, Papa? War ich auch eine Fledermaus?"

In das Lachen der anderen hinein sage ich: „Nein, mein Schatz, das hatte andere Gründe."

„Ich wusste gar nicht, dass du weinst, Papa."

„Warum nicht? Du kennst doch die Geschichte von Achilles, der hat auch geweint, als er zu seiner Mutter ging und darüber klagte, dass man ihm seine geliebte Briseis weggenommen hat.

Männer dürfen auch weinen. Das ist kein Zeichen von Schwäche. Man zeigt, dass man Gefühle hat."

Ja, als Lucrezia geboren wurde, weinte ich. Vielleicht würde man das angesichts von insgesamt acht Kindern nicht erwarten, doch die Liebe zu einem Kind lässt sich nicht aufspalten, egal wie viele Kinder man hat. Lucrezia war nicht geplant gewesen, natürlich nicht. Zu ihrer Geburt war ich fünfundsechzig Jahre alt, und der Gedanke, dass ich auf ihrem Abiturball vielleicht als Greis mit einem Krückstock auftauchen würde, stimmte mich traurig. Doch, man kennt es ja, der kommende Alltag mit all den Aufregungen und dem quirlig fröhlichen Kindergeist im Haus vertrieb bald diese düsteren Gedanken um die eigene Vergänglichkeit. Und so wich damals meine anfängliche Traurigkeit einer tiefen Dankbarkeit, so wundervolle Kinder um mich herum zu haben.

Jeder Mensch, der Kinder hat, weiß, dass Elternschaft nicht ohne eigene Fehler und auch nicht ohne Tränen, aus den verschiedensten Gründen, möglich ist. Es ist ein Irrsinn unserer Zeit anzunehmen, man müsse in allem perfekt sein, als Vater, als Mutter, und die Kinder selbst müssten ebenso perfekt sein. Dieser Optimierungsdrang mag in der Ingenieurskunst sinnvoll sein, im menschlichen Miteinander halte ich ihn für völlig falsch. Fehler passieren, sie gehören zum Leben, und wer dies versteht, wird nicht nur nachsichtiger mit anderen umgehen, sondern auch mit sich selbst.

Vor vielen Jahren, als Harald und Martin, die Zwillinge aus meiner ersten Ehe mit Sylvia, etwa anderthalb Jahre alt waren, besuchten wir meine Eltern, deren Haus wir gemeinsam gebaut hatten. Es war ein schöner Tag, und die Freude über das fertiggestellte Haus lag über allem. Ich spielte mit den Jungs, die durchs Haus tollten. Ich warf einen von ihnen nach oben, um ihn wieder aufzufangen, normalerweise ein Spiel, das von freudigem Jauchzen begleitet wurde. Doch plötzlich versteifte sich der kleine Martin, ich bekam ihn nicht richtig zu fassen, und sein kleiner Kopf knallte gegen eine Heizkörperkante. Mich durchfuhr ein eisiger Schrecken, als ich das Blut über seinen Kopf laufen sah. Wir riefen sofort den Notarzt, Martin wurde ins Krankenhaus gebracht. Wir durften allerdings nicht bei ihm bleiben, das war zur damaligen Zeit nicht gestattet. Sylvia und mir zerriss es das Herz, als wir ihn nach Mama und Papa schreien hörten. Notgedrungen fuhren wir vorerst zurück ins elterliche Haus, aber ich brachte es nicht fertig hineinzugehen. Sylvia verstand mich, ließ mich über die Wiese und in den nahe gelegenen Wald laufen. Und dort brach all das Entsetzen und das Schuldgefühl heraus, ich weinte und hasste mich selbst dafür, ihn nicht ordentlich aufgefangen zu haben. Doch solche Dinge passieren, so schlimm sie auch sein mögen. Wir sind nicht perfekt. Martin ging es zum Glück bald wieder gut, in diesem jungen Alter verheilen solche Wunden schnell.

Seit Lucrezias Geburt sind nun zehn Jahre vergangen, zehn Jahre, in denen viel geschehen ist. Die Entwicklung und Präsentation des Apollo zeitigte eine Reihe von Erfolgen, unser Sportwagen wurde gelobt, bewundert, war begehrt, und doch stand ich damals vor großen Schwierigkeiten anderer Art.

Falsche Schrauben

Mit der Entwicklung des Apollo gründete ich die „Gumpert Sportwagenmanufaktur" mit Sitz in Altenburg. Wenn ich an die Zeit zurückdenke, bin ich zwiegespalten. Auf der Seite der technischen Entwicklung, des Autos selbst und auch bezüglich der Zufriedenheit der Kunden war das Unternehmen ein Riesenerfolg. Doch bei dem Gedanken an die behördlichen Schwierigkeiten, die damit verbundenen finanziellen Probleme und den Neid einiger Beteiligter dreht sich mir noch heute der Magen um.

Zunächst gab es einigen Missmut bei den Vorentwicklern des Apollo, Roland Mayer und Oswald Gerl, die auf eine Prototypen- mit anschließender Serienproduktion keine Lust hatten und mir daraufhin ihre Anteile verkauft hatten, weil sie nicht an einen Erfolg glaubten. Anschließend monierten sie, dass ein gewisser Roland Gumpert nun all den Ruhm einheimste, der eigentlich ihnen gebühre. Natürlich haben die beiden die Vorarbeit geleistet und das Apollo-Projekt in die Wege geleitet, aber letztlich waren nicht sie es, die den Sportwagen zur Serienreife entwickelt und dann zum Erfolg gebracht haben. Angesichts der noch kommenden finanziellen Schwierigkeiten waren die beiden sogar die eigentlichen Gewinner. Indem ich sie ausbezahlte, waren sie diejenigen, die überhaupt durch dieses Projekt einen monetären Gewinn davontrugen. Ich hingegen investierte später sogar mein gesamtes Privatvermögen in die Manufaktur und war am Ende schlicht pleite. Aber ich greife vor.

Nachdem ich die alte Nähmaschinenfabrik angemietet hatte, warb ich Mechaniker aus der Region an und ließ sie in Ingolstadt in dem Unternehmen Ideenion unter Mirko Konta ausbilden. Diese Firma war auch an den späteren Nathalie-Entwürfen maßgeblich beteiligt, und ich arbeite noch heute mit ihr zusammen.

Ich bezog in Altenburg eine Zweitwohnung. An den Wochenenden pendelte ich nach Ingolstadt, was sich als problemlos erwies, da ich gegen den Strom der normalen Pendler fuhr. Die

25 Ein Moment der Besinnung bei der Safari-Rallye 1984

26 Mit „meinen“ Rennfahrern Michèle Mouton, Stig Blomqvist und Hannu Mikkola (von links), 1984: Zusammen gewannen wir in diesem Jahr für Audi die Marken-Weltmeisterschaft

27 Stig Blomqvists Audi quattro wird im Parc Fermé von Motorsportfans begutachtet, 1984
28 Hannu Mikkola in seinem Element: auf dem Weg zum Sieg bei der RAC-Rallye in England 1981

29 Walter Röhrl, Ferdinand Piëch und Roland Gumpert (von links), 1985
30 Hinter den Kulissen: Rallye-Alltag, hier während der Rallye Korsika, 1985

31 Arbeitsaufteilung: Ein Mechaniker prüft die Bremsen, ich kontrolliere Getriebe und Gelenkwellen, Ferdinand Piëch überwacht das Geschehen, 1985

32 Der Mittelmotor wurde unter anderem in der Tschechoslowakei (von uns „Süditalien“ genannt) erprobt, hier war man vor Paparazzi sicher, 1985
33 Eine extralange Version des Audi 100 für chinesische Parteifunktionäre, um 1987

34–35 Teamarbeit ist für mich wichtig, hier bei der Preisverleihung nach einem Go-Cart-Rennen, das wir für die Importeure veranstaltet hatten, um 1994

36 Zum Ende des Jahrtausend heiratete ich Lia in Las Vegas, 1999

37 Auch ein schönes Paar: zwei Gumpert Apollo

38 Der Apollo hat sich auch erfolgreich mit einem Düsenjet in England gemessen; dieses Foto entstand etwas später in Neuburg, um 2005

39 Der Apollo 2014 auf dem Autosalon Genf

40 Der Gumpert Explosion in der Fertigung, 2014

41 Der Apollo N, den wir nach der Altenburger Zeit in Denkendorf gebaut haben, 2015: Zwei Jahre später, 2017, gründete ich die Firma Gumpert Aiways GmbH

42 Autosalon Genf 2016, meine Töchter Nathalie und Magdalena vor dem Apollo Arrow
43 Der Gumpert Nathalie (unten) und der Gumpert Explosion auf dem Weg zum Nürburgring, 2018

44 Während eines Pressetermins auf dem Nürburgring, 2018

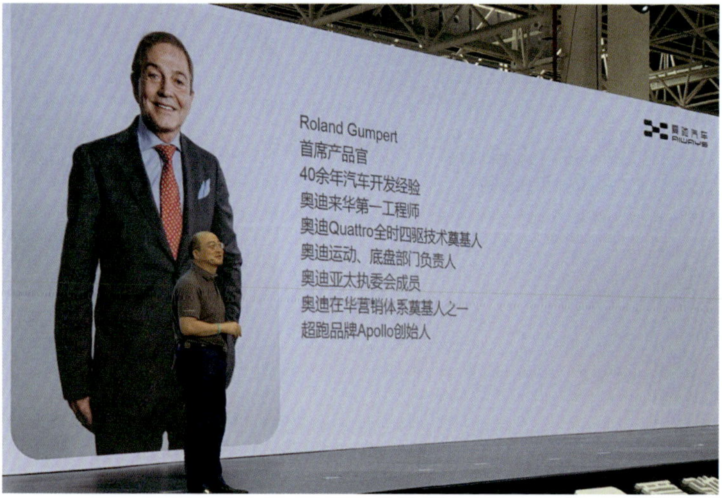

45 Mit dem Team von SerEnergy und meinem Sohn Christian (rechts), vor dem Gumpert Explosion kurz vor dessen Umrüstung zum ersten Prototypen der Nathalie, 2017

46 Händler Meeting in der Fabrik von Aiways in China, 2019

47 In meiner Firma in Ingolstadt: die Nathalie mit Brennstoffzelle
48 Ein Modell der im Gumpert Nathalie verbauten Brennstoffzelle
49 Mit diesem umgerüsteten Transporter bewiesen wir im Februar 2022 die Überlegenheit der Brennstoffzellen-Technologie gegenüber einem gleichen Transporter mit herkömmlichem E-Antrieb

50 Der Gumpert Nathalie, der erste methanolbetriebene Sportwagen überhaupt, auf der Automesse Erfurt, 2019 – der Weg geht weiter

Ostdeutschen fuhren am Freitag Richtung Norden und ich gen Süden.

Der Freistaat Thüringen zeigte sich anfangs aufgeschlossen und versprach mir Millionen an Entwicklungsgeldern. In den vierzehntägig erscheinenden Veröffentlichungen des Landtags war des Öfteren die Rede von der „Gumpert Sportwagenmanufaktur", die als Highlight der wirtschaftlichen Entwicklung des Freistaats gepriesen wurde. Ich sprach mit Politikern und anderen hochrangigen Beamten, mir wurden vier bis fünf Millionen Euro versprochen und diese Versprechen berücksichtigte ich natürlich in meinen Finanzierungskonzepten. Eingehalten wurden diese Versprechungen allerdings nicht, und was in der Folge geschah, lässt sich an Absurdität kaum überbieten.

Damals gab es eine Regelung in Form einer Investitionszulage, bei der man zwanzig Prozent bestimmter Investitionen zurückerhielt. Beispielsweise entwickelten wir einen Wagen für die Produktionsstraße, auf den man den im Bau befindlichen Apollo packen und ihn damit zur nächsten Station schieben konnte. Nun musste man die Planung und Konzeption bei der entsprechenden Behörde einreichen, und gegebenenfalls wurden solche Vorhaben genehmigt, und man konnte zu einem bestimmten Datum mit dem Projekt beginnen und nach Abschlussdatum die Rechnungen einreichen. Genau das taten wir. Wir reichten die Ausgaben für den Produktionsstraßenwagen ein – es waren um die fünfzigtausend Euro – und warteten auf eine Reaktion, die lange nicht kam. Und als sie kam, verschlug es mir den Atem. Wir hätten zur Konstruktion dieses Wagens, hieß es, Schrauben verwendet, die wir nicht in dem fraglichen Zeitraum gekauft, sondern aus unserem Lager entnommen hätten. (Dabei handelte es sich um Normschrauben, die wir tatsächlich auf Lager gehabt hatten und demzufolge nicht neu zu kaufen brauchten.) Deshalb sei nun das ganze Projekt nicht mehr förderungsfähig, und wir bekämen nichts. Es ging nur um diese Schrauben!

Ich konnte mich des Eindrucks nicht erwehren, dass da Buchhalter am Werk waren, die nichts anderes zu tun hatten, als so lange nach einem noch so kleinen Fehler zu suchen, bis sie die Fördergelder verweigern konnten.

Mir war das völlig unverständlich. Ich hatte immerhin eine hochindustrialisierte Manufaktur nach Thüringen gebracht, hatte Arbeitsplätze geschaffen, Leuten aus der Region eine Anstellung gegeben, und obendrein wurde der Name unserer Manufaktur vom Freistaat Thüringen missbraucht, um für sich selbst und den Standort Werbung zu machen.

Ein Softwareschrank auf vier Rädern

Das Muster wiederholte sich so auffallend oft, dass ich nicht umhinkam, den entsprechenden Behörden des Freistaates Absicht und Methode zu unterstellen.

Eine andere, nicht minder absurde Situation entstand, als wir bestimmte Fördergelder beantragen wollten, die unter anderem von der EU zur Förderung der Region zur Verfügung gestellt wurden.

Ich reichte alle Unterlagen zu unserem Projekt ein, beschrieb die Konstruktion und Produktion zweier Sportwagen vom Typ Apollo, von denen der erste etwa eine Million Euro, der zweite etwas weniger kosten würde. Später, als die Entwicklung des Apollo im Großen und Ganzen abgeschlossen war und wir in Serie gehen konnten, reduzierten sich natürlich die Herstellungskosten. Wir belegten alles penibel, alle Werkzeugkosten, jede Schraube – wir hatten dazugelernt –, und diese Fördergelder standen gesetzlich jedem zu, der sich in irgendeiner Weise produktiv im Land betätigte. Wir bekamen sogar eine Zusage. Ja, sagte man, das könnt ihr bauen, wir fördern das. Zur rechten Zeit reichte ich die Belege ein. Lange kam keine Antwort. Auf Nachfrage erhielten wir dann allerdings den Bescheid, man könne unser Projekt nicht fördern, denn es gäbe eine Ausnahme: Pkws würden nicht gefördert, da mit ihnen zu viel Schindluder getrieben würde. Man hätte die Erfahrung gemacht, dass man die Pkws auch privat nutzen und Wochenendfahrten mit Freunden oder der Familie unternehmen könnte, was nicht im Sinne der Förderung sei.

Ich setzte mich mit dem Chef der Kfz-Zulassungsstelle in Verbindung. Unsere Prototypen verfügten bereits über eine eingeschränkte Straßenzulassung für Versuchsfahrten, an denen nur geschulte Ingenieure teilnehmen durften. Der Chef untersuchte den Fall, verfasste ein entsprechendes Gutachten und legte überzeugend dar, dass unsere Prototypen keine Pkws seien, jedenfalls nicht im Sinne der fraglichen Regelung. Die Autos seien vollgepfropft mit Messinstrumenten, jede Menge neuer Software, die neue Applikation des Turbomotors – aus dem Audimotor hatte ich einen Gumpertmotor gemacht, einen Motor, den es bis dahin in dieser Form nicht gab. Das Getriebe, ein sequentielles Sechs-Gang-Getriebe, kam aus Italien, auch das war neu, ebenso die Schaltung, die dazugehörende Software und einiges mehr, und all das musste erprobt werden. Der Apollo also sei, so das Gutachten, kein Pkw.

Wiederum reichten wir diese Unterlagen ein, und nach mehreren Wochen (was den Zeitbegriff anbelangt, gibt es offensichtlich ein starkes Gefälle zwischen realer produktiver Wirtschaft und Behörden) erhielten wir Antwort. Ja, das sei richtig, das seien keine Pkws. Aber es sei Software-Entwicklung. Und diese könne ebenfalls nicht gefördert werden. Wir hätten, so beschied man, zwei „Softwareschränke" entwickelt, die zwar auf der Straße herumfuhren, aber nichtsdestotrotz eben Softwareschränke seien. Man stelle sich mein Staunen vor, als ich erfuhr, dass ich keine Autos entwickelte, sondern Software. Ich sah mich bis dato eigentlich nicht als Softwareentwickler. Kein Wort stand in dem Bescheid über all die Hardware. Ein Auto hat doch vier Räder und ein Getriebe und einen Motor – aber nein, es war „Software".

Ich legte Widerspruch ein. Der Richter entschied zugunsten der Softwaretheorie, und ich ging in Revision. Es folgte eine zermürbende Zeit vor Gericht, in endlosen Besprechungen mit Anwälten und mit juristischen Strategieentwicklungen. Eines Tages rief mich der Richter an, ein freundlicher Mann, der mir durchaus wohlgesonnen war.

„Hören Sie doch auf, in Revision zu gehen. Ziehen Sie das alles zurück. Ich kann nicht anders entscheiden, ich muss mich an die politischen Vorgaben halten."

In diesem Moment begriff ich, dass ich hier nicht etwa einen Kampf gegen behördliche Pedanterie ausfocht, in dem es lediglich darum ging, die Sachlage deutlich zu machen, sondern dass ich mich in politische Ränke verstrickt hatte, die mir bis heute undurchsichtig geblieben sind.

Ich habe lange überlegt, ob ich darüber schreibe, doch bin ich zu dem Schluss gekommen, dass solche Ereignisse durchaus thematisiert werden sollten. Mir ist klar, dass es in jedem Land informelle Netzwerke gibt, die in einer juristischen Grauzone ihre

Fäden ziehen. Das ist in Thüringen nicht anders als in Bayern, Berlin oder Italien. Aber es muss ausgesprochen werden dürfen, dass es sich hier um eine Art von staatlich legitimierter Korruption handelt. In Thüringen, und vielleicht auch in anderen ostdeutschen Bundesländern sind diese informellen Netzwerke ganz sicher historisch gewachsen. In vielen Gesprächen mit Thüringern erfuhr ich, dass diese Seilschaften (so nennt man sie dort) auf alte DDR-Strukturen zurückgingen. Ich war erst verwirrt, später entsetzt, mit welch Missgunst und Neid der eine oder andere Funktionär auf die sogenannten „Wessis" schaute und ihnen Steine in den Weg legte, wo es nur ging – auch wenn die daraus motivierten Entscheidungen letztlich zu Ungunsten des Landes Thüringen ausfielen.

Es mag überraschend sein, dass ein Westdeutscher hier ostdeutsche Vorurteile gegenüber den „Wessis" und die damit einhergegangenen Nachteile thematisiert, da man diese Diskussion gewöhnlich mit umgekehrtem Vorzeichen führt. Doch diese Vorurteile sind eine Realität. Während und nach der Wiedervereinigung sind eine Menge Fehler gemacht worden, die viele Ostdeutsche vor große Probleme gestellt haben. Und selbst heute sind massive Gefälle in Führungspositionen und Gehältern die Regel. Insofern sind die Ressentiments nicht unverständlich. Und trotzdem halte ich die leidige Ost-West-Debatte für ein unnötiges Problem, das Deutschlands Anschluss an die wirtschaftlichen Führungsnationen dieser Welt unnötig erschwert. Wir stehen angesichts einer faktisch globalisierten Welt vor viel gravierenderen Schwierigkeiten, die dringend einer Lösung bedürfen. Schon während meiner Zeit als Bereichsleiter Übersee bei Audi war ich Zeuge globaler Vernetzungen von Entwicklung, Produktion und Marketing und den sich bereits damals anbahnenden Problemen.

Es ist überflüssig, solche kleinlichen innerstaatlichen Differenzen künstlich aufrechtzuerhalten, wenn um uns herum die Welt brennt. Bürokratische Pedanterie und dumme Vorurteile – in die eine wie die andere Richtung – können wir uns meines Erachtens nicht mehr leisten, wenn wir funktionale Lösungen für die anstehenden Probleme finden wollen. Doch zurück zur Geschichte der „Gumpert Sportwagenmanufaktur".

Ich investierte notgedrungen schrittweise mein ganzes Privatvermögen in die Manufaktur – immer mit dem Versprechen im Hintergrund, meine privaten Vorleistungen durch dieses oder jenes Entwicklungsgeld erstattet zu bekommen –, bis fast nichts mehr übrig war.

Ich befand mich in einer wirklich seltsamen Situation: Der Apollo entwickelte sich zu einem immer ausgefeilteren Auto, das Rekorde und Preise, Anerkennung und Bewunderung einfuhr – und gleichzeitig ließen die Behörden Thüringens nichts unversucht, dem Projekt Steine in den Weg zu legen. Es war keine leichte Aufgabe, mich auf technologische Entwicklungen zu konzentrieren, während mir gleichzeitig Sorgen über Finanzierungen, juristische Streitereien und politische Ränkeschmiede durch den Kopf gingen.

Irgendein Fluch schien bezüglich der Finanzierung über mir zu liegen, jedenfalls nahm die Kette der widrigen Umstände kein Ende. Glück und Pech gaben sich auf geradezu absurde Weise die Klinke in die Hand.

Glücklicherweise – oder auch nicht (?), wir werden sehen – lernte ich den Unternehmer und Gründer der Netrada Holding GmbH (die damals D+S europe GmbH hieß) Sven Heyrowsky kennen, ein begeisterter Porschefahrer, der unter anderem am Porsche-Cup teilgenommen hatte. Ein Autonarr, besser ein Porschenarr, jedenfalls bis zu dem Zeitpunkt, als er einen Apollo Probe fuhr. Dagegen, sagte er damals, könne man Porsche vergessen.

Heyrowsky hatte sein Imperium, das Onlineshops für Markenprodukte von der Gründung bis zum laufenden Betrieb betreute, bereits im Jahr 2007 verkauft, und zwar für eine nahezu schwindelerregend hohe Millionensumme. Nun bewohnte er ein eigenes Schloss, besaß ein Flugzeug und lebte überhaupt alle Annehmlichkeiten, die Geld mit sich bringen können, aus. Ich stand staunend auf seinem Anwesen in einem Stadtpark in Hannover und wurde zuerst von seinem Hund – eine Doggenart namens Ridgeback, die ursprünglich in Südafrika zur Löwenjagd gezüchtet wurde – begrüßt. Ich hatte schon immer einen guten Draht zu Tieren. Ich freundete mich mit dem Hund an, und als Heyrowsky sah, wie der Hund mich liebte, entschloss er sich, dem Beispiel des Hundes zu folgen. Wir verbrachten drei Tage auf dem Schloss, tranken abends exzellenten Rotwein, diskutierten über Gott und die Welt und natürlich auch über die „Gumpert Sportwagenmanufaktur". Er lebte weitgehend allein in dem riesigen Gebäude. Nur der Hund war sein ständiger Mitbewohner. Und gelegentlich durfte seine Freundin zu Besuch kommen. Ungeachtet seiner Marotten mochte ich ihn gern, auch wenn mich die goldenen Tapeten etwas irritierten.

„Wollen Sie nicht bei mir einsteigen?", fragte ich ihn, nachdem er auf dem kleinen Flughafen bei Altenburg, den wir als Teststrecke nutzten, begeistert aus dem Apollo gestiegen war.

Per Handschlag einigten wir uns auf einundfünfzig Prozent für mich und neunundvierzig Prozent für ihn, alles schien leicht. Er übergab die Angelegenheit seinen Anwälten, und aus der vermeintlich einfachen Sache wurde ein kompliziertes Geschäftskonstrukt, für das die Anwälte mir einen dicken Aktenordner aus Verträgen zuschickten. Heyrowsky sollte bei der Bank in Höhe von drei Millionen Euro für mich bürgen, Kunden anwerben und damit Marketing betreiben. Die düsteren Wolken schienen sich zu verziehen, die Zukunft schien gesichert.

Dann kam der Schicksalsschlag. Heyrowsky erkrankte schwer, musste sogar operiert werden. Unsere sowohl geschäftliche als auch private gute Beziehung hatte diese Krankheit leider nicht überstanden. Er zog seine Bürgschaft zurück, und ich geriet in ernsthafte Liquiditätsprobleme.

Die Bank verlangte nach wie vor eine Bürgschaft – Heyrowsky hatte seine zurückgezogen –, und ich wandte mich an das Wirtschaftsministerium von Thüringen. Meine Argumentation war folgende: VW produzierte in Thüringen Einzelteile seiner Autoproduktionen und hatte den thüringischen Freistaat um eine Bürgschaft in Höhe von 30 Millionen gebeten, die auch prompt zugesagt wurde. Ich rechnete die Belegschaft von VW gegen meine 40 Mitarbeiter und bat ebenfalls um eine Bankbürgschaft. Der Wirtschaftsminister des Freistaats schien vorerst aufgeschlossen und sagte mir eine Bürgschaft von drei Millionen Euro zu. Doch dann beschloss VW, die Bürgschaft doch nicht in Anspruch zu nehmen, und die thüringischen Politiker argumentierten daraufhin, dass die „Gumpert Sportwagenmanufaktur" nun auch keinen Anspruch mehr auf irgendwelche Bürgschaften hätte. Die Manufaktur war endgültig zahlungsunfähig.

Fieberhaft suchte ich nach einer Lösung. Interessenten für den Apollo gab es ja, die Presse überschlug sich mit Lob, und unser Sportwagen brillierte in spektakulären Events. Ich unterbreitete meinem Importeur in Hongkong das Angebot, für Heyrowsky bei uns einzusteigen und sowohl dessen als auch noch weitere Anteile in einer Höhe zu übernehmen, die es ihm gestattete, Mehrheitsgesellschafter zu werden.

Der neue Partner erschloss uns den Markt der vormaligen britischen Kolonie. Für unsere Produktion hieß das, den Apollo zum Rechtslenker umzurüsten. Vorerst bauten wir vierzehn Stück, die wir alle in Hongkong verkaufen konnten. In Hongkong gab es viele Millionäre, aber irgendwann war natürlich auch dort der Bedarf gedeckt, immerhin fuhren vierzehn unserer Autos in der Stadt herum. Doch welcher Millionär fährt schon gern mit einem Wagen, den seine Nachbarn auch fahren? Daraufhin entstand die Idee, den chinesischen Markt zu erschließen.

Mein Hongkonger Partner verlangte, dass wir das Marketing für Europa und Amerika einstellen, um uns ganz auf Hongkong und China konzentrieren zu können. Rechnerisch schien es aufzugehen. Es reichte, einen Apollo im Monat zu verkaufen, um die Kosten zu decken, und jeder weitere verkaufte Wagen würde uns in die schwarzen Zahlen bringen. Der chinesische Markt ist nicht einfach und folgt ganz bestimmten Regeln, wer wusste das besser als ich? Ich nutzte einen alten Kontakt, um die größtenteils unter der Hand geregelten Zollbestimmungen zu erfüllen. Doch mein Partner war der Meinung, einen besseren Kontakt zu haben, durch welchen er nur die Hälfte des Zolls hätte bezahlen müssen. Ich redete auf ihn ein, das besser bleiben zu lassen. Die Zentralregierung würde keinen Spaß verstehen, wenn die nur halblegalen Deals mit den Zollbehörden ans Licht kämen. Wir hätten doch sichere Einfuhrbedingungen durch meine eigenen Verbindungen, die sollten wir nicht aufs Spiel setzen. Er hörte nicht auf mich. Das Resultat war, dass sein krummes Spiel herauskam. Der Apollo wurde mit einem Einfuhrverbot belegt. Er selbst hatte sich das Wohlwollen der chinesischen Zentralregierung verscherzt, und alle Geschäfte, die er bislang mit China getätigt hatte, fielen für ihn in der Folge weg. Es mag ihn getröstet haben, dass er mit den Apollo-Verkäufen in Hongkong guten Gewinn für sich hatte machen können – was man von mir nicht behaupten konnte. Sagen wir, die Materialkosten für einen Apollo beliefen sich auf circa zweihunderttausend Euro. In Europa konnten wir ihn für etwa dreihundertfünfzigtausend Euro verkaufen, in Hongkong allerdings für viel mehr, ein zusätzlicher Gewinn, den sich der Importeur einstrich. Der im Übrigen nach seinem fehlgeschlagenen Versuch, unter der Hand Zollgebühren zu sparen, all seine Zahlungen an uns einstellte. Den nicht asiatischen Markt hatten wir nicht bedient, der China-Handel, der uns hatte retten sollen, war durch den kleinlichen Geiz meines Partners ebenfalls weggebrochen, und so ging die „Gumpert Sportwagenmanufaktur" pleite.

Rückblickend erkenne ich die eigenen Fehlentscheidungen, die folgerichtig zu den beschriebenen Problemen führen mussten. Der chinesische Markt war verlockend. Es ist nicht unwahrscheinlich, dass wir auf ihm vielleicht zweihundert Apollo verkauft hätten, und von dieser Aussicht auf schnellen und unkomplizierten Erfolg ließ ich mich blenden. Zumal wir mit dem Standort Hongkong auf den ersten (und leider oberflächlichen) Blick einen großen Vorteil zu besitzen schienen. Hongkong gehörte damals noch zu Großbritannien und damit zur Europäischen Union. Eine Autozulassung in der Europäischen Union galt ebenso für Hongkong. Gleichzeitig aber galten Zulassungen in Hongkong auch für China. Beide Wege schienen damit offen. Leider war dies ein Trugschluss. Leichtfertig ignorierten wir den europäischen und ebenso den amerikanischen Markt und setzten alles auf eine Karte, was immer ein hohes Risiko mit sich bringt.

Bei solch riskanten Vabanque-Spielen darf nichts schiefgehen. Es gibt sicherlich Situationen, in denen man keine andere Möglichkeit hat. Dann aber muss man desto vorsichtiger und überlegter vorgehen – was ich versäumt hatte. Den Verlust durch das chinesische Abenteuer hätten Verkaufserfolge in Europa und Amerika vielleicht ausgleichen können. Es war die Versuchung des einfachsten Weges, der ich erlag. In der Rückschau stellt sich nicht selten heraus, dass der mühsamere und dornigere Weg der erfolgreichere gewesen wäre.

Kämpfe vor Gericht

— 2012

Im August 2012 meldeten wir beim Amtsgericht Gera Insolvenz an, und im Oktober wurde das Verfahren eröffnet. Mir wurde ein Insolvenzverwalter vor die Nase gesetzt, ein Herr Scheid, der sich bald als mein böser Geist entpuppen sollte. Anfangs blieb mir nichts anderes übrig, als für ihn zu arbeiten. Er musste die insolvente Firma leiten, hatte aber aus meiner Sicht weder einen Schimmer vom Autobau noch von den diesbezüglichen Marktbedingungen.

Er wirkte freundlich. Wenn die Insolvenz abgewickelt sei – und das würden wir schon ordentlich hinbekommen, ich würde sehen –, könne er ja vielleicht über meine Beziehungen zu Audi günstig ein Auto bekommen, sagte er jovial.

Ein Jahr lang arbeitete ich für ihn, hielt die Produktion am Laufen, in der Kasse befanden sich immerhin 1,4 Millionen Euro. Herr Scheid beschäftigte mit dem Insolvenzverfahren seine angestellten Anwälte. Warum also sollte er ein Interesse daran haben, die Insolvenz abzuschließen? Solange Geld floss, mit dem er seine Kanzlei, deren Anwälte und sich selbst bezahlen konnte, musste seine Motivation für einen Abschluss des Verfahrens naturgemäß ziemlich gering sein. Ich erinnerte ihn daran, dass wir noch offene Posten von ungefähr hundertachtzigtausend Euro hätten, die wir den zahlreichen Zulieferern schuldig seien. Könne man nicht erst einmal diese bezahlen? Meine Ermahnungen trafen allerdings auf taube Ohren.

Das deutsche Insolvenzrecht enthält eine Reihe von Lücken und Möglichkeiten, den eigentlichen Grundgedanken der Abwicklung einer insolventen Firma, nämlich auf faire Weise aus dem Bestand die noch offenen Rechnungen zu bezahlen, zu umgehen. Wenn man als Anwalt der Insolvenzverwaltung klagt, kann es einem gleichgültig sein, ob man gewinnt oder nicht, sein Geld bekommt man in jedem Fall. Wenn man verliert, kommt das noch vorhandene Geld der insolventen Firma oder der Staat für das Honorar auf.

Solange die Manufaktur über die Apollo-Verkäufe noch immer Einnahmen verbuchen konnte, war sie eine Milchkuh, die regelmäßig gemolken werden konnte. Bis heute warten alle Gläubiger auf ihr Geld, und diese Tatsache macht mich noch immer zornig.

Bald bekam ich von Herrn Scheid einige Klagen zugestellt, die viel Energie und Kraft in Anspruch nahmen, um sich gegen sie zu wehren. Die letzte Klage jedoch bildete einen vorläufigen Höhepunkt an Absurdität. Die Klage verlangte, ich solle meine kompletten Gehälter zurückzahlen, denn ich hätte gar nicht gearbeitet, sondern nur meine Mitarbeiter. Es kam zu einem ersten Prozess in Regensburg. Der Richter wandte sich an Herrn Scheid, er solle doch bitte seine Klage zurückziehen, es sei doch offensichtlich, dass Herr Gumpert für sein Gehalt gearbeitet hätte. Gumpert sei in der Funktion eines Geschäftsführers tätig gewesen, im Grunde sei das eine vergleichbare Tätigkeit wie die eines Vorstands, zum Beispiel bei Audi oder VW. Ich wurde in allen Punkten freigesprochen.

Akzeptierte Herr Scheid dieses Urteil? Nein. Er ging 2016 in Revision.

Zwar fühlte ich mich mittlerweile der ganzen Angelegenheit müde, glaubte aber an einen positiven Ausgang. Nicht nur in meinen Augen war der Inhalt der Klage schlicht an den Haaren herbeigezogen.

Die Verhandlung fand am Oberlandesgericht in Nürnberg vor drei Senatsrichtern statt. Ich glaubte meinen Ohren nicht zu trauen, als der Vorsitzende Richter mich nach zwanzig Minuten fragte, wie ich denn gedenke, die fraglichen vierhunderttausend Euro zurückzuzahlen, ob in einer Summe, ob ich eine Ratenzahlung anstreben würde oder ob ich einen anderen Rückzahlungsmodus vorschlagen könne. Die etwas zu schnelle Reaktion des Richters ließ meinen Anwalt aufhorchen, denn das klang doch ziemlich nach Voreingenommenheit.

Im Laufe des Prozesses kamen meine Mitarbeiter als Zeugen zu Wort. Vom Werkstattleiter über die Techniker bis zur Sekretärin traten meine Leute vor den Richter und bestätigten das Selbstverständliche: Ja, der Herr Gumpert hat gearbeitet!

Doch die Groteske fand damit noch kein Ende. Der Vorsitzende Richter nickte die Aussagen ab, formulierte nun aber eine neue Frage. Mag sein, dass Herr Gumpert gearbeitet habe, aber sei das Gehalt nicht zu hoch gewesen? Ich konnte nur noch mit dem Kopf schütteln.

Der Richter beauftragte einen Gutachter der IHK, der eigentlich auf Immobilien und Firmen spezialisiert war, ein Gutachten über das mir zustehende Gehalt als Geschäftsführer der „Gumpert Sportwagenmanufaktur“ zu erstellen. Dieser Gutachter stufte mich in einer Gehaltstarifgruppe der Industrie ein. Widersinnigerweise nahm er dafür nicht die Tarifgruppe Thüringen, sondern die Bayerns zur Grundlage. Abgesehen davon, dass ich schon seit Audi-Zeiten aufgrund meiner Positionen gar nicht mehr nach Tarif bezahlt wurde und als Eigentümer und Geschäftsführer eines eigenen Unternehmens an Tarife nicht gebunden war, verriet die Entscheidung, den bayrischen Tarif zur Grundlage zu nehmen, aus meiner Sicht das schlechte Gewissen des Gutachters. Wäre seine Argumentation schlüssig gewesen, hätte er mich nach den (schlechteren) thüringischen Tarifen einstufen müssen, denn dort befand sich die Manufaktur, und dort arbeitete ich. Trotz der „besseren“ bayrischen Tarifregelung kam er zu dem Schluss, dass mein Gehalt doppelt so hoch gewesen war, als es mir zugestanden hätte. Damit wurde ich schuldig gesprochen und hatte rund zweihunderttausend Euro zurückzuzahlen.

Ich bin nochmals in Revision gegangen, wohl wissend, dass es nach einer Entscheidung eines Oberlandesgerichts kaum Aussicht auf Erfolg gibt. Und die Zeit gab mir Recht.

Schlimmer noch als die Behauptung, ich hätte nicht gearbeitet, finde ich die Tatsache, dass die realen Gläubiger, also kleine Firmen und Handwerker, die ihre vereinbarten Leistungen tatsächlich erbracht haben, bis heute nicht ausbezahlt worden sind, obwohl dafür durchaus genügend Geld zur Verfügung stand. Für Insolvenzverwaltungen sind solche Fälle dagegen eine scheinbar nie versiegende Geldquelle – geleistet wurde in meinen Augen dafür nichts.

Neuer Mut

Ich sprach lange mit meiner Frau Lia über die Situation. Die Sportwagenmanufaktur war mein Lebenswerk, und ich mochte nicht tatenlos zusehen, wie all das, was wir erreicht hatten, langsam ausblutete. Natürlich hätte ich aufgeben und mir eine Stelle als Ingenieur suchen können, vielleicht sogar wieder bei Audi oder VW. Doch der Gedanke, mit hängendem Kopf und eingezogenem Schwanz vom Schlachtfeld zu trotten und von meinen Ideen und Ansprüchen loszulassen, erzeugte in mir großes Unbehagen. Vielleicht war es meine Starrköpfigkeit, die mich bewog, nach neuen Lösungen zu suchen. Ich war Ingenieur, ich baute Autos, was also sollte ich sonst tun, als meinen Job zu machen?

Lia meinte anfangs, es wäre besser für uns alle, wenn ich aufgäbe. Warum sollte ich mich in diesen nutzlosen Kämpfen aufreiben? Es ist schon seltsam – einerseits ist Lia mit ihrem südländischen Temperament deutlich leidenschaftlicher als ich, andererseits jedoch realistischer bezüglich der Menschen. Oft genug ermahnte sie mich, weniger vertrauensselig und vorsichtiger im Umgang mit möglichen Geschäftspartnern zu sein.

Lia erdet mich. Vermutlich würde ich ohne sie noch höhere Risiken eingehen.

Irgendwann gab sie nach, verstand, wie wichtig mir das alles war. Vielleicht war es auch die Vorstellung, ich könnte nun vierundzwanzig Stunden zu Hause sein, die sie ihre Meinung ändern ließ. Und das hätte natürlich weder ihr noch mir gutgetan.

Jemand sagte einmal, der häufigste Grund des Scheiterns bestünde darin, vor dem Ziel aufgegeben zu haben. Ja, man braucht manchmal einen langen Atem, wenn man seine Vorhaben zum gewünschten Erfolg führen möchte.

Im Jahr 2013 fand ich tatsächlich einen amerikanischen Investor, der bereit war, sich finanziell an dem Unternehmen zu beteiligen.

Ich setzte mich mit Herrn Scheid in Verbindung und fragte ihn, ob er damit einverstanden sei, dass ich mithilfe des Investors eine neue Firma gründete, und ihm, dem Herrn Scheid, die Insolvenzmasse der „Gumpert Sportwagenmanufaktur" abkaufte. Damit wäre das Insolvenzverfahren abgeschlossen, und ich könnte mit der neuen Firma nahtlos dort anknüpfen, wo die alte Manufaktur aufgehört hatte. Herr Scheid zeigte sich offen, und wir einigten uns auf eine Ablösesumme von 1,25 Millionen Euro.

Mit dem Investor handelte ich eine Beteiligung von einundfünfzig Prozent für mich heraus, die restlichen neunundvierzig Prozent blieben bei ihm. Ich gründete mit neuem Elan und neuer Hoffnung die Nachfolgefirma, die ich fast gleichlautend „GSM Gumpert Sportwagenmanufaktur" nannte.

Voller Tatendrang begannen wir, den Apollo wieder weltweit zu vermarkten. Parallel zum Apollo begann ich, mit einer weiteren Firma, der Roland Gumpert Automobile GmbH und Co KG, einen Sportwagen zu entwickeln, der weniger extrem und stattdessen komfortabler als der Apollo sein sollte, indem er etwa über einen Kofferraum verfügte und preiswerter war. Wir nannten ihn Explosion. Der Explosion konnte mit Recht der Vorgänger der späteren Nathalie genannt werden, auch wenn er noch mit wahlweise vier oder fünf Zylindern ausgerüstet ein reiner Verbrenner war. Auftraggeber und Abnehmer für dieses Auto waren sowohl ein chinesischer als auch ein thailändischer Interessent, Letzterer gehörte zur Familie meines ehemaligen thailändischen Audi-Importeurs, mit dem ich noch immer befreundet war. Wir entwickelten einige wenige Prototypen und stellten sie 2014 auf dem Genfer Autosalon vor – eine wirklich seltsame Situation übrigens, da wir das Auto unter zwei Firmen, aber unter der vereinenden Marke „Gumpert“ präsentierten. Leider wurde bald aus Gründen, die ich nicht kenne, die Führung der chinesischen Firma von der Zentralregierung verhaftet und ins Gefängnis geworfen. Der Deal hatte bis dahin darin bestanden, künftig etwa 200 Stück des Explosion zu bauen, und die Chinesen hatten dafür bereits eine Anzahlung geleistet. Hier muss ich zugeben, dass ich glimpflich davonkam, denn für die geleistete Anzahlung musste ich die vereinbarte Leistung nicht erbringen, und eine Rückforderung war ausgeschlossen.

Doch von Glück konnte hier nur die Rede sein, wenn man die klassische Redewendung vom Glück im Unglück benutzte. Der amerikanische Investor hatte nämlich sein Vermögen auf Zypern liegen. Zypern genoss unter den Vermögenden dieser Welt einen ähnlichen Ruf wie die Schweiz. Das Land selbst allerdings – unabhängig von den Banken – geriet in Zahlungsnot und beantragte, wie bereits fünf andere EU-Länder, Kredite aus dem Euro-Rettungsschirm. Da größtenteils russische Kunden ihr Geld am russischen Fiskus vorbei in Zypern geparkt hatten, wurde das Bankengeschäft zum Politikum. Die Gewährung der Kredite aus dem Rettungsschirm wurde verknüpft mit der Forderung, die Schwarzgeldwäsche zu unterbinden. Es kam zur bekannten Zypernkrise in den Jahren 2012 bis 2014. Vermutlich hatte mein amerikanischer Investor mit Schwarzgeldern oder Geldwäsche nichts zu tun. Dennoch wurde sein Geld auf Zypern, wie alle anderen ausländischen Gelder, auf unbestimmte Zeit eingefroren. Es kam nichts mehr rein und nichts mehr raus. Somit konnte ich den Deal mit Herrn Scheid über den Kauf der Insolvenzmasse meiner ersten Firma nicht mehr einhalten.

Während dieser Zeit wohnte ein Chinese bei mir, den mein Hongkong-Importeur mir gleichsam als Aufpasser in Deutschland zur Seite gestellt hatte. Er war mit einer Japanerin verheiratet und lebte sich bei uns ein. Einmal fuhr er sogar zu unserem italienischen Teil der Familie mit nach Italien. Ich vertraute ihm, was keine gute Idee gewesen ist.

Dieser Chinese kaufte für meinen ehemaligen Hongkong-Gesellschafter die Insolvenzmasse der „Gumpert Sportwagenmanufaktur" für lediglich siebenhundertfünfzigtausend Euro auf. Da aber der Amerikaner zusammen mit mir 1,25 Millionen Euro geboten hatten, rief mich Herr Scheid, an und offerierte mir, dass er sofort Klage gegen mich einreichen würde. Ich hätte ihm die Differenz von fünfhunderttausend Euro als Schadensersatz zu zahlen. Die neue Firma GSM hatte bereits die Arbeit aufgenommen, als sich herausstellte, dass die Gelder aus Zypern nicht fristgerecht fließen würden. Herr Scheid begann daraufhin mit einer Rückabwicklung, alles kehrte zurück zum Alten, und er blieb der Insolvenzverwalter. Wir hatten in der neuen Firma jedoch schon zwei Monate gearbeitet und zwei Apollo gebaut. Rückabwicklung ist Rückabwicklung, so dachte ich, was hieß, dass die gebauten Apollo nun Herrn Scheid gehörten, er dafür allerdings die Gehälter und Sozialleistungen der Belegschaft zu zahlen hatte. Herr Scheid sah das anders und erhob sofort eine weitere Klage gegen mich. Das Gericht gab ihm recht, ich musste die Gehälter und Sozialabgaben der Angestellten aus meiner privaten Tasche bezahlen, während Herr Scheid die beiden gebauten Apollo verkaufen konnte.

Offen gesagt wurde ich des Prozessierens müde. Außerdem konnte ich mir zu diesem Zeitpunkt weitere aufwendige Prozesse nicht mehr leisten.

Nachdem mein ehemaliger Geschäftspartner aus Hongkong hinter meinem Rücken für siebenhundertfünfzigtausend Euro die Insolvenzmasse von Scheid aufgekauft hatte, veräußerte er sie mithilfe des schon erwähnten chinesischen Kontrolleurs für drei Millionen Euro an einen anderen Hongkong-Millionär, der dort eine neue Firma mit dem Namen Apollo Automobile Ltd. gründete. Nachdem er ein Jahr vergeblich für diese Firma einen Geschäftsführer gesucht und mich ständig umworben hatte, nahm ich schließlich unter der Bedingung, Mitgesellschafter zu werden, den Posten an. In der neuen Firma mit Sitz in Denkendorf bei Ingolstadt in Bayern entwickelten und bauten wir den Apollo N und dann das Nachfolgemodell Apollo Arrow, den wir 2016 im Genfer Autosalon vorstellten. Die Vertragsbedingungen waren eindeutig gewesen, erfüllt wurden sie allerdings nicht, und so verließ ich das Unternehmen und gründete 2017 die Firma Gumpert Aiways GmbH.

Mit ihr begann das wahrscheinlich spannendste und zukunftsweisendste Projekt meiner Ingenieurslaufbahn: das erste emissionsfreie, mit grünem Methanol betriebene Auto, der Gumpert Nathalie.

KAPITEL 8
NATHALIE

Auftrag für einen Elektrosportwagen

Im Jahr 2016 rief mich mein alter Freund Fu Quiang an. Er sei auf Deutschlandreise, und er wolle mit mir etwas Wichtiges besprechen, ob ich Zeit für ihn hätte. Gemeinsam mit Fu Quiang hatte ich vor vielen Jahren die ersten vierzig Audi-Händler in China etabliert, hatte Audi mit unerwartet hohen Absatzzahlen überrascht, und später hielten wir den Kontakt aufrecht. Ich freute mich, Fu wiederzusehen, und sagte sofort zu. Ich holte ihn vom Münchner Flughafen ab, fuhr mit ihm nach Ingolstadt, zeigte ihm meine Manufaktur und den Explosion, erzählte von den Zulieferunternehmen, die unter anderem auch für Audi arbeiteten und mit denen ich sehr zufrieden sei.

Fu wurde ernst. Er habe bisher für Volvo gearbeitet, hätte aber Lust, sich mit einem Start up namens Aiways selbstständig zu machen. Vielleicht, so sagte er, könne ich den Explosion auch in China bauen. Mehr noch, er wolle ein Elektroauto entwickeln. In China gelten Verbrenner als veraltet, man setze ganz auf Elektroautos, die würden gefördert werden, mit den klassischen Verbrennungsmotoren hingegen sei nichts mehr zu gewinnen, für diese gäbe es keine neuen Lizenzen mehr.

Ich muss zugeben, ich war sehr skeptisch. In Deutschland, erwiderte ich, gäbe es diese Tendenz auch, aber als Ingenieur könne ich nicht recht daran glauben.

Wie konnten Elektroautos die Zukunft sein, wenn es doch für eine Vielzahl damit verbundener Probleme bisher kaum eine Lösung gab? Man stelle sich vor, in Deutschland würden nur noch batteriebetriebene Autos fahren. Woher sollte der ganze Strom kommen? Die Kernkraft wurde heruntergefahren, stattdessen baute man notgedrungen Kohlekraftwerke, um den nötigen Strom zu erzeugen. Man hört in Deutschland des Öfteren, dass bereits fünfzig Prozent der Energie aus erneuerbaren Quellen stamme. Das ist falsch. Der allgemeine Energiebedarf teilt sich in Deutschland ungefähr in zwanzig Prozent Strom, dreißig Prozent Verkehr und fünfzig Prozent Wärme auf. Die angegebenen fünfzig Prozent erneuerbare Energiequellen beziehen sich aber nur auf die Stromherstellung, nicht auf die beiden anderen Bereiche. An diesen Zahlen erkennt man schnell, dass die vermeintlichen Erfolge auf dem Gebiet der Energiegewinnung reine Augenwischerei sind. Um also auch im Bereich des Verkehrs eine wirklich nachhaltige Lösung zu entwickeln, sollten wir nicht auf Strom aus dem üblichen Stromnetz setzen. Würden alle Fahrzeuge, die heute mit Benzin oder Diesel fahren, plötzlich mit Batterien, die man aus dem Stromnetz speisen muss, angetrieben werden, würden schnell die Lichter ausgehen. Abgesehen davon müsste eine weiträumige Infrastruktur, die es heute nur in Rudimenten gibt, aufgebaut werden, und das würde sehr viel Geld kosten, das an anderer Stelle wieder erwirtschaftet werden müsste.

Hinzu kommt, dass die optimale Temperatur für eine Batterie bei etwa achtzehn Grad liegt. Im Winter muss sie also geheizt und im Sommer, bei vielleicht vierzig Grad Außentemperatur, heruntergekühlt werden. Dies ist ein enormer zusätzlicher Energieaufwand, für den eine technologische Lösung ebenfalls noch aussteht.

Wir diskutierten lange über all diese Probleme und waren darin einer Meinung, dass eine alternative Lösung zu den bisherigen Elektrofahrzeugen nötig sein würde. Nun ja, Autoingenieur ist Autoingenieur, ob nun im Bereich Verbrenner, Turbinen oder Elektro. Ich nahm also Fu Quiangs Vorschlag sportlich und sagte ihm zum Schluss unseres Treffens meine Hilfe zu.

Geburt eines Zaubermobils

— 2016

Ich hatte ein paar Monate Zeit, mich zu informieren, erste Ideen zu entwickeln und mit Zulieferern zu sprechen, bevor Fu und ich uns wieder treffen würden.

Ich sondierte erst einmal den gegenwärtigen Stand der Dinge. Welche Technologien gab es bereits? Wie war die CO_2- und Umwelt-Bilanz bei Herstellung und Entsorgung von Batterien? Wie stand es mit der Infrastruktur? Welche Möglichkeiten der Erweiterung waren realistisch?

Meine anfänglich rigorose Ablehnung von Elektroantrieben relativierte sich bald. Ja, es gab einen Bedarf daran, nicht nur in Deutschland, sondern auch weltweit. Dachte ich aber an Brasilien, Argentinien oder Sri Lanka, ja sogar an Thailand, dann wurde mir schnell klar, dass eine schnelle Umstellung von Verbrennern zu Elektroautos vollkommen illusorisch war. Man stelle sich das Straßenbild in einer Stadt wie Bangkok vor. Dort hängen die Drähte wie Spinnennetze von den Masten, hier und dort stehen Transformatoren, das Netz ist instabil – eine wirklich gelingende Energiewende wird dort innerhalb der nächsten fünfzig, vielleicht sogar hundert Jahre kaum möglich sein. Der benötigte Strom müsste immerhin aus nachhaltigen Energiequellen stammen, und das ist selbst in Deutschland ein Problem.

Durch meine Recherchen und Überlegungen wurden mir zwei Dinge klar: Nur eine Lösung, die auf fossile Brennstoffe und auf das allgemeine Stromnetz verzichten kann, würde brauchbar sein, und ja, es gab einen sinnvollen Bedarf an batteriebetriebenen Fahrzeugen, zum Beispiel für die Stadt und den Nahverkehr, dieser würde aber gegenwärtig nicht über zwanzig Prozent des allgemeinen Verkehrs hinausgehen. Das wesentlichste Resultat aber war die Erkenntnis, dass die Lösung darin bestehen musste, den benötigten Strom on board, also während des Fahrens selbst, herzustellen, um nicht vom Stromnetz abhängig zu sein. An dieser Stelle musste man weiterdenken.

Wasserstoff – obwohl es hier bereits viel Innovation und Forschung gab – schloss ich recht schnell aus. Flüssig ist Wasserstoff erst bei minus 253 Grad Celsius, und bei Raumtemperatur muss man ihn komprimieren, wozu man zwischen 700 und 800 bar aufbringen muss. Ansonsten ist Wasserstoff leicht entzündlich, was viele Sicherheitsvorkehrungen, nicht nur in der Technologie selbst, sondern auch in einer noch aufzubauenden Infrastruktur und im Transport nötig machen würde. Er darf in herkömmliche Tankstellen nicht integriert werden, und eine neue Wasserstofftankstelle schlüge mit mehreren Millionen Euro zu Buche. Reine Wasserstoff-Brennstoffzellen können eine gute Lösung für Lkws sein, nicht aber für kleinere Autos und schon gar nicht als allgemeine Lösung im Massenverkehr.

Die Frage stand also noch im Raum: Wie können wir abgasfrei Elektrizität im Auto selbst herstellen?

Während eines Besuches bei meiner Schwiegermutter in Italien wurde ich auf Propangas aufmerksam. Wir alle kennen Propangas, jene roten Flaschen, die man etwa an Campingherde anschließen kann. Lias Mutter heizt und kocht mit Propangas, was in den ländlichen Gebieten Italiens nicht unüblich ist. Einmal im Monat kommt ein Lieferant und tauscht die leere gegen eine volle Flasche aus. Propangas ist mehr oder weniger ungefährlich und weitgehend abgasfrei, wenn man es verbrennt. Wenn es im Winter kalt ist, kommt es vor, dass Lias Mutter den Herd in der Küche aufdreht und damit auch heizt.

Ich entwickelte eine grobe Idee und machte entsprechende Notizen. Eine große Gasflasche, die man an einer Tankstelle tauschen kann, wenn sie leer ist, und zusätzlich eine kleinere mit fünf oder zehn Litern als Reserve, die der Fahrer auch selbst austauschen kann, würden eine Turbine antreiben.

Turbinen? Warum nicht? Im Flugzeugbau sind Turbinen Standardtechnik. Dort sind sie natürlich riesengroß, aber Turbinen werden auch in der Modelltechnik eingesetzt.

Zurück in Deutschland besuchte ich einen österreichischen Turbinenhersteller, um Genaueres über diese Art Technologie zu erfahren. Er stellte für Amerikaner kleine Helikopter her, die nicht mehr als zu Freizeitvergnügungen taugten. Das war sicher ein großer Spaß, es machte Krach, man konnte fliegen und sogar Wettkämpfe durchführen, aber es stellte sich heraus, dass die Turbinentechnologie auf Propangasbasis für meine Zwecke nicht geeignet war. Ein wesentliches Problem der Turbinen bestand in ihrem Wirkungsgrad, der sich aus dem Verhältnis der Turbinenflügellängen zu dem Spalt zwischen Flügel und Gehäuse bemaß.

Die Turbinen sollen sich ja, ohne das Gehäuse zu berühren, ungehindert drehen können, und aufgrund von Wärmeausdehnungen muss also immer ein kleiner Spalt vorhanden sein. Je größer dieser Spalt im Verhältnis zu den Flügeln ist, desto geringer der Wirkungsgrad. Bei Flugzeugen mit einem Radius der Turbinenflügel von mindestens einem Meter ist das kein großes Problem, aber je kleiner die Flügel werden, beispielsweise bei den Freizeithelikoptern oder in einem Auto, desto kleiner wird naturgemäß auch der Wirkungsgrad. Und zehn Prozent Wirkungsgrad bei kleinen Turbinen ist bereits Grund genug, diese Idee zu den Akten zu legen. Selbst bei Brennstoffzellen, wie sie in der Militärtechnik zum Betreiben von Funkgeräten benutzt werden, lag der Wirkungsgrad bei mageren fünfzehn bis zwanzig Prozent. Außerdem erzeugten sie Leistungen im Bereich von dreißig bis fünfzig Watt, ich brauchte allerdings Kilowatt.

Das Thema Brennstoffzelle jedoch ließ mich nicht los. Über weitere Nachforschungen stieß ich auf die dänische Firma „SerEnergy A/S", die stationäre Methanol-Brennstoffzellen herstellte. Methanol ist ein Alkohol, der unter anderem aus vier Wasserstoffatomen besteht. Methanol selbst ist umweltverträglich, man kann es grün aus Wasserstoff und Kohlendioxid oder Kohlenmonoxid herstellen, und es hat einen vergleichsweise hohen Wirkungsgrad, den man mit einigen Innovationen sicher noch weiter erhöhen konnte.

SerEnergy baute beispielsweise Brennstoffzellen für Expeditionen im Polargebiet oder für Krankenhäuser. In Neu-Delhi hatte ein Krankenhaus seine Zulassung verloren, weil es nicht sicherstellen konnte, dass es bei Operationen über eine stabile Stromspannung verfügte. SerEnergy rüstete das Krankenhaus mit einer Methanol-Brennstoffzelle aus, die nun zuverlässig für den nötigen Strom sorgte. Mit diesen Erfahrungen im Hintergrund hatte sich SerEnergy auf die Herstellung solcher stationären Brennstoffzellen spezialisiert.

Wir telefonierten, vereinbarten ein Treffen, und bald erfuhr ich, dass diese Firma auch ohne tiefere Automobilkenntnisse bereits probeweise einen Fiat 500 mit einer Brennstoffzelle ausgerüstet hatte.

Kurzentschlossen nahm ich mir einen Explosion vor, schmiss den Verbrennungsmotor samt Getriebe hinaus und baute mithilfe meines Zulieferunternehmens Ideenion sowohl vorn als auch hinten – er sollte natürlich allradgetrieben sein – einen Elektromotor ein. Meinen Sohn Christian schickte ich mit dem fertigen Prototypen für drei Monate nach Dänemark, um das Projekt weiterzuentwickeln. So entstand der erste methanolbetriebene Allrad-Sportwagen – der Prototyp zu dem Auto, das man heute als „Gumpert Nathalie“ kennt. Die Ergebnisse waren außerordentlich ermutigend. Die Technologie funktionierte von Anfang an hervorragend. Und da wusste ich, dieser Brennstoff und die damit einhergehenden Technologien könnten die Zukunft sein.

Den Prototypen gibt es noch. Er steht mit der originalen SerEnergy-Brennstoffzelle hier in Ingolstadt.

Ich einigte mich mit Fu Quiang darauf, als Produktvorstand für Aiways die Entwicklung für einen SUV mit Elektroantrieb, den U5, zu unterstützen, während sich das Joint Venture „Gumpert Aiways“ mit Sitz in Ingolstadt und mir als CEO auf die Konstruktion von Sportwagen mit Brennstoffzellentechnologie konzentrieren würde.

Neben meinen Entwicklungsaufgaben für den U5 widmete ich mich ganz dem Vorhaben, aus dem Explosion-Prototyp einen neuen Elektro-Sportwagen zu machen. Wieder setzte ich auf die

Firma Ideenion, deren Chef Mirko Konta und dessen Hauptkonstrukteur Roland Maier. Schon während der Entwicklung des Explosion hatten sie tolle Arbeit geleistet, und all die entsprechenden Grundwerte lagen bei uns noch auf den Rechnern. Auf dieser Grundlage konzipierten wir den Supersportwagen Nathalie mit der Brennstoffzellentechnologie.

Dessen Design gestalteten wir deutlich dezenter als das des Apollo. Die elegante Form der Nathalie entwickelten wir gemeinsam mit Ideenions Designer Lorenz Loew und verbanden wieder aerodynamische Faktoren mit der visuellen Erscheinung eines stilvollen Sportwagens.

Parallel dazu errichtete Aiways mit einem Investitionsvolumen von etwa zwei Milliarden Euro und der Möglichkeit, bis zu dreihunderttausend Fahrzeuge jährlich zu produzieren, in der Nähe von Shanghai eine der wohl modernsten Fabriken Chinas.

Die Strategie war simpel: Würde sich der Brennstoffzellenantrieb bei der Nathalie bewähren – und das tat er –, sollte dieser in den kommenden ein oder zwei Jahren auch in den U5 verbaut werden. China ist dem trägen Deutschland in dieser Hinsicht um Einiges voraus. Schon vor vielen Jahren beschloss die Zentralregierung, die Produktion von Elektrofahrzeugen zu unterstützen, um schrittweise von den reinen Verbrennern wegzukommen. Ja, man ging sogar einen Schritt weiterzugehen und fördert direkt die Brennstoffzellentechnologie. Heute werden in China nicht mehr reine Elektrofahrzeuge gefördert, sondern nur noch Fahrzeuge, die mit Wasserstoff oder Methanol, in diesem Fall der Gumpert Power Cell, angetrieben werden. Tatsächlich geht diese Gesetzesregelung auf unsere Tätigkeit und das Betreiben von Aiways zurück.

Im April 2018 war es so weit: Wir stellten die Nathalie auf

der Motorshow Peking vor. Es war ein erster ermutigender Erfolg, wir ernteten reichlich Lob und Aufmerksamkeit. Zur eigentlichen Präsentation waren es meine beiden Töchter Magdalena und Nathalie, die unter dem Blitzlichtgewitter der Journalisten das schwarze Tuch von dem Sportwagen zogen, und ich muss zugeben, ich war in diesem Moment sehr stolz – auf meine lieben Töchter, aber auch auf unser Auto.

Statt des Greifs, der als Emblem noch den Apollo zierte, prangte nun ein wehrhafter Helm im Logo der Nathalie. Wir hatten lange überlegt, welches Symbol sowohl für die Nathalie als auch für potenzielle Nachfolgeprodukte der Gumpert-Automobile geeignet wäre. Ich griff schlussendlich auf ein Element des alten Familienwappens der Gumperts zurück. Unter meinen Urahnen hatte es Ritter gegeben, und so zierten Helme mit Lilien das Wappen. Für das heutige Logo ließen wir allerdings die Lilien weg, sie schienen uns nicht passend für einen Supersportwagen.

Mir gefiel die Symbolik des Helms: Er demonstrierte Kraft und Sicherheit – Eigenschaften, die für mich stets in meinen Automobilentwicklungen Priorität besaßen.

Das alte Symbol, der Greif, war damals als Teil der Konkursmasse an den Aufkäufer aus Hongkong gefallen – leider. Er hatte ihn in den letzten fünf Jahren nicht benutzt, und das gab mir die Möglichkeit, das Symbol wieder zu beantragen. Ein solches Symbol hat nicht nur einen Marketingwert, sondern für mich auch eine starke persönliche Komponente. Der Hongkongchinese aber legte Widerspruch ein. Es ist mir ein Rätsel, warum. Er baut keine Autos, was also will er mit dem Greif anfangen? Nun, wir warten das Urteil ab.

Ein Jahr nach der Peking Motorshow wiederholten wir die Präsentation auf dem Autosalon in Genf mit einer in verschiedenen Details verbesserten Version der Nathalie. Meine Tochter und Namensgeberin Nathalie hielt eine Ansprache, wieder waren es Magdalena und sie, die das Auto enthüllten und sich über den Applaus des Publikums freuten. Wir alle, meine Familie und ich, Fu Quiang und Aiways, schauten voller Optimismus in eine glänzende Zukunft. Wir schienen auf dem richtigen Weg.

Grünes Licht für Methanol-Brennstoffzellen

Doch vorher standen wir vor einem unerwarteten Problem. SerEnergy, das unsere Brennstoffzellen herstellte und auch an der Entwicklung maßgeblich beteiligt war, drohte neue und vor allem andere Wege zu gehen.

Ursprünglich entwickelte und produzierte SerEnergy seit etwa fünfzehn Jahren Brennstoffzellen für stationäre Anwendungen, etwa für Funkgeräte. Junge Unternehmen schrammen immer knapp am drohenden Bankrott vorbei, was allerdings auch den Geist für innovative Abenteuer öffnet. SerEnergy kam auf die Idee, ein Schiff mit einer Brennstoffzelle auszurüsten, was dem Schiffseigner ermöglichen würde, auch in Naturschutzgebiete zu fahren, in das normalerweise nur Paddelboote hineinrudern durften. Der Schiffseigner ließ sich überzeugen, der Plan ging auf, über die Ticketverkäufe wurde die Unternehmung sogar rentabel. An der Sanierung des Schiffes war unter anderem eine Firma namens „fischer group" beteiligt, die sich auf die Herstellung von geschweißten Rohren spezialisiert hatte, die aufgrund besonderer Technologien nahezu die Güte von nahtlosen Rohren aufwiesen. Diese Firma war weltweit aktiv und beschäftigte zu jener Zeit etwa zweitausendachthundert Mitarbeiter. Eines Tages standen die beiden Chefs auf dem Deck des mit einer schönen neuen, von der fischer group hergestellten Rehling ausgestatteten Brennstoffzellenschiffs und unterhielten sich über eine mögliche geschäftliche Zukunft. Der eine schwamm im Geld, der andere hatte tolle Ideen. Kurz, die fischer group kaufte SerEnergy, obwohl die Tätigkeiten der Brennstoffzellenhersteller ziemlich weit von denen eines Rohrfabrikanten entfernt waren. Entsprechend stiefmütterlich wurde in den kommenden Jahren SerEnergy behandelt. Anders Korsgaard, der Chef von SerEnergy, und seine Mitstreiter entwickelten, ausgehend von den erfolgversprechenden Erfahrungen mit dem Schiff, weitere Ideen für den Schiffbau, für Architektur und letztlich auch für den Automobilbau. Hier kamen wir ins Spiel. Wir ließen uns erst für den Explosion und später für die Nathalie die entsprechenden Brennstoffzellen bauen.

Drei Wochen nach unserem Erfolg auf der Autoshow in Peking setzte die fischer group Anders Korsgaard davon in Kenntnis, dass die Produktion der mobilen Brennstoffzellen zu teuer sei. Das alles sei unrentabel, und man werde sich künftig auf die Produktion von stationären Brennstoffzellen beschränken. Im Zuge dieser Entscheidung entließ man viele Mitarbeiter, unter ihnen auch etwa vierzig Ingenieure aus den Abteilungen für Automobil-, Schiffbau- und Luftfahrtbrennstoffentwicklung, also jenen Bereichen, die an Brennstoffzellen für mobile Einsätze arbeiteten. Korsgaard versuchte sich zu wehren, ließ die fischer group wissen, dass damit die technologische und wirtschaftliche Vision der Firma zerschlagen worden sei, dass er das nicht akzeptieren wolle und somit ebenfalls kündigen würde. Ihm folgte nahezu die komplette Führungsmannschaft.

Gumpert Aiways stand damit natürlich auch vor einem Problem. Wer produzierte nun unsere benötigten Brennstoffzellen? Ich versprach Korsgaard, ihm zu helfen und zu sehen, was ich tun könnte. Warum, so meine Idee, investierten nicht „Aiways“ und „Gumpert Aiways“ in eine Produktion von Brennstoffzellen? Der Gedanke lag nahe, zumal wir mit den Dänen sehr kompetente Leute an der Hand hatten.

Ich flog nach China zu Fu Quiang, der das Problem sofort verstand und auch die Potenziale dieser Entwicklung erkannte. Unterstützt von uns gründeten die ehemaligen SerEnergy-Leute Anders Korsgaard, Mads Friis Jensen und Mads Bang daraufhin „Blue World Technologies“, auch mit Sitz im norddänischen Aarlborg. Bis heute hält meine Firma sozusagen als Mitgründer und Miteigentümer dreiundzwanzig Prozent von Blue World Technologies.

In gewisser Weise hatte diese neue Wendung einige positive Nebenwirkungen. War SerEnergy als Teil der fischer group in Fragen neuer Innovationen ziemlich eingeschränkt gewesen, bekamen die Ingenieure von Blue World Technologies nun grünes Licht. Wir benutzen mittlerweile Komponenten aus der Automobiltechnik für die Herstellung und Nutzung der Brennstoffzellen. Wenn wir früher das Methanol über batteriebetriebene Spiralen, wie in einem Toaster, erhitzt hatten, so benutzen wir jetzt die Komponenten der Eberspächer Standheizung, die millionenfach überall auf der Welt erprobt ist und zur Standardtechnik in vielen Autos gehört. Wir verbrennen für weniger als zwei Minuten eine gewisse Menge Methanol, erreichen so die nötige Temperatur, schalten dann den Brennvorgang wieder ab, denn die nötige Temperatur erhält sich selbst über die Wiederverwertung des bei der Stromherstellung nicht benutzten Wasserstoffs. (Wir fangen diesen auf und verbrennen ihn in dem Reformer, um die nötige Temperatur zu erzeugen.) Die Idee, auf die Eberspächer Standheizungstechnik zurückzugreifen, lag nahe. Fährt ein Auto mit Benzin, wird die Heizung mit Benzin betrieben, bei Dieselfahrzeugen mit Diesel, und genauso lässt sie sich mit Methanol betreiben. Wenn man die Erhitzung mithilfe der Batterie durchführt, wird sie irgendwann leer sein, aber wir wollen mit ihr fahren und nicht heizen. Und so entwickelten wir Lösungen, alle Aggregate, auch die Nebenaggregate, auf diese neue Weise zu betreiben, um die Reichweitenverkürzung, die bei Batteriebetrieb zwangsläufig eintreten würde, zu vermeiden. Statt dreißig Minuten benötigen wir nun gerade einmal fünf Minuten, um vorzuheizen, und das mit einer Technologie, die außerordentlich robust und weltweit erprobt ist. Im Gegensatz zu den SerEnergy-Brennstoffzellen, die letztlich für Technikschränke konzipiert wurden, produziert nun Blue World Technologies präzise auf den Automobilbau zugeschnittene Brennstoffzellen.

Elektrisch und ganz ohne Ladesäulen – die Gumpert Power Cell

Brennstoffzellen sind keine neue Erfindung. Sie werden als Ethanol- oder Methanol-Brennstoffzellen schon seit Langem in der Modelltechnik oder beim Militär eingesetzt. Die Aufgabe, die sich uns stellte, bestand darin, das Brennstoffzellenprinzip so zu modifizieren, dass es eine Lösung für die drängenden Probleme in der Automobiltechnik bereitstellen kann. Dabei ließen wir uns von folgenden Kriterien leiten: Zunächst einmal muss ein zukunftsträchtiges Antriebssystem auf fossile Brennstoffe verzichten können. Des Weiteren sollte der Antrieb dem Trend folgen, künftig immer mehr auf Primärenergie zu setzen und schrittweise die Nutzung von Sekundärenergie zu reduzieren, um den Wirkungsgrad zu erhöhen. Und schließlich sollte ein solches Antriebssystem sowohl in allen Fahrzeugklassen – vom Supersportwagen bis zum Kleinwagen, vom Lkw bis zum Schiff und Flugzeug – als auch in allen Gegenden dieser Welt anwendbar sein.

Ein reines Elektroauto ist nur sinnvoll, wenn man es dort fährt, wo es auch ein Infrastrukturnetz an Ladestationen gibt. Das also wäre eine Lösung für Großstädte oder strukturstarke Gegenden der westlichen Welt. Wie aber soll ein australischer Farmer, ein indischer Gemüsehändler oder kenianischer Bauer seine Batterie laden, wenn es weder genügend Ladestationen noch ein ausreichend stabiles Stromnetz gibt? Eine Lösung, die von sich behaupten kann, nicht nur national, sondern auch global einsatzfähig zu sein, muss dieses Problem berücksichtigen.

Die Idee, die all diese Punkte berücksichtigt, besteht darin, dass ein Auto seinen eigenen Strom während des Fahrens über eine Brennstoffzelle selbst herstellt.

Zwar handelt es sich dabei noch immer um die Nutzung von Sekundärenergie, aber erstens kann in diesem Fall auf nachhaltig hergestellte Treibstoffe zurückgegriffen werden und man kann auf fossile Brennstoffe verzichten, was die CO_2- und die Emissionsrate deutlich senkt. Und zweitens bietet diese Lösung die technischen Möglichkeiten, bei Bedarf auch alternativ Primärenergie zu nutzen: Die Batterie, die während des Fahrens eigentlich durch die Wasserstoff-Brennstoffzelle aufgeladen wird, kann – sofern eine Ladestation in der Nähe ist – genauso gut direkt aus dem Stromnetz oder sogar durch nachhaltige und direkte Stromherstellung aufgeladen werden.

Klingt das zu theoretisch? Zu weit hergeholt? Ich fahre bereits mit einem Auto, das all diese Aspekte berücksichtigt. Die Nathalie – ebenso wie der umgerüstete Smart, mit dem meine Tochter zur Universität fährt – fährt als Elektroauto mit Batterie, deren Strom wahlweise direkt geladen werden kann oder über die Gumpert Power Cell mit Methanol während der Fahrt selbst erzeugt wird.

Viele deutsche Automobilunternehmen arbeiten an reinen Wasserstoff-Brennstoffzellen und stoßen auf gravierende Probleme. Wasserstoff ist flüssig bei minus 254 Grad. Bei Raumtemperatur ist Wasserstoff gasförmig, ein Liter Wasserstoff bekäme somit ein Volumen in der Größe eines Fußballplatzes. Damit man Wasserstoff im Auto mitführen kann, muss man das Gas komprimieren, meistens auf 700 oder 800 bar, ein technischer Irrsinn. Auch gibt es Probleme beim Transport, mit der Lagerung, und obendrein ist Wasserstoff leicht entzündlich und auch sehr flüchtig. Wir benötigen also einen Stoff, der Wasserstoff gefahrlos transportieren kann, und ein solcher ist Methanol. Methanol, chemisch CH_3OH, besteht aus vier Wasserstoffatomen und je einem Kohlenstoff- und Sauerstoffatom. Methanol ist relativ ungefährlich, lässt sich leicht transportieren und mit einem ziemlich geringen Aufwand in eine herkömmliche Tankstelle integrieren, indem man eine Zapfsäule für Methanol umrüstet.

In der Bundesrepublik gibt es etwa vierzehntausendvierhundert Tankstellen. Veranschlagt man realistisch die Kosten für die Umrüstung einer Dieselzapfsäule (die man künftig nicht mehr so oft brauchen wird) auf Methanol mit rund tausendfünfhundert bis zweitausend Euro, würde nach einer Investition von gut dreißig Millionen Euro jede Tankstelle in Deutschland über eine Methanolzapfsäule verfügen. Zum Vergleich: Der Ausbau eines flächendeckenden Infrastrukturnetzes von Ladestationen für Elektroautos geht in den Milliardenbereich. Für die Wasserstoffversorgung über ein Pipelinesystem errechnete das Forschungszentrum Jülich sogar Kosten von über einer Billion Euro.

In der Nathalie mischen wir nun das Methanol mit Wasser in einem Verhältnis von sechzig zu vierzig, bevor dieses Gemisch in einen Reformer, einen Umwandler, geleitet wird. In diesem wird das Gemisch auf etwa dreihundert Grad erhitzt – die Temperatur, bei der sich die Atome aus ihren Molekülverbindungen lösen – und als Dampf durch eine dünne Membran gedrückt, die aus Silber und zwei weiteren Edelmetallen besteht, und nur für die Wasserstoffatome durchlässig ist. Der dabei übrig bleibende Kohlenstoff verbindet sich mit den ebenfalls übrig bleibenden Sauerstoffatomen und wird als Kohlendioxid wieder in die Luft ausgeschieden, der wir es vorher, bei der Herstellung des Methanols, entnommen haben. Die vier Wasserstoffatome des Methanols und die beiden des Wassers aber produzieren in der Brennstoffzelle – die eine klassische Wasserstoff-Brennstoffzelle ist – Elektrizität, mit der die Batterie aufgeladen und der Motor mit Strom versorgt wird. Der Wasserstoff verbindet sich anschließend wieder mit dem Sauerstoff aus der Luft zu Wasser, das wir kondensieren und dem Kreislauf wieder zuführen. Wenn wir für diesen Prozess grün hergestelltes Methanol (oder Methanol aus industriellen Abfallprodukten) nutzen, ist der Gesamtwert der Emissionen bei genau null.

Unser Anliegen war es darüber hinaus, dem Kunden die Wahl zu lassen, ob er an eine herkömmliche Ladestation fährt – falls sie verfügbar ist – oder Methanol tankt, um über die Gumpert

Power Cell den Strom während des Fahrens selbst zu erzeugen. Auf der linken Seite des Autos, sei es bei der Nathalie oder dem Smart, befindet sich der Tankeinfüllstutzen für das Methanol, auf der anderen Seite die Vorrichtung für das Aufladen an einer Ladestation. Insofern könnte man die Nathalie als eine Mischung aus reinem Elektroauto und Wasserstoffauto bezeichnen.

In der Zeit seit dem ersten Prototypen bis heute konnten wir eine ganze Reihe neuer Verfahren und Komponenten entwickeln, welche die Effizienz der Brennstoffzellenautos noch weiter steigerten, etwa durch die Nutzung der Eberspächer Standheizung statt der Heizspiralen oder der Nutzung der Verlustwasserstoffgase zum Erhalt der Vorwärmtemperatur.

Man stelle sich den Entwicklungsstand des Verbrennungsmotors vor vielleicht achtzig Jahren vor. In einem vergleichbaren Entwicklungsstadium befindet sich die Forschung bezüglich der Brennstoffzellentechnologie heute. Es wird noch viele Innovationen, Experimente und Nachbesserungen brauchen, um diese Technologie kleiner, leichter und effizienter zu gestalten. Die Produktion von Blue World Technologies ist auf etwa fünfzigtausend Brennstoffzellen pro Jahr ausgelegt. Das ist eigentlich nur ein Tropfen auf den heißen Stein, man wird sehr wahrscheinlich bald fünfhunderttausend und dann Millionen Brennstoffzellen brauchen.

Auch in der Produktion selbst war ab einem bestimmten Punkt klar, dass wir neue Produktionsprinzipien brauchen würden. Bei SerEnergy wurde die Herstellung der Membran, bestehend aus Kohle und einer hauchdünnen Schicht Platin, in vielen Stunden per Handarbeit gefertigt und kostete noch tausende Euro. Für Blue World Tech ließen wir eine Tausend-Tonnen-Presse konstruieren, die nun im Sekundentakt die Membranen presst. Auch die Entwicklung der Produktion wird sich von Jahr zu Jahr verbessern und zu preiswerteren Produkten führen. Wir sind sicher, dass die Preise der zukünftigen Gumpert Power Cells unter denen vergleichbar starker Batterien liegen werden.

Unsere Ideen und Innovationen begannen Form anzunehmen: Wir verfügten bereits über ein serienreifes Auto, das emissionsfrei fahren konnte, hatten mit Blue World eine leistungsstarke und moderne Brennstoffzellenproduktion, und mit dem U5 einen massentauglichen SUV, der künftig mit der Gumpert Power Cell ausgerüstet werden würde. Und mit Aiways hatten wir einen starken Partner. Die Vorbereitungen schienen abgeschlossen. Im Jahr 2020 würden wir unsere Visionen in die Tat umsetzen, die Serienproduktion starten und der Welt beweisen, dass sich mit unserem Antriebsprinzip der Zukunft der Mobilität – und vielleicht darüber hinaus der Energiegewinnung – ein neuer, umweltverträglicher Weg eröffnete.

Wir hatten jeden Grund, optimistisch zu sein.

KAPITEL 9
ZEITEN DES UMBRUCHS – DAS JAHR 2020

Große Hoffnungen

— Anfang 2020

Der Genfer Autosalon steht vor der Tür. Eine der weltweit größten Messen für Automobile. Die großen Player präsentieren ihre neuesten Entwicklungen, von VW bis Hyundai, von Mercedes bis Ford, von Audi bis Toyota. Ebenso die kleineren Edelschmieden wie Ferrari oder Maserati. Und Gumpert.

Wir sind bestens vorbereitet. Wir haben einen guten Stand, repräsentativ und medienwirksam. Die Nathalie ist bereits vor Ort. Eine kleine Show ist vorbereitet. Meine Tochter Magdalena wird das Auto vorstellen. Sie übt ihren englischen Text, ist aufgeregt. Sie wird über Umwelt sprechen, über die dringende Notwendigkeit, uns möglichst bald von fossilen Brennstoffen zu verabschieden, und sie wird den Supersportwagen Gumpert Nathalie und dessen Antriebssystem vorstellen. Ein Elektro-Sportwagen, der während der Fahrt seinen eigenen Strom über eine von uns eigens entwickelte Wasserstoff-Brennstoffzelle, die Gumpert Power Cell, erzeugt. Der Treibstoff aber ist Methanol – ungefährlich, flüssig, leicht zu transportieren, leicht zu betanken.

Durch einen Reformer wird der Wasserstoff vor der Brennstoffzelle vom Methanol abgespalten, erzeugt Strom, der wiederum die Batterie auflädt und den Elektromotor antreibt. Emissionen durch die Verwendung von grün hergestelltem Methanol insgesamt: null.

Und das ohne Einbußen beim Fahrspaß: in weniger als 2,5 Sekunden auf 100 km/h, Höchstgeschwindigkeit über 300 km/h, Tankzeit drei Minuten, mit einer Leistung von 400 bis 600 kW. Allrad natürlich: vier Motoren für vier Räder. Reichweite bis zu 850 Kilometer. Ja, wir sind gut vorbereitet. Termine mit Kunden und Investoren sind vereinbart, und ein Agreement mit unserer chinesischen Partnerfirma Aiways ist getroffen. Wir stellen unabhängig voneinander aus, präsentieren mit der Nathalie nicht nur einen visionären Supersportwagen, sondern ebenso eine auf die Automobiltechnologie angepasste besondere Brennstoffzelle mit einem Wirkungsgrad von sage und schreibe fünfundvierzig Prozent, die Gumpert Power Cell.

Presse wird vor Ort sein. Kunden, Ingenieure, CEOs und Autonarren aus aller Welt werden sich an den Ständen mit den auf Hochglanz polierten Autos drängen.

Im letzten Herbst waren wir auf der Internationalen Automesse in Peking, stellten mit unserem Partner Aiways gemeinsam deren Elektro-SUV U5 und unsere Nathalie vor. Gerüchte mehrten sich, dass China nun neben Elektroautos auch Methanol- und Wasserstofftechnologien fördern und unterstützen wolle. Gute Nachrichten für uns: Wir erfahren aus einer chinesischen Regierungserklärung, dass China nicht mehr Elektroautos, sondern nur noch Wasserstoff- und Methanolfahrzeuge fördern werde. Ist es doch unser ehrgeiziger Plan, auch jenen U5 mit der Gumpert Power Cell auszurüsten.

Damals, im Herbst 2019, war vom Coronavirus noch nichts zu hören.

Dann der Ausbruch in Wuhan. China macht schrittweise das Land dicht, fährt Produktion und öffentliches Leben herunter. In Europa ist das Virus noch eine Meldung unter den Rubriken Panorama oder Ausland. Doch dann erreicht es Italien, etwas später die Schweiz. Österreich schließt die Grenze zu Italien. Wir schauen etwas besorgt nach Genf. Noch hören wir nichts von den Veranstaltern. Es ist Ende Februar 2020. Am 1. März soll der Autosalon eröffnet werden. Nur noch ein Wochenende liegt dazwischen. Am Freitag dann die Meldung: Der Genfer Autosalon wird, wie alle anderen Großveranstaltungen in der Schweiz, abgesagt.

Coronaschock

— Frühjahr 2020

In welchem Ausmaß uns die Coronakrise einen Strich durch nahezu all unsere Pläne machen würde, hat niemand abschätzen können. Und wir stecken noch mittendrin.

Die Absage des Genfer Autosalons hatte uns fast zwei Millionen Euro Verlust beschert, die weder erstattet noch auf andere Weise ausgeglichen wurden. Nun, es musste weitergehen, und so organisierten wir einen Ersatztermin für die offizielle Präsentation der Nathalie als serienreifen Sportwagen. Drei Wochen nach Genf in Ingolstadt. Wir luden aufs Neue wichtige Gäste, Journalisten, Politiker, Interessenten und Investoren ein. Engagierten einen Schauspieler, um wenigstens einen Hauch Unterhaltung und Show bieten zu können. Und dann Lockdown in Deutschland.

Wieder mussten wir den Gästen Absagen schicken. Stattdessen drehten wir einen Kurzfilm mit Auftritten des Schauspielers, meiner Tochter Magdalena und einer kurzen Ansprache von mir. Trotz der wunderbaren Präsentation meiner Tochter Magdalena erfuhr unser Präsentationsvideo nicht viel Resonanz. Zu sehr wurde die Welt zu diesem Zeitpunkt von anderen Problemen in Atem gehalten.

Dann die nächste Hiobsbotschaft. Unsere chinesische Mutter Aiways stand vor Schwierigkeiten, die noch vor einem Monat niemand geahnt hatte. Der Start der Produktion des U5, von denen hundertfünfzigtausend Stück pro Jahr vom Band laufen sollten, wurde coronabedingt zu einem Desaster. Aiways konnte gerade einmal fünfzig SUV pro Monat verkaufen. Die Produktion stand still. Ich erhielt nur vage Informationen. Offenbar intervenierte die Zentralregierung, half finanziell aus, aber vermutlich zu dem Preis, dass Aiways wohl nicht mehr ganz so unabhängig war wie noch kurz zuvor. Unsere deutsche Zweigstelle in Ingolstadt erwartete noch Zahlungen. Es waren Rechnungen für unsere Entwicklung des U5 offen, für die Umrüstung für den europäischen Markt, für die Zulassungen der ersten vierhundert Stück für eine Mietwagenfirma auf Korsika, für Crashtests in Großbritannien, und nicht zuletzt für reichlich Marketing.

Im Dezember 2019 stellten wir noch gemeinsam auf der chinesischen Insel Hainan in einem Luxushotel den U5 von Aiways vor. Man sprach von „german engineering“, stellte mich, den Gumpert, als legendären Ingenieur vor, auf dessen solider Arbeit der SUV fußte. Das war natürlich übertrieben, die Entwicklung des U5 war das Resultat der Anstrengungen vieler sehr fähiger Leute. In China aber gibt es nahezu hundert konkurrierende Firmen, nicht etwa vier oder fünf wie in Deutschland. Sich gegen diese massive Konkurrenz durchzusetzen, bedarf es gelegentlich auch der einen oder anderen Übertreibung. Tatsächlich aber hatte Aiways von Anfang an sehr fähige und erfahrene Mitarbeiter von Audi oder VW abgeworben. Qualität sollte Masse, wie sie in China üblich ist, übertrumpfen.

Nach der Feier kam einer der Aiways-Vorstände auf mich zu und strahlte über das ganze Gesicht. In meiner Zeit in Changchun, über zwanzig Jahre her, war Winter Wang ein junger, ambitionierter Ingenieur.

„Roland! Ein wunderbarer Vortrag!“, rief er begeistert, nachdem er mich ungestüm umarmt hatte. „Du bist immer mein Vorbild gewesen!“ Ich freute mich sehr über das Lob, mehr noch aber über seine glänzende Arbeit. Er hatte sich hochgearbeitet, maßgeblich an der Entwicklung des U5 mitgewirkt und war nun sogar Vorstand. Um eine Vorstellung von den Leistungen der Ingenieure zu bekommen, muss man sich das technische Niveau der Fabrik vor Augen führen. Aiways ist die wohl einzige Fabrik in China, welche die sogenannte „Heirat“ (das Zusammensetzen von Karosserie und Fahrwerk/Motor) rein computerbasiert ausführen lässt. Für diese Präzisionsarbeit werden gewöhnlich ein Dutzend Ingenieure gebraucht, die jedes Detail, jede Nuance ausmessen und das entsprechende Optimum einstellen. Die bei Aiways eingesetzten Roboter wurden in Deutschland und Japan nach deren Vorstellungen und Werten entwickelt. Auch wenn es kein sonderlich großes öffentliches Interesse an solchen Produktionsdetails geben mag – innerhalb der Autoproduktion ist diese Entwicklung schlicht eine große Leistung.

Wir schreiben das verflixte Jahr 2020, in dem Corona das Weltgeschehen vom Allgemeinen bis hinein ins Privateste bestimmt, in dem man gezwungen ist, in allen Angelegenheiten auf Sicht zu fahren. Planungen erweisen sich als kaum noch möglich. Der Zufall, die Umstände, die politischen Verordnungen, das Schicksal zwingen uns zu verstehen, dass der Mensch nicht alles kontrollieren kann. Manchmal ist es zum Auswachsen, manchmal überwiegt die stoische Einsicht, mehr Demut gegenüber dem Leben und den Ereignissen an den Tag zu legen.

Trete ich einen Schritt zurück, erkenne ich die Hybris, in die sich die Menschheit über die letzten Jahrhunderte hineingesteigert hat, den Allmachtswahn, die Idee, alles, aber auch wirklich alles unter Kontrolle haben zu können. Das Auftauchen dieses Virus zeigt mir, dass wir Menschen noch immer Teil der Natur sind – denn das Virus ist Natur, und es entzieht sich unserer Kontrolle, es offenbart unsere Verwundbarkeit.

Doch die Wirkungen dieses Virus erfahren wir unmittelbar. Anders verhält es sich mit der Umwelt- und Klimaproblematik, deren Folgen nicht minder bedrohlich sind, aber durch ihre Langfristigkeit im Alltag nicht hinreichend wahrgenommen werden. Wir als Menschheit preschten mit unserem technischen Fortschritt nach vorn, dachten nicht oder kaum über die Folgen für das fragile Ökosystem dieses Planeten nach. Und ich war ein Teil dieser Bewegung. Wir bauten in den 1980er Jahren monströse Boliden, Autos, die kaum noch ein Fahrer wirklich beherrschen konnte. Wir interessierten uns nur selten für Spritverbrauch oder Umweltfragen – der damalige Zeitgeist verlangte ein Immer-weiter, Immer-höher.

Ich neige nicht zu Selbstanklagen, auch nicht im kollektiven Sinne. Die Klimaschutzbewegung Fridays For Future hat zu Recht auf die Dringlichkeit eines Umdenkens hingewiesen, welche die

Prognosen der Klimaforscher und Ökologen nahelegen. Aber ich stimme ihr auch darin zu, dass es nach der allgemeinen Alarmierung nun zu entsprechenden Lösungen kommen muss. Und für diese sind unter anderem Ingenieure die Leute, die gefragt werden und die in ihrer Tätigkeit unterstützt werden müssen.

Dies ist die große Herausforderung unserer Zeit: Kreativität ist gefragt. Kreativität ist kein Luxus mehr, sondern blanke Notwendigkeit. Architekten, Mediziner, Politiker, Wissenschaftler oder Finanzexperten müssen ermutigt werden, über die Grenzen des Bisherigen hinauszudenken. Ich bin Ingenieur und baue Autos. In diesem Bereich kann ich etwas tun. Gibt es Möglichkeiten, bei der Energiegewinnung auf fossile Brennstoffe zu verzichten? Wie können Materialien auf grüne Weise hergestellt werden? Ist es möglich, uns trotz der Umweltprobleme den Individualverkehr zu erhalten? Ich bin davon überzeugt, dass dies nicht nur möglich, sondern auch notwendig ist. Autofahren ist ein Aspekt von Freiheit und Selbstbestimmung. Und wenn es umweltschädlich ist, sollten wir verdammt noch mal an Lösungen arbeiten, uns diese Freiheiten auf umweltverträgliche Weise erhalten zu können.

Durch diese seltsame gegenwärtige Zeit wird nicht nur mir aufs Neue deutlich, dass es keine nationalen Lösungen für die globalen Probleme geben kann. Beispielsweise kann ein klassisches Elektroauto in einer deutschen Großstadt sehr sinnvoll sein. Aber sind damit die Probleme in Südamerika, in Afrika oder in Südasien gelöst? Nein. Das Klima schert sich nicht um nationale Grenzen. Denn wer errichtet und bezahlt in den eher armen und im Vergleich zu Europa wenig technologisierten Gegenden der Sahelzone, Argentiniens oder Indiens das nötige Infrastrukturnetz für Elektroautos? Wie erzeugen wir den dazu nötigen Strom? Wo bekommen wir die nötigen Rohstoffe her? Und wer kann sich überhaupt ein neues Auto leisten?

An diesen Fragen arbeite ich, und die Konstruktion des Supersportwagens soll der Welt zeigen, dass alternative Antriebstechnologien möglich und umsetzbar sind – übrigens auch in kleinen und preiswerten Fahrzeugen. Denn was in einem solchen Sportwagen möglich ist, kann auch problemlos auf andere Fahrzeuge übertragen werden.

Nun, der Genfer Autosalon wurde nur wenige Tage vor der Eröffnung von den Schweizer Behörden abgesagt. Die Ansteckungs- und Verbreitungsgefahr durch das Coronavirus wurde zu groß. Aus einer distanzierten Sicht halte ich diese Absage noch immer für richtig. Aber Gumpert Aiways steckte plötzlich in beachtlichen finanziellen Schwierigkeiten. Die Nathalie war serienreif, die Produktion sollte im Sommer anlaufen. Stattdessen: Kurzarbeit meiner Angestellten, Zögern der Investoren aufgrund planerischer Unsicherheit, ganz abgesehen davon, dass die Aufmerksamkeit des Publikums heute natürlich auf ganz andere Probleme gerichtet ist.

Doch die Coronakrise wird vorübergehen – die Umweltprobleme und die Notwendigkeit, möglichst schnell entsprechende Lösungen zu finden, bleiben allerdings bestehen und werden bald wieder sehr präsent werden.

Geduld also. Trotz Kurzarbeit in meiner Manufaktur in Ingolstadt arbeite ich weiter an der Verfeinerung unserer Brennstoffzellentechnologie.

Termin in der bayrischen Staatskanzlei. Man interessiert sich für die Methanol-Brennstoffzelle. Zu Demonstrationszwecken fahre ich gern mit beiden Autos vor: der Nathalie und dem Smart, den wir mit Elektromotor und Brennstoffzelle ausgerüstet haben. Das Antriebssystem erweist sich als geeignet sowohl für hochgezüchtete Boliden wie den Sportwagen als auch für kleine, alltagstaugliche Fahrzeuge.

Doch vor dem Termin müssen wir die Brennstoffzellen austauschen. Wir haben kleinere Weiterentwicklungen vorgenommen, und es soll alles funktionieren. Meine Söhne kommen vorbei und helfen mir. Wir tauschen die Zellen aus. Testdurchgänge. Alles läuft.

Der Smart des Ministers

Der Smart. Wie wir zu diesem Auto gekommen sind, hätte eine ermutigende Geschichte werden können, wenn sie nicht ein ziemlich ungünstiges Licht auf die gegenwärtige deutsche Politik werfen würde. Und doch ist es ja nicht selten so, dass auch fehlschlagende Pläne letztlich zu Ergebnissen führen, die sich in der Retrospektive als vorteilhaft erweisen.

Auf einer Grillparty von Volker Gehrt, der für uns unter anderem den Karosseriebau durchführt, lernte ich vor einigen Jahren Andreas Scheuer kennen. Damals war er noch Minister in Bayern, später wurde er Bundesverkehrsminister. Im Februar 2019 kam es zu einem Treffen mit Scheuer in dessen Ministerium. Wir wurden von ihm und einer stattlichen Anzahl von Staatssekretären empfangen. Man bestaunte unseren Sportwagen, und später, in einem Konferenzsaal, erläuterte ich ausführlich unser technologisches Prinzip. Ich kam aus dem Staunen nicht mehr heraus, als ich feststellte, dass die Politiker mehrheitlich der gleichen Ansicht waren wie ich selbst, nämlich dass reine Wasserstoffautos keine zukunftsträchtige Lösung darstellten. Sie kannten all die Probleme mit den Tankstellen, der Explosivität des Wasserstoffs, den technischen Notlösungen, die allesamt zu aufwendig, zu teuer und auch zu gefährlich waren. Und dennoch, dachte ich mir, fördert ihr nach wie vor die Technologie mit reinem Wasserstoff für Pkws, obwohl ihr wisst, dass ihr damit sowohl Zeit als auch Geld zum Fenster hinauswerft. Natürlich sagte ich das nicht laut.

Scheuer zeigte sich besonders interessiert.

„Kommen Sie", lud ich ihn ein, „machen wir eine Probefahrt!"

Der Minister fuhr selbst die Nathalie, mit mir als Beifahrer, und sein ganzes Gesicht strahlte. Dann wurde er ernst.

„Herr Gumpert, das ist ein Sportwagen, den können sich nur wenige leisten. Sehen Sie, meine Frau ist unzufrieden mit unserem Elektroauto, ich bin unzufrieden, ständig müssen wir nachladen, das dauert ewig, so kann man doch nicht Auto fahren. Lässt sich dieses Prinzip nicht auch in kleinere Autos einbauen? In einen Golf oder einen Smart?"

„Aber sicher! Geben Sie mir ein beliebiges Auto, ich rüste es Ihnen um!"

Zwei Wochen später bekam ich einen Anruf aus Berlin vom Bundesministerium für Verkehr. Man würde mir gern einen Wagen, einen Smart, zukommen lassen mit der Bitte, diesen für den Herrn Verkehrsminister mit Batterie und Brennstoffzelle umzurüsten. Wir holten den Smart aus Berlin ab, auf seiner Seite prangte sogar der Bundesadler. Wir gaben uns in unserer Manufaktur in Ingolstadt alle Mühe, ich hatte keine Lust, mich zu blamieren. Nach zwei Monaten waren wir fertig, der Smart nach dem gleichen Prinzip wie schon in der Nathalie umgebaut, mit Methanoltank, mit Integration, der ganzen neuen Elektronik, der Brennstoffzelle samt Reformer, und er lief tadellos. Ich rief in Berlin an, man könne den Smart abholen, er sei bereit. Obendrein gäben wir dem Herrn Scheuer gern eine eigens von uns gebaute mobile Zapfsäule mit einem Volumen von tausend Litern mit, die er wahlweise vor dem Ministerium oder zu Hause aufstellen könne. Doch wen auch immer ich an das Telefon bekam, er oder sie war nicht zuständig. Der Minister selbst hatte, wie ich aus den Medien wusste, alle Hände voll mit dem Skandal um die Autobahn-Maut zu tun. Ich verstand Scheuer nicht. Wäre es nicht für den Verkehrsminister einer der größten Volkswirtschaften der Welt ein großartiges Prestige-Projekt, wenn er der erste Politiker wäre, der in Berlin vollkommen emissionsfrei Auto fahren würde?

Kurze Zeit darauf stand ein Termin mit dem ZDF an, das eine Dokumentation über den Methanolantrieb und dessen Möglichkeiten für die Formel 1 drehen wollte. Ich rief wieder im Ministerium an und drohte, diese Angelegenheit über das Fernsehen publik zu machen. Plötzlich wurde man freundlicher, versprach mir, den Smart so bald wie möglich abzuholen und die ausstehenden vereinbarten Rechnungen zu bezahlen. Ich hielt mich an den Deal, das ZDF filmte den Smart nicht. Anschließend schlief die ganze Angelegenheit wieder ein. Bis heute steht der Smart bei mir. Manchmal fahre ich selbst mit ihm, öfter aber meine Töchter. Doch, wie schon angedeutet, in jedem Pech steckt auch der Same des Guten. Ich führe heute den Smart gemeinsam mit der Nathalie den Investoren, Staatskanzleien oder Ministerien vor, was einen deutlich höheren Überzeugungswert hat. Die Frage, ob ein solcher Antrieb angesichts des Supersportwagens nicht etwas zu Exklusives sei, erübrigt sich mit Blick auf den kleinen Smart, der nun seit einem Jahr ohne Probleme zuverlässig fährt.

Für globale Probleme gibt es nur globale Lösungen

Spätestens durch die Coronakrise, während der ich dieses Buch schreibe und meine Mitarbeiter größtenteils in Kurzarbeit sind, ist auch einer breiteren Öffentlichkeit deutlich geworden, dass Globalisierung kein abstrakter Begriff mehr ist, der sich lediglich auf den wirtschaftlichen Bereich beschränkt. Im selben Ausmaß, wie wir unsere Wirtschaftsbeziehungen, den Finanzmarkt, unsere Kommunikationsstrukturen weltweit ausdehnen, so globalisieren sich auch die damit einhergehenden Schwierigkeiten, für die wir praktikable Lösungen finden müssen.

Das derzeit drängendste dieser Probleme ist meines Erachtens das der Ökologie. Die stetig wachsende Industrie auf diesem Planeten hinterlässt natürlich Spuren. Dass die dafür nötigen Ressourcen nicht unendlich zur Verfügung stehen und dass ein anhaltender Raubbau von Rohstoffen, von fossilen Brennstoffen und seltenen Erden bis hin zu Holz, massive und teilweise unkontrollierbar gewordene Veränderungen in dem fragilen Ökosystem des Planeten zur Folge hat, wird immer deutlicher.

In den achtziger Jahren nahm man die Agenda der neu gegründeten Partei der Grünen noch nicht allzu ernst. Zu sehr haftete ihr die Attitüde von Hippies und Alternativen an. Anfang der siebziger Jahre, während der Ölkrise, bestanden die Sorgen eher darin, dass die Saudis Europa den Ölhahn zudrehen könnten. Doch in den folgenden Jahrzehnten zeigte sich, dass der wachsende Verbrauch von fossilen Brennstoffen nicht nur konkrete Verschmutzungen und Zerstörungen der Umwelt, sondern offenbar auch eine langfristigere Veränderung des allgemeinen Klimas zur Folge hat. Der Grund liegt auf der Hand: Kohlenstoff, der über Jahrmillionen unter der Erde in Form von Kohle, Erdöl und

Erdgas gebunden war, wird nun über Förderung und Verbrennung in die Atmosphäre überführt. Die chemische Zusammensetzung der Luft ändert sich zwangsläufig, und über die möglichen meteorologischen Folgen herrscht unter Klimaforschern im Großen und Ganzen Einigkeit. Doch auch Skeptikern eines durch den Menschen (mit-)verursachten Klimawandels müsste klar sein, dass allein schon die konkrete Luftverschmutzung, wie in Peking, Delhi oder Colombo, auf Dauer nicht akzeptabel sein kann. Millionen Menschen sterben jedes Jahr an den Folgen verschmutzter Luft, die Atemwegserkrankungen hervorruft oder zumindest begünstigt. Ganze Landstriche in Indien, China, Indonesien, aber auch in Europa versinken in einem schon zur Gewohnheit gewordenen Smog. In einer globalisierten Welt offenbart sich die Absurdität regionaler Maßnahmen, welche die globalen Dimensionen nicht berücksichtigen. Die Einführung von „Umweltzonen" in deutschen Städten mag dazu geführt haben, dass einige Stinker nicht mehr in ihnen herumfahren. Doch wo fahren diese jetzt, sofern sie nicht verschrottet wurden? Sie wurden exportiert und verpesten nun die Luft in den Städten Osteuropas, Afrikas und Asiens. Das ist also keine Lösung, sondern nur eine Verlagerung des Problems. Abgesehen davon, dass der ökologische Fußabdruck immer positiver sein wird, wenn ein bereits gebautes Auto so lange wie möglich gefahren wird, statt ein neues zu produzieren.

Die Europäische Union hat sich zum Ziel gesetzt, bis 2050 CO_2-neutral zu werden. Das ist natürlich eine Utopie, und als Techniker sehe ich noch nicht, dass dieses Ziel erreicht wird. Aber dennoch finde ich es richtig, sich solche Ziele zu setzen.

Betrachten wir aber die Lage realistisch. Deutschland setzt sich hehre Ziele, beschließt den Ausstieg aus der Kernenergie, ist aber stattdessen umgeben von Kernkraftwerken der Nachbarländer. Durch der Tschernobyl-Katastrophe 1986 wissen wir, dass Radioaktivität nicht vor Ländergrenzen Halt macht. Ersatz für die Kernkraftwerke wird für die nächsten Jahre in Deutschland die Kohle sein. Zwar wurde auch da ein Ausstieg beschossen, aber allein das festgelegte Datum, zwischen 2035 und 2038, verrät, dass wir derzeit auf Kohle nicht verzichten können (oder wollen).

Die Forschung an und Förderung von erneuerbaren Energien ist prinzipiell richtig und angesichts der globalen Lage unverzichtbar. Aber darin stehen wir, und nicht nur in Deutschland, gerade einmal am Anfang.

Die globale Situation ist nur multidimensional zu verstehen. Wir befinden uns inmitten eines Netzes aus wechselwirkenden Abhängigkeiten und den verschiedensten Subproblemen, die man zwangsläufig mit beachten muss. Es wäre eine naive Vision, auf internationaler Ebene und auf einen Schlag den Ausstieg aus allen fossilen Brennstoffen und der Kernkraft zu beschließen. Beispielsweise Australiens Wirtschaft, die hochgradig vom Kohleabbau abhängig ist, würde von heute auf morgen zusammenbrechen. In China sähe es ähnlich aus, auch wenn man den Chinesen zugestehen muss, gerade auf dem automobilen Sektor die Sinnhaftigkeit neuer und nachhaltiger Technologien schnell zu verstehen und zu fördern.

Realistisch betrachtet ist es völlig illusorisch zu erwarten, dass im Jahre 2050 auch in Brasilien, in Ghana oder in Indien ausschließlich E-Autos fahren werden. Weder die Wirtschaftsleistungen noch die logistischen Möglichkeiten der meisten Länder dieser Erde bieten dafür die notwendigen Voraussetzungen.

Ungeachtet dieser Probleme nehmen Umwelt- und Klimaveränderungen weiter Fahrt auf, und viel Zeit wird uns wohl nicht bleiben.

Worin also könnten Lösungen bestehen? Natürlich habe ich nicht für all die Probleme eine Antwort – ich bin nur ein Ingenieur und Autobauer –, aber in den wesentlichen Punkten teile ich die Meinung der meisten Fachleute. Zunächst einmal müssen wir uns vergegenwärtigen, dass sich die zur Debatte stehenden neuen Technologien noch in einem Entwicklungsstadium befinden, wie vor etwa achtzig Jahren der Verbrennungsmotor. Wir müssen uns also eine gewisse Zeit der Entwicklung, der Innovationen und neuer Ideen und Experimente zugestehen. Richtlinien dabei ließen sich aber schon heute aufstellen.

Zum einen sollte eines der Forschungskriterien sein, schrittweise durch zunehmende Nutzung von Primärenergie den Wirkungsgrad von Technologien welcher Art auch immer zu erhöhen. Bis heute wird mehrheitlich Sekundärenergie genutzt. Sekundärenergie heißt, dass die zum Beispiel einem Rohstoff innewohnende Energie mehrmals umgewandelt wird, bevor sie zum eigentlich beabsichtigten Einsatzort gelangt. Wir bauen etwa Kohle ab, verbrennen diese, um mechanische Energie und dann elektrische Energie zu gewinnen. Ein langer Weg, bevor die Glühbirnen leuchten.

Primärenergie heißt hingegen, die Energie der Ursprungsquelle möglichst ohne Zwischenumwandlungen zu nutzen. Man gewinnt etwa über Kollektoren aus der Sonneneinstrahlung Energie und speist diese direkt ins Stromnetz oder in eine Batterie.

Zum anderen wird es unumgänglich sein, die sozialen und wirtschaftlichen Bedingungen vor Ort zu berücksichtigen. Für Veränderungsprozesse dieser Dimensionen braucht es eine allgemeine Bereitschaft der Menschen, diese mitzutragen. Wenn gerade in ärmeren Ländern die Bevölkerung durch politische Entscheidungen zur Energiewende massive Einbußen ihres Lebensstandards oder ihres Broterwerbs befürchten müssen, sind all diese Mühen umsonst. Wir brauchen also Übergangslösungen.

Ich bin mit Professor Markus Lienkamp verabredet. Er ist Professor für Fahrzeugtechnik an der Technischen Universität München und kann auf eine beeindruckende Expertise mit über zweihundert Veröffentlichungen und umfangreiche Forschungsarbeiten für VW verweisen. Sein Schwerpunkt ist heute die Elektromobilität. Wir treffen uns in München.

Lienkamp ist ein glühender Verfechter der Nutzung von Primärenergie. Diesbezüglich bin ich mit ihm einig. Doch meines Erachtens wird in seinen Konzepten zu wenig die Übergangszeit berücksichtigt, die wir einkalkulieren müssen, bis wir auch auf globaler Ebene über genügend Infrastruktur verfügen, um ausschließlich Primärenergie nutzen zu können.

„Sehen Sie", sage ich, „alles, was Sie sagen, ist richtig. Doch formulieren Sie da ein Ziel, das unmöglich in kurzer Zeit erreicht werden kann. Etwa in den allermeisten Regionen Afrikas wird es nicht sofort flächendeckend einen Stromanschluss geben. Und solange das so ist, brauchen wir alternative Lösungen für diese Übergangszeit. Wie lange diese dauert, weiß ich natürlich nicht, vielleicht fünfzig, vielleicht hundert Jahre. Und in dieser Zeit wird es nötig sein, sowohl auf Primärenergie als auch auf Sekundärenergie zu setzen. Mein Auto kann beides: Sie können es an einer Ladestation aufladen, oder Sie können Methanol tanken, und über die Brennstoffzelle erzeugt es dann seinen eigenen Strom. Primärenergie und Sekundärenergie, je nach dem, was verfügbar ist."

Lienkamp wird nachdenklich. Wir sprechen weiter über die Möglichkeiten, Methanol auf eine Weise herzustellen, die nachhaltig und bezahlbar ist. Nur in einer Sache sind wir einer Meinung: Fossile Rohstoffe kommen zur Herstellung nicht infrage. Natürlich wäre es der ideale Weg, Kohlendioxid direkt der Luft zu entziehen und es mithilfe von Sonnenenergie mit Wasserstoff zu Methanol zu verbinden. Theoretisch wäre das sogar möglich. Man denke an die riesigen Wüstenflächen in Afrika oder Asien, in denen Sonnenkollektoren aufgestellt und durch entsprechende Anlagen große Mengen von Methanol produziert werden könnten, die über ein Pipelinesystem in die entsprechenden Abnehmerländer geleitet werden würden. Lienkamp und ich wissen beide, dass wir über eine utopische Vision sprechen, die, wenn überhaupt, frühestens in vielen Jahrzehnten realisiert werden kann. Konsens besteht zwischen uns ebenfalls in der Feststellung, dass eine reine Wasserstofftechnologie nicht zukunftsfähig ist. Was also kann und sollte die Alternative sein? In vielen Lösungsansätzen wird lediglich das zu erreichende Ziel beschrieben, aber zu wenig der Weg dahin berücksichtigt. Für mich steht die Sinnhaftigkeit des Ziels – das Nutzen von Primärenergie – außer Frage. Aber ich frage mich, auf welche Weise und mit welchen Schritten wir, ausgehend von den realen gegenwärtigen Bedingungen, dieses gesteckte Ziel auch erreichen können.

Das Elektroauto wird vermutlich die Zukunft sein, auch wenn es diesbezüglich noch viele Probleme zu lösen gilt, allen voran die Umweltverträglichkeit der Batterien in Herstellung und Entsorgung. Doch auch da ist man bereits auf einem guten Weg, erforscht neue Materialien und neue Technologien.

Ich sehe Denkerfalten auf Professor Lienkamps Stirn. Ganz

wohl scheint ihm mit der Idee des reinen Elektroautos nicht mehr zu sein.

„Geben Sie mir ein paar Monate Zeit", sagt er, „Ihre Ansätze zu erforschen. Ich werde darüber eine Arbeit verfassen."

Während ich die Nathalie starte, um zurück nach Ingolstadt zu fahren, fühle ich mich ziemlich optimistisch. So geht sachlicher Austausch. Wären doch alle führenden Köpfe solch überlegten und offenen Geistes wie dieser Professor.

Leider habe ich nur wenige Tage zuvor ein ziemlich deprimierendes Gespräch mit einem anderen Professor führen müssen, der für einen großen deutschen Automobilkonzern arbeitet. Dieser wiederum verteidigt die reine Wasserstofftechnologie und präferiert eine Brennstoffzelle für flüssigen Wasserstoff. Angesprochen auf all die ungelösten Probleme mit Wasserstoff bleibt er vorerst diplomatisch. All diese Probleme seien eigentlich kein Problem, daran arbeite man, und die seien alle zu lösen. Ich insistiere auf einer etwas detaillierteren Antwort. Und dann höre ich sein Hauptargument: Die Gesetzgebung würde seine Wasserstoff-Brennstoffzelle als CO_2-neutral einstufen, was jede Menge, auch finanzielle, Unterstützung bedeutet, während Methanol vom Gesetzgeber noch nicht anerkannt sei. Und deswegen könne man das mit der Methanol-Brennstoffzelle nicht machen. Ich korrigiere ihn. Wir verbauen immerhin eine klassische Wasserstoff-Brennstoffzelle, nur der Träger für den Wasserstoff sei eben Methanol und nicht der zuhöchst gefährliche, entzündliche und schlecht zu transportierende Wasserstoff selbst.

„Und das", erwidere ich, „ist die Lösung für die Probleme, die Sie nicht in den Griff bekommen."

Ich sehe, dass der Wissenschaftler mir insgeheim auf der sachlichen Ebene recht gibt, allein, er ist gebunden an Vorgaben, an Fördergelder, Gesetzeslagen.

„Müssten wir", versuche ich ihn zu überzeugen, „dann nicht vielmehr den Gesetzgebern, Brüssel und der Bundesregierung, beweisen, dass Methanol diese Probleme lösen kann? Und dass es durchaus, wenn wir es grün herstellen, CO_2-neutral ist? Woher soll der Gesetzgeber das denn wissen, wenn wir als Forscher, Ingenieure und Wissenschaftler ihm das nicht mit unseren Entwicklungen und Veröffentlichungen mitteilen?"

Er könne nichts machen, gibt er zurück, solange die Gesetzeslage eben so sei, wie sie derzeit ist.

Sein Opportunismus reizt wiederum meine Dickköpfigkeit: „In China betrachtete man bis vor kurzem das Elektroauto als das Nonplusultra. Das hat sogar die Bundesregierung eingesehen und Elektroautos gefördert, weil China ein riesiger Absatzmarkt ist. Aber wissen Sie, was in China gerade passiert? Seit Januar schwenkt die Zentralregierung um, reine Elektroautos sind passé, und stattdessen wird Wasserstoff gefördert – und Methanol als Träger für Wasserstoff auch! Wollen wir das verschlafen?"

Mein Gesprächspartner nickt sehr verhalten, widerspricht mir aber dann lahm, man hätte das doch vor zwanzig Jahren schon probiert mit dem Methanol, aber das hätte nicht geklappt. Der dazu nötige Reformer, in dem das Methanol-Wasser-Gemisch erhitzt wird, wäre viel zu groß.

Ja, gebe ich ihm recht, das war damals so. Ich erinnere mich an eine riesige Anlage, die mit einem Anhänger hinter dem Auto hergezogen werden musste.

„Unser Reformer ist heute aber nur noch so groß" – ich zeige es ihm, indem ich mit den Armen die Dimensionen von circa fünfzig auf dreißig und dann auf zwanzig Zentimeter andeute.

„Nicht größer als ein Auspufftopf! Die Technikentwicklung steht doch nicht still.“ Die großen deutschen Autohersteller hatten damals die Flinte ins Korn geworfen und gesagt, das alles ginge so nicht, die Reformer werden zu groß, wir schaffen das nicht. Und so hat die deutsche Autoindustrie eine wichtige Entwicklung schlicht verpasst.

Der tägliche Kampf eines freien Autokonstrukteurs

— Sommer 2020

Ich telefoniere mit Fu Quiang. Wir stecken alle miteinander in großen und vor allem unerwarteten Schwierigkeiten, die wir klären müssen. Aiways könne die ausstehenden Rechnungen nicht mehr bezahlen, gesteht Fu Quiang. Man müsse derzeit selbst sehen, wie der Konzern den Wirtschafts- und Produktionseinbruch überleben könne. Wir einigen uns in der Folge darauf, das Joint Venture aufzulösen. Gumpert Aiways Automobile würde wieder zu einem unabhängigen Unternehmen mit Hauptsitz in Deutschland und alle Abhängigkeiten mit Aiways aufgelöst werden. Wir würden die chinesischen Anteile zurückerhalten, vor allem aber wären wir berechtigt, als deutsches Unternehmen deutsche Kredite und Fördergelder beantragen zu können.

Und das wird dringend nötig sein. Zwar ist glücklicherweise die technische Entwicklung der Nathalie und des Antriebsystems mehr oder weniger abgeschlossen, und beides ist serienreif, doch um in Produktion zu gehen, brauchen wir neue Investoren.

Corona hin oder her, die Welt der Wirtschaft und auch der Automobilindustrie schläft nie, auch wenn es durch die weltweiten Lockdowns den Eindruck erwecken mag. Trotz Maskenpflicht, Sicherheitsabständen und Reiseeinschränkungen jagt ein Termin den nächsten.

Vertreter des Flugzeugherstellers Airbus möchten sich bei mir über die Gumpert Power Cell erkundigen. Meines Erachtens wird es höchste Zeit, dass sich der Flugzeugbau für alternative Antriebe zu interessieren beginnt. Die Techniker von Airbus verstehen unser Prinzip sofort, und sie erkennen auch das Potenzial eines Methanolantriebs für den Flugzeugbau.

Kaum ein Fahrzeug verbraucht so viel Treibstoff und produziert so viele Emissionen wie ein Flugzeug. Hinzu kommt der Konkurrenzkampf vieler Fluglinien, der in den letzten Jahrzehnten das Fliegen so preiswert hat werden lassen. Zu preiswert. Ist es wirklich sinnvoll, für zwanzig Euro nach Barcelona oder London zu fliegen, um am Wochenende dort einen Kaffee zu trinken, ein paar Boutiquen zu besuchen und abends wieder zurückzufliegen? Der Preis für Passagiere solcher Billigflüge steht in keinem Verhältnis zu den tatsächlich verursachten Kosten. Denn eine realistische Rechnung müsste all die Faktoren berücksichtigen, die das Fliegen ermöglichen und die diesbezüglichen Kosten einkalkulieren. Zu denen gehören die der Flugzeugherstellung, des Betreibens der Flughäfen, der Personalkosten, der Herstellung von Kerosin und die Folgekosten der Schäden für Umwelt und Klima aufgrund des Kerosinverbrauchs. Die zwanzig oder hundert Euro pro Passagier sind jedenfalls meilenweit von den tatsächlichen Kosten entfernt.

Für die Markteffekte kann ich natürlich keine Lösungen anbieten, wohl aber für alternative Technologien. Methanol wird zumindest im Moment das Kerosin als wichtigsten Treibstoff nicht ersetzen können. Aber es sind nicht nur die Turbinen, die von Kerosin angetrieben werden, es sind auch die vielen Nebenaggregate, und diese zu betreiben, bieten sich Brennstoffzellen geradezu an. Man könnte tatsächlich einen spürbaren Prozentsatz von Kerosin pro Flug einsparen.

Das Engagement von Airbus freut mich natürlich. Ob es zu einer Zusammenarbeit kommt, wird die Zeit zeigen. Aber dass man sich überhaupt Gedanken darüber macht, die Umweltbilanz von Flügen zu verbessern, ist ein Grund für einen zumindest dezenten Optimismus.

Auch die Sächsische Staatskanzlei zeigt sich interessiert. Ich besuche den Staatsminister für Bundes- und Europaangelegenheiten und Chef der Sächsischen Staatskanzlei Oliver Schenk in Dresden. Wir fahren mit beiden Autos vor, der Nathalie und dem Smart. Das Wetter spielt mit, die Sonne glitzert auf dem gelben Lack des Sportwagens. Hinter uns die beeindruckende Skyline des barocken Dresden mit Brühlscher Terrasse und der wiederaufgebauten Frauenkirche.

Schenk ist begeistert, nachdem er sich von mir das Prinzip des Methanolantriebs erklären lassen hat. In Sachsen produzieren bereits einige große deutsche Automobilkonzerne, BMW und Porsche in Leipzig und VW in Dresden und Zwickau. Wir sprechen auch über Tesla in Brandenburg. Tesla baut reine Elektroautos, die vollständig vom Stromnetz und der Infrastruktur von Ladestationen abhängig sind.

Zum einen ist es für Sachsen nicht ohne Reiz, den Brandenburgern mit einer Produktion von Gumpert-Fahrzeugen etwas entgegenzusetzen. Zum anderen lässt sich der Minister von der Möglichkeit der Doppelnutzung (Methanol oder Strom) der Nathalie überzeugen. Wir können, wie einen Tesla, unseren Sportwagen einfach über die Steckdose aufladen, wir können aber auch Methanol tanken, was erheblich Zeit spart und obendrein deutlich umweltverträglicher ist. Denn was, so argumentiere ich, solle ich machen, wenn ich mit einem reinen Elektroauto nachts wegen eines unerwarteten Termins nach Hamburg fahren müsse, aber das Auto noch nicht hinreichend aufgeladen wäre? Oder ich meine Frau ins Krankenhaus fahren müsse, und das Auto hinge noch immer an der Steckdose? Sofern ich unterwegs überhaupt eine Ladestation finden würde?

Würde es denn nur um einen Supersportwagen gehen, fragt der Minister, das Antriebsystem sei doch wie geschaffen, um Kleinwagen oder Lkws damit auszurüsten.

Ja, entgegne ich, die Nathalie ist gewissermaßen unser Leuchtturm. Mit ihr erzeugen wir die nötige Aufmerksamkeit. Unsere Ziele aber sind deutlich ambitionierter.

Ein Supersportwagen ruft Emotionen wach, er erzeugt Aufmerksamkeit. Diese Aufmerksamkeit ist nötig, um einer breiteren Öffentlichkeit die Möglichkeit eines solchen Antriebssystems überhaupt erst bekannt zu machen. Auch wenn ich die Nathalie für ein tolles Auto halte, geht es mir tatsächlich darum, durch ein serienreifes Auto zu beweisen, dass die Methanoltechnologie ein machbarer Weg ist. Nun, das ist die einfache Antwort.

Ein anderer Grund, warum ich kein Lieschen-Müller-Auto mit Brennstoffzelle entwickelt habe, besteht in der Zwangslage, in der man als unabhängiger Autobauer steckt. In einem großen Konzern, etwa bei VW oder Mercedes, gibt es die „Technische Entwicklung", die mit entsprechenden Budgets ausgestattet wird. Führt man aber ein unabhängiges Autounternehmen, müssen die Aufgaben der Technischen Entwicklung mit den Aufgaben der Finanzierung von mir in Personalunion gelöst werden. Ohne ein bereitgestelltes Budget von einem Vorstand oder gar durch die

Bereitstellung von Fördergeldern der Regierungen ist man auf Investoren angewiesen – entweder aus der Privatwirtschaft oder durch offizielle Behörden, etwa durch Ministerien. Dazu aber müssen die entsprechenden Technologien wahrgenommen werden. Und das funktioniert am ehesten mit einem spektakulären Auto, das Rekorde einfährt, in der Presse besprochen wird, das Diskussionen auslöst und, man verzeihe mir das Wort, schlicht sexy ist.

Ich beginne, Oliver Schenk unsere langfristige Strategie auszurollen. Ich erzähle ihm von der Kooperation, die wir mit dem polnischen Busunternehmen „Rafael" geschlossen haben. Rafael ist ein Elektrobus-Hersteller, der künftig seine Busse mit der Gumpert Power Cell ausrüsten wird, um stromnetzunabhängig zu werden. Diese Umrüstung, die wir übernehmen, wird es Rafael ermöglichen, mit Methanol problemlos bis zu achthundert Kilometer über Land zu fahren, um die zu großen Distanzen zwischen den einzelnen Ladestationen zu überbrücken.

Schenk hört aufmerksam zu. In vielen sächsischen Städten fahren bereits Elektrobusse. Später fragt er, ob es auch Ideen für eine Fortführung der Pkw-Produktlinie geben würde.

„Ja, neben der Entwicklung von Elektrobussen und Lkws haben wir auch Pläne für weitere Sportwagen. Wir haben uns bereits zwei weitere Markennamen für diese sichern lassen. Sehen Sie, Nathalie ist der Name meiner ältesten Tochter aus zweiter Ehe. Es wird aber auch eine Magda Furiosa und eine Lucrezia geben, benannt nach meinen jüngsten Töchtern."

„Magda Furiosa?"

„Ja. Können Sie sich den Apollo vorstellen? So, aber noch verrückter und elektrisch mit der Gumpert Power Cell. Magdalena ist die wahrscheinlich leidenschaftlichste meiner Töchter. Und dieses Temperament wird in das Auto fließen. 1.000 PS, ganz italienisches Blut. Das wird es aber nur hundertmal geben. Die Lucrezia wiederum wird ein Viersitzer, eine Kombilimousine, ähnlich dem Porsche Panamera, aber natürlich auch mit unserer Gumpert Power Cell ausgerüstet. Davon sind mehrere tausend Stück angedacht, und die Lucrezia wird auch entsprechend erschwinglicher sein.

Das eigentliche Kernstück unserer Konzeptionen ist aber ein Transporter, etwa in der Größe eines VW-Busses. Wir haben die Einheiten bereits fertig konstruiert. Er wird eine Höchstgeschwindigkeit von maximal 90 km/h haben, dafür aber ohne Emissionen, umweltneutral und preiswert. Wir sprechen damit Handwerker und andere Gewerbetreibende an, aber auch Postunternehmen oder Großfamilien. Durch die geringe Höchstgeschwindigkeit kann er eine vereinfachte Zulassung erhalten. Wir haben einen speziellen Antriebsstrang für den Transporter entwickelt, den wir uns patentieren lassen und der als Lizenz an andere Autounternehmen vergeben werden kann. Ähnlich wie die italienische Vespa, die ja mittlerweile auch in vielen Ländern über Lizenzen produziert wird. Die Anordnung der Aggregate, Motorblock und Getriebe können als Einheit dann von uns übernommen werden. Die Idee dahinter ist, ein praktisches Auto zur Verfügung zu stellen, das nicht nur die Nachteile der reinen Elektroautos mit langen Ladezeiten und dünnem Ladestationennetz mithilfe der Gumpert Power Cell aufheben, sondern auch umweltverträglich überall in der Welt zum Einsatz kommen kann. Egal, ob in einer Großstadt oder in strukturschwachen Gebieten in Afrika oder Südeuropa."

Schenk nickt. „Ja, solche Konzepte brauchen wir für die Zukunft. Warum aber bauen Sie dann diese Supersportwagen? Ich meine, 300 km/h und 1.000 PS? Die Grünen fordern sogar ein Tempolimit auf den Autobahnen."

Zeit, offen zu sprechen.

„Wir brauchen Publicity für diese Technologien. Das ist der wichtigste Grund. Wenn ein solcher Antrieb in einem 1.000-PS-Sportwagen funktioniert, wird er auch in einem 50-PS-Transporter funktionieren. Das versuchen wir mit der Nathalie und der Magda Furiosa zu beweisen. Und solche Lösungen brauchen wir nicht nur in Deutschland, sondern weltweit. In Indien muss der CO_2- und Stickoxidausstoß genauso gesenkt werden wir hier, sonst bekommen wir die Umweltproblematik nicht in den Griff. Ich glaube nicht, dass man dieses Ziel über Verbote und Sanktionen erreichen kann, sondern stattdessen durch attraktive Angebote. Wenn wir Menschen in Indien oder Brasilien zeigen können, dass es sogar von Vorteil ist, unseren Transporter zu kaufen, weil er deutlich weniger Kraftstoffkosten verschlingt, in der Anschaffung preiswert ist und auf das schon bestehende Tankstellennetz zurückgreifen kann, statt lange nach einer Ladestation zu suchen, dann werden sie das auch tun. Jeder schaut doch nach seinem Geldbeutel. Sehen Sie, wir sind eine kleine Firma, die sich gegen Autoriesen wie VW oder Mercedes durchsetzen muss. Da müssen wir uns schon etwas Aufregendes einfallen lassen. Eine völlig verrückte Magda Furiosa oder eine Nathalie."

Nur zwei Monate später, bei einem Gegenbesuch der Sächsischen Staatskanzlei in Ingolstadt, wird mir signalisiert, dass der Freistaat eine Ansiedlung unserer Produktion in Sachsen unter den bereits besprochenen Bedingungen für möglich hält. Nun, die Verhandlungen sind in der folgenden Zeit im Sande verlaufen, wofür man weder dem Staatssekretär noch dem Freistaat Sachsen einen Vorwurf machen kann. Das Politikgeschäft dreht sich Tag für Tag weiter, andere Themen fordern Aufmerksamkeit. Es sind Sondierungen, von beiden Seiten. Gespräche dieser Art gehören seit einigen Monaten zu meinen wichtigsten Tätigkeiten. Mitunter ist es nicht einfach zu akzeptieren, dass von hundert solcher Treffen nur eines zu einem erfolgreichen Abschluss führt.

Eines der größten Probleme, mit dem der Standort Deutschland derzeit zu kämpfen hat, ist die überbordende Bürokratie. Unternehmergeist und innovative Ideen scheitern nicht selten an einem bürokratischen Parcours, dessen Bewältigung oft Monate dauert oder gar scheitert. Wir arbeiten in einem gemeinsamen Projekt mit der Technischen Hochschule Ingolstadt zusammen. Allein für dieses brauchten wir ein halbes Jahr, um all die Formulare und Nachweise zu erbringen, die dazu erforderlich sind. Natürlich steht die Hochschule vor dem gleichen Problem. Wenn Deutschland nicht den Anschluss an die internationale Entwicklung verlieren will, wird es unabdingbar sein, diese Hürden spürbar zu vereinfachen. Um beispielsweise ein neues Windrad zu genehmigen, braucht es offiziell etwa acht Jahre. Böse Zungen könnten diesbezüglich zu dem Schluss kommen, dass den Regierungen und Behörden die Etablierung erneuerbarer Energien nicht so wichtig sein kann.

Methanol - Rohstoff der Zukunft

— Herbst 2020

Corona zieht weiter seine Kreise. Im Sommer sah es kurzzeitig gut aus, die Fallzahlen sanken deutlich, das Leben schien sich etwas zu normalisieren. Dann der Herbst. Im Oktober, mit eintretender Kälte und regnerischem Wetter klettern die Zahlen in Deutschland auf ein neues Rekordhoch.

„Sei vorsichtig", sagt Lia, bevor ich zu einem Termin mit einem Investor in die Schweiz aufbreche.

Ich treffe mich mit Joe Cassidy, dem Gründer von PROMAN, einem der größten Methanolhersteller weltweit, in Wollerau bei Zürich. In Hinwil, der größten Teststrecke der Schweiz, präsentieren wir unseren Sportwagen. Cassidy zeigt sich sowohl von dem Antriebssystem als auch vom Fahrerlebnis begeistert.

„Können Sie mir dieses Auto auch in einem ganz bestimmten Grün liefern?", fragt er.

„Die Farbe dürfte kein Problem sein", entgegne ich lächelnd. Handschlag, der Deal steht, dreihunderttausend Euro Anzahlung werde er gleich in den nächsten Tagen anweisen, den Rest nach Lieferung.

Die Chemie zwischen Joe Cassidy und mir stimmt. Wir reden lange. Über die Zukunft, über praktikable Lösungen und Weiterentwicklungen in der nachhaltigen Herstellung von Methanol.

Dies ist eine wichtige Frage. Natürlich kann man das zur Methanolgewinnung nötige CO_2 auch der gewöhnlichen Luft entziehen. Doch warum, wenn es an anderer Stelle bereits Unmengen von CO_2 als Abfallprodukt verschiedener Industrien gibt und obendrein die CO_2-Gewinnung aus der Luft ziemlich teuer ist?

Weltweit gibt es bereits Werke, die viele Millionen Liter Methanol aus dem CO_2 herstellen, das sich in den Schornsteinen der Stahl- und Zementwerke ansammelt. Um Stahl herzustellen, ist Koks als komprimierte Kohle unabdingbar. Erst der Kohlenstoff macht das weiche Eisen zu hartem Stahl. Auf Stahl wiederum wird die Weltwirtschaft auf lange Zeit nicht verzichten können, und so wird es auch notgedrungen Kohleabbau geben müssen.

Bei der Härtung des Stahls entsteht nun als Reaktionsprodukt CO_2. Vor Jahren noch wurde dieses durch die Schornsteine einfach in die Luft geblasen, was der CO_2-Bilanz nicht gerade zuträglich war. Man kam dann allerdings auf die Idee, genau dieses Kohlendioxid aufzufangen, um aus ihm unter anderem Methanol herzustellen. Zu dieser Herstellung braucht man neben Kohlendioxid auch Wasser, das durch Elektrolyse in Wasserstoff und Sauerstoff aufgespalten wird. Der Wasserstoff verbindet sich mit dem Kohlendioxid zu Methanol und übrig bleibt lediglich Sauerstoff. Auch dieser wird aufgefangen, um aus ihm wiederum medizinische Produkte herzustellen. Das ist nachhaltige Produktion.

Die Kohlendioxid-Gewinnung aus der Luft ist gegenwärtig noch zu teuer. Man müsste die Luft aufwendig komprimieren, was zu viel Energie erfordert, um dann die extrem geringen Mengen an Kohlendioxid daraus zu extrahieren. Weder aus finanzieller noch aus energetischer Sicht lohnt sich das beim aktuellen Stand der Technik. Auf die Kohle zur Stahl- und Zementherstellung können wir derzeit sowieso nicht verzichten, also ist die Nutzung des dabei entstehenden Kohlendioxids die im Moment beste Lösung.

Ich bin dennoch der Meinung, dass in dieser Hinsicht weiter geforscht werden muss. Erfahrungsgemäß sind technologische Entwicklungen zumeist überraschend und stellen plötzlich Lösungen bereit, die man vorher noch für unmöglich hielt. Man denke an Mercedes, die vor zwanzig Jahren die Forschung am Methanolantrieb aufgaben, weil die Reformer so riesig waren, dass man einen Anhänger brauchte. Hätten sie weitergeforscht, gäbe es heute statt der Nathalie vermutlich eine ganze Flotte an methanolbetriebenen Mercedestypen, und sie wären sehr wahrscheinlich darin Weltmarktführer. Mercedes behauptete damals, die Brennstoffzellentechnologie für Methanol sei nicht nur zu aufwendig, sondern auch zu teuer, was sie mit dem für die Membran nötigen Platin begründeten, das pro Brennstoffzelle immerhin zweihundert Euro kosten würde. Bei Blue World Technologies benutzen wir mittlerweile Graphit, das wir zu extrem feinen Staub zerbröseln und dann mit wenigen Platinatomen vermischen. Das ist ungefähr die Menge an Platin, die auch in einem Katalysator für einen herkömmlichen Verbrennermotor verbaut wird. Die Kosten betragen heute nur noch wenige Euro pro Brennstoffzelle, ein deutlicher Fortschritt. Ich bin mir sicher, dass die Zukunft weitere Technologien an den Tag bringen wird, die sowohl die Kosten weiter senken als auch umweltverträglicher sein und den generellen Wirkungsgrad weiter erhöhen werden.

Die kleine Reise in die Schweiz ist also in jeder Hinsicht ein Erfolg. Joe Cassidy erwirbt nicht nur eine Nathalie, sondern sagt obendrein zu, mit mehreren Millionen in die Gumpert Automobile zu investieren. Ein logischer Schritt, denn Fahrzeuge mit unserem Antriebsystem erhöhen den Bedarf an Methanol und natürlich wäre unser bevorzugter Methanolhersteller PROMAN.

Die düsteren Wolken am Horizont scheinen sich langsam auszulösen. Hoffnung.

Im hohen Norden – mit der Nathalie auf Pellworm

Auf der Rückfahrt ruft mich Lia an. Sie und die Mädchen haben sich mit Corona angesteckt. Lia besteht darauf, die Quarantäne strikt einzuhalten.

„Roland“, sagt sie, „das Risiko, dass es dich richtig erwischt, ist einfach zu hoch. Erst wenn wir alle ganz sicher wieder gesund sind und dich nicht anstecken können, ziehst du wieder ein.“

Der Gedanke, sie und meine Töchter für eine noch unbestimmte Zeit nicht sehen zu können, macht mich traurig. In unserer Familie sind Kuscheln und Küsschen gang und gebe, was nicht zuletzt auf das italienische Temperament von Lia und den Mädchen zurückzuführen ist, und nichts heilt ein Kind effektiver als die Liebe der Eltern. Dass die kleine Lucrezia wie eine Aussätzige das Haus nicht verlassen und ich sie nicht trösten darf, will mir das Herz zerreißen.

Für einige Wochen also wird der Keller zu meinem Refugium. Er verfügt über einen separaten Eingang, und so klebe ich sogar die Tür vom Keller zum Wohnbereich mit Folien ab. Keine Maus und keine Katze kommen durch. Tagsüber fahre ich ins Büro, treffe mich mit Investoren, berate mich mit Anwälten, business as usual, anschließend kaufe ich für die Familie ein. Nach kurzer Zeit geht es den Mädchen und nach einigen Wochen auch Lia wieder besser. Auch dies ist durchgestanden.

Während meiner Quarantäne erhalte ich eine E-Mail vom Fernsehsender VOX, der mit mir vor kurzem auf der Nordseeinsel Pellworm einen Beitrag über die Nathalie und den Methanolantrieb gedreht hat. Ich lenke mich von meinen Sorgen ab und schaue mir den Film an. Etwa eine Viertelstunde eindrucksvolle Bilder der Nordsee und der Insel, auf der Autos eigentlich verboten sind. Wir haben die Genehmigung erhalten, sowohl mit der emissionsfreien Nathalie über die Insel zu fahren als auch zu drehen.

Zwei Wochen vor dem Dreh. Nachts um drei klingelt der Wecker. Wir verbauen neue Brennstoffzellen, und bevor sie sicher einsatzfähig sind, müssen wir sie in sechs Durchgängen à sechs

Stunden laufen lassen. Schlaftrunken steige ich ins Auto, fahre in die Manufaktur. Alles prüfen, neuen Durchgang starten, wieder ins Auto und zurück nach Hause. Lia schläft noch, die Mädchen auch.

Wir möchten die Nathalie mit der neuen, verbesserten Brennstoffzelle vorstellen.

Seit einiger Zeit, und in Absprache mit Aiways, haben wir entschieden, uns mit technischen Einzelheiten zu der Gumpert Power Cell nicht mehr zurückzuhalten. Die Wasserstofftechnologie wird in der Bundesrepublik gefördert, und die von uns modifizierte Brennstoffzelle ist eine reine Wasserstoff-Brennstoffzelle. Aus Rücksicht auf Aiways und um die Markteinführung von deren U5 nicht unnötig mit der Vorstellung eines alternativen Antriebs zu gefährden, schwiegen wir bislang darüber. Der U5 ist derzeit noch ein reines Elektroauto, in das erst künftig in einer neuen Baureihe die Gumpert Power Cell verbaut werden soll. Die Lage hat sich jedoch geändert, seitdem wir die Trennung von Aiways und Gumpert Aiways Automobile beschlossen haben. Für Zurückhaltung gibt es keinen Grund mehr. Auf Pellworm werden wir den Antrieb durch den Fernsehbeitrag der Öffentlichkeit transparent vorstellen.

Nun, einige Zeit später, schaue ich mir den fertigen Film auf dem Rechner in meinem Büro an. Der Beitrag konzentriert sich auf den Umweltaspekt und die Notwendigkeit, emissionsfreie Antriebe zu entwickeln. In knappen Sätzen stellen wir unser Prinzip und die Gumpert Power Cell vor, zeigen das Auto, ich werde interviewt. Ein gelungener Film, Bilder und Inhalte sind gut verdichtet und leicht verständlich.

Gemessen an den gegenwärtigen Bedingungen habe ich allen Grund, zuversichtlich zu sein. Investoren zeigen deutliches Interesse, unter anderem bietet uns Sachsen gute Konditionen für eine mögliche Produktion an, es gibt großartige Dokumentationen im Fernsehen und in anderen Medien. Der Blick der Öffentlichkeit richtet sich langsam aber unaufhaltsam auf Methanol als Rohstoff der Zukunft.

Ein Blick in die neue Zeit

— Dezember 2020

Eine alte chinesische Weisheit sagt, Zeiten des Umbruchs sind besonders günstig für große Unternehmungen. Das Alte zerbricht, es kommt Bewegung in die Dinge, das Neue will noch geformt werden. Offensichtlich beherzigt auch die chinesische Staatsregierung diese Weisheit. Sie gewährt Aiways, dessen Produktion seit Monaten stillsteht, einen Kredit von einer Milliarde Renminbi (etwa 130 Millionen Euro). Der Preis wird, so vermute ich, darin bestehen, dass sich die Regierung Mitspracherechte in den Konzernentscheidungen einräumt. Nahezu der gesamte Vorstand wird ausgewechselt, Fu Quiang verliert seinen Posten als CEO, wird aber Vertriebschef.

Damit haben sich die Voraussetzungen für unsere Trennungsverhandlungen auf unvorhergesehene Weise verändert – und wir verhandeln hart.

Ich verweise auf das deutsche Insolvenzrecht, dem ich mich mit meiner Manufaktur zu beugen habe. Sollte die Gumpert Aiways Automobile in Konkurs gehen, argumentiere ich, fielen in die Konkursmasse auch die Aktien an Blue World Technologies, die unsere neuen Brennstoffzellen herstellen. Immerhin hätte Aiways über uns Zugriff auf die Gumpert Power Cell. Mir ist klar, dass die Zentralregierung nach ihrem üppigen Rettungskredit Aiways nicht untergehen lassen wird. Doch die Ausrüstung des U5 mit den Brennstoffzellen könnte sehr teuer werden, wenn Aiways jede Verbindung zu Blue World Technologies verliert.

Man überlegt, man telefoniert. E-Mails fliegen hin und her. Aiways beauftragt Deloitte, eines der größten Wirtschaftsprüfungsunternehmen weltweit, und die Wirtschaftsanwaltskanzlei CMS, die Gumpert Aiways Automobile auf Herz und Nieren zu prüfen. Buchungen, Rechnungen, Lieferscheine, die komplette Buchhaltung.

Die Optionen sind allesamt nicht schlecht. Trennt sich etwa Aiways von der Gumpert Aiways Automobile, bekämen wir deren Anteile zurück, und im Gegenzug würden wir Aiways Anteile an Blue World Tech überlassen. Wir selbst könnten als nunmehr deutsches Unternehmen auf Förderprogramme der Bundesländer, des Bundes und der EU zurückgreifen und auch mithilfe der privaten Investoren die Serienproduktion wieder aufnehmen. Andernfalls bliebe das Joint Venture bestehen; Aiways, dank des Kredits der Zentralregierung wieder liquid, könnte seine Rechnungen an uns bezahlen, und unsere Produktion könnte ebenfalls anlaufen.

Beide Optionen bieten Chancen für die Zukunft, der weitere Verlauf der Ereignisse ist offen. Das Risiko eines Scheiterns all dieser Bemühungen besteht natürlich ebenso. Doch an Risikobereitschaft mangelte es mir glücklicherweise nie. Über die letzten Monate stand der Fortbestand der Gumpert Aiways Automobile und damit die Produktion der Nathalie und die der künftigen Fahrzeuge auf der Kippe. Corona hat die Ordnung unserer Pläne ordentlich durcheinandergebracht. Und ja, man hätte aufgeben können. Doch ich kann mich beim besten Willen nicht als einen Pensionär sehen, der den lieben langen Tag auf dem Sofa sitzt und Fernsehen schaut oder im Garten Rosen schneidet. Ganz abgesehen davon, dass Lia davon sicher nicht begeistert wäre. Ich habe eine Vision, und dieser folge ich, solange es mir möglich ist. Es gibt für alles eine Lösung – diesem Credo folgte ich mein Leben lang, und die Ereignisse geben mir recht.

Natürlich ist eine gewisse Bereitschaft zum Risiko eine Grundvoraussetzung für eine solche Einstellung. Als wir den ersten Prototypen der Nathalie auf dem Nürburgring vorstellten, hielten mich alle für verrückt. Tatsächlich hatten wir nur einen Tag zuvor die Nathalie zum ersten Mal auf einem Parkplatz getestet. Die Zeit war knapp gewesen, aber wir hatten Presse eingeladen, eine Rennfahrerin engagiert, und das Risiko, dass es zu einer Blamage kommen würde, lag durchaus bei etwa sechzig Prozent. Eigentlich sind technische Probleme bei Prototypen nichts Ungewöhnliches, doch in diesem Fall waren Kameras auf uns gerichtet, eine Delegation von Aiways war vor Ort, die Öffentlichkeit schaute zu. Doch wir schafften es. Reibungslos fuhr die Nathalie ihre Runden, und die Vorstellung wurde zu einem vollen Erfolg.

Risiken sollte man abwägen. Sie müssen sich lohnen, und das heißt, dass die möglichen Ergebnisse eines Erfolgs diejenigen des Scheiterns überwiegen sollten. Jede neue Technologie, jede Innovation – auch in sozialen und politische Belangen – birgt ein gewisses Maß an Risiko. Geht man dieses nicht ein, erhöht sich die Wahrscheinlichkeit des Scheiterns auf hundert Prozent, da man ja noch nicht einmal den Versuch unternimmt. Innovationen und deren Erfolge sind ohne Risiken nicht denkbar.

In wirtschaftlicher, sozialer und technologischer Hinsicht befindet sich die Welt seit einiger Zeit in einem atemberaubenden

Wandel. Corona hat diese Zeit des ohnehin schon stattfindenden Umbruchs in ein globales Experimentallabor verwandelt. Ich verstehe, dass sich viele Menschen vor großen und vor allem unsicheren Veränderungen scheuen. Doch was bleibt uns anderes übrig, als auf neue Herausforderungen mit ebenso neuen Innovationen zu antworten? Und für diese ist eine gewisse Risikobereitschaft unabdingbar.

Das betrifft massive Herausforderungen, etwa die Zerstörung unseres natürlichen Lebensraums durch Raubbau von Ressourcen, die Verschmutzung der Luft durch Emissionen, die damit einhergehenden klimatischen Veränderungen und vieles mehr. Die Pandemie wird irgendwann vorbei, zumindest aber beherrschbar sein. Doch ich denke an die Zeit danach, in der all diese langfristigeren Probleme mit aller Macht wieder ins Bewusstsein der Menschen treten werden.

Zu wirklich brauchbaren Innovationen werden wir nur kommen, wenn wir uns die gegenwärtige Problemlage nüchtern anschauen und uns nicht gegenseitig belügen. Denn das geschieht derzeit in großem Stil. Sagen wir, die Lüge ist den herkömmlichen Marketingstrategien inhärent. Die Elektroautolobby behauptet seit Jahren, E-Autos seien sauber. Das ist zwar eine verständliche Marketingbehauptung, aber es ist eben auch eine Lüge. Die meisten der heutigen politischen Kräfte greifen diese unwahre Behauptung auf und werben kräftig mit. Folgen wir aber dieser Lüge, ersetzen wir nur ein Problem durch ein anderes. Die Kunden vertrauen diesen falschen Behauptungen, kaufen die vermeintlich umweltneutralen E-Autos und glauben, damit das Problem gelöst zu haben.

Nein, E-Autos sind nicht sauber und zumindest im Moment auch nicht sonderlich umweltverträglich, wenn wir nicht nur die konkreten Emissionen während des Fahrens berücksichtigen, sondern das systemische Ganze, angefangen von der Produktion der Batterien, den Materialien – vor allem seltene Erden, die für diese verbaut werden und deren Abbaubedingungen – über die Quellen des Stroms, der zum Laden benutzt wird, bis hin zur Entsorgung des Schrotts. Vergessen wir nicht: China ist das an seltenen Erden reichste Land und hat natürlich schon allein deshalb ein wirtschaftliches Interesse daran, E-Autos auch global zu fördern, um für sich selbst Absatzmärkte zu erschließen, sei es für chinesische E-Autos oder den Export der dort abgebauten seltenen Erden.

Und dennoch bin ich davon überzeugt, dass E-Autos die Zukunft der Automobilität darstellen. Voraussetzung dafür ist aber, dass vehement weiter an deren Entwicklung und Konstruktion geforscht wird, dass diese Forschung transparent geschieht, also die realen Probleme nicht verschwiegen werden, und letztlich dass wir das gegenwärtige E-Auto als eine Übergangslösung betrachten, bis wir bessere und verträglichere Technologien entwickelt haben. Denn die Technologie der E-Autos bietet einige bisher ungenutzte Chancen und Möglichkeiten, von denen wir mit der Gumpert Aiways Automobile bereits drei umsetzen konnten: Wir nutzen Treibstoff, der nicht aus fossilen Rohstoffen stammt, wir fahren emissionsfrei, und wir sind unabhängig vom öffentlichen Stromnetz.

Die Forschung aber wird auch unabhängig von uns weitergehen, und ich bin fest davon überzeugt, dass die weitere Entwicklung – wie schon immer in der Geschichte der technologischen Innovationen – überraschende Lösungen hervorbringen wird. Die Bedingungen dafür bestehen allerdings darin, die Probleme ohne weitere Schönfärberei öffentlich zu kommunizieren und diese auch den Kunden transparent zu machen, damit sie vernünftige Kaufentscheidungen treffen können.

Noch immer steht Deutschland im Ruf, hervorragende Technologien zu entwickeln. Ein historisch bedingter Vorschusslorbeer, den es künftig allerdings zu verteidigen gilt, indem wir auf das zurückgreifen, was wir haben: Forschergeist, Innovationskraft und den Mut, Neues auszuprobieren. Manchmal muss man das Verrückte wagen. Ich selbst hätte noch vor wenigen Jahren nicht im Traum daran gedacht, emissionsfreie Elektroautos auf Wasserstoffbasis zu entwickeln. Meine Meinung stand fest: E-Autos sind keine Lösung. Doch die Forschung im technologischen Sektor spielt nach ähnlichen Regeln wie die der anderen Wissenschaften: Neue Entwicklungen erfordern bisweilen ein Umdenken. Dass der reine Verbrennungsmotor durch seine Emissionen und seinen massenhaften Gebrauch unsere Zukunft gefährden würde, stand auch für mich außer Frage. Doch welche Alternativen gibt es?

Nach meiner anfänglichen Skepsis erkundete ich die Möglichkeiten der Elektromobilität und fokussierte dabei weniger die bisher vorhandenen Technologien, sondern vielmehr ihre offensichtlichen Schwachstellen. Die neue Aufgabe bestand also nicht darin, einen weiteren Elektrowagen zu konstruieren, sondern vielmehr einen, der bereits einige der schwerwiegenderen Probleme des E-Mobilität aus der Welt schaffen konnte.

Die Aufgabe der Politik muss sein, die Innovationskraft der Ingenieure, die bereits an Lösungen tüfteln, zu unterstützen und zu fördern, statt ihnen mit undurchdachten Regulierungen Steine in den Weg zu legen. Die Aufgabe der Medien wäre es, die Allgemeinheit nicht nur über die Probleme auf dem Laufenden zu halten, sondern vermehrt auch über positive Trends aus dem

Bereich Vorentwicklung zu berichten. Ich glaube, dass die Menschen sowohl von der Politik als auch von den Medien in ihrer Vernunft unterschätzt werden. Wenn man mit falschen oder verzerrten Informationen konfrontiert wird, ist es natürlich nicht leicht, eine vernünftige und vor allem optimistische Haltung zu entwickeln.

Vor einigen Jahrzehnten hätte ich noch gesagt: Deutschland mit seiner langen und erfolgreichen Tradition in Ingenieurskunst kann bezüglich der Umwelt- und Klimaprobleme das Steuer herumreißen, wenn wir uns auf unsere Stärken besinnen. Heute allerdings, unter den völlig veränderten Bedingungen, sage ich: Es wird nicht möglich sein, dass irgendein Land im Alleingang die global gewordenen Probleme lösen kann. Aber es werden die weltweit arbeitenden Ingenieure sein, die Visionäre, die sich ihren Enthusiasmus nicht abkaufen lassen, und die Wissenschaftler, die sich über Ländergrenzen hinweg austauschen und die den systemischen Charakter von vernetzten Problemen verstehen, die jetzt gefragt sind.

Es braucht sicher Länder, die eine Vorreiterrolle einnehmen, und diese werden notgedrungen die reichen Nationen sein. Zu denen gehört, neben China, den USA und einigen europäischen Ländern, auch Deutschland. Wer die globalen Effekte heutiger Technologien, Wirtschaften und sozialer Entwicklungen verstanden hat, wird sich nicht mit lokalen Lösungen zufriedengeben können, da sich diese im größeren Zusammenhang als nutzlos erweisen.

EPILOG

Testfahrt mit einem Methanol-Lkw

— Februar 2022, Ingolstadt, Graz

Jede technologische Innovation muss ihre Tauglichkeit in der Praxis beweisen. Bei Audi führten wir die Sommer- und Wintererprobungsfahrten unter extremen Bedingungen durch. Wenn im skandinavischen Winter ein Motor nicht nach wenigen Sekunden ansprang, galt der entsprechende Prototyp bereits als durchgefallen. Mit den Sportwagen aus meiner eigenen Manufaktur hielt ich es genauso. Vom Apollo bis zur methanolbetriebenen Nathalie mussten die Autos auf Rennstrecken und strengen Versuchsfahrten etwa neben dem reibungslosen Funktionieren der Technik auch ihre Fahrersicherheit unter Beweis stellen.

Die Nathalie konnte der Welt zeigen, dass unser Antriebssystem auf Methanolbasis eine effizientere Alternative zu Verbrennern und herkömmlichen E-Autos sein kann. Das eigentliche Ziel aber ist es, Nutzfahrzeuge jeder Art mit dieser umweltfreundlichen Technologie auszurüsten.

Auf dem Hof vor unserer Manufaktur steht ein Lieferwagen der Firma MAN mit dreieinhalb Tonnen Gewicht. Der österreichische Unternehmer Max Sommerer hatte uns seinen neu gekauften E-Transporter mit der Bitte um Umrüstung auf Methanol zur Verfügung gestellt. Vier Brennstoffzellen mit einer Leistung von insgesamt 15 kWh erzeugen nun während der Fahrt Strom und laden damit die vom Hersteller eingebaute Batterie mit einer Gesamtleistung von 36 kWh kontinuierlich während des Fahrens auf.

Genau fünfhundertundein Kilometer beträgt die Strecke, die wir – vom Bayerischen Rundfunk begleitet – von Ingolstadt nach Graz zurücklegen werden. Auf der Rückfahrt wird sich unser umgerüsteter Transporter dem unmittelbaren Vergleich mit einem baugleichen Auto, allerdings mit herkömmlicher E-Technologie, stellen.

Am späten Mittag, um dreizehn Uhr dreißig, fahren wir los. Das Auto ist mit grünem Methanol betankt, die Batterie ist voll. Ich bin voller Zuversicht. Stehenbleiben können wir nicht, auch wenn die Batterie wider Erwarten leer sein sollte, denn die Brennstoffzelle erzeugt permanent eine hinreichende Menge an Elektrizität.

Hundertdreißig Kilometer Reichweite soll nach Herstellerangaben der ursprüngliche Transporter schaffen. Wir fahren an den Tankstellen vorbei, wir müssen nicht nachladen. Auf der Pyhrntalautobahn wird es bergig, eine Herausforderung für E-Fahrzeuge, die bei Steigungen mehr Strom verbrauchen. Für uns kein Problem, unsere Pufferbatterie gleicht die Verbrauchsschwankungen spielend aus. Am Abend, gegen zwanzig Uhr, erreichen wir den Zielort, das Arnold-Schwarzenegger-Museum in Thal, einem kleinen Ort bei Graz. Unsere österreichischen Freunde erwarten uns schon.

„Und?“, fragt man gespannt, „Gab es Probleme?“

„Nein, hat alles super funktioniert. Wir mussten nicht einmal laden. Und das alles ganz klimaneutral.“

Der eigentliche Test aber steht uns noch bevor. Werden wir auf der Rückfahrt die Überlegenheit des Methanolantriebs gegenüber dem herkömmlichen E-Transporter behaupten können? Jakob Sommerer, der Sohn des Unternehmers, der auch beruflich an Elektromotoren arbeitet, wird ihn gemeinsam mit seinem Vater fahren. Lange vor den vom Hersteller versprochenen hundertdreißig Kilometern neigt sich bei ihnen der Batteriestand bedenklich gegen null. Zwischenstopp an einer Ladestation. Leider lädt diese nur langsam. Um einen Akkustand von achtzig Prozent zu erreichen, müssten die Sommerers vier Stunden Pause machen. Sie laden nur eine halbe Stunde, gerade so viel, um die nächste Ladestation erreichen zu können, bei der es hoffentlich schneller geht. Doch dort sind die beiden Ladestationen bereits belegt. Die beiden müssen warten, eine halbe Stunde. Es gibt Probleme mit der Ladekarte, die nach einer weiteren halben Stunde an der Tankstelle gelöst werden können. An den drei folgenden Ladestationen gibt es ähnliche Probleme. Das Laden selbst kostet etwa die gleiche Zeit wie das Warten auf einen freien Platz und das Lösen der unerwarteten Kartenprobleme. Damit die Sommerers es noch vor Einbruch der Nacht in ihren Heimatort zwischen Salzburg und Wien schaffen können, brechen wir die gemeinsame Fahrt nach dreihundertsechzig Kilometern ab.

Tatsächlich werden die beiden auf ihrer Heimfahrt noch dreimal laden müssen, während ich mit meinem Methanoltransporter völlig problemlos und ohne Pause weiter nach Ingolstadt fahre. Zu Hause angekommen zeigt Sommerers Tachostand exakt fünfhundertfünf Kilometer an, und für diese brauchten die beiden sage und schreibe vierzehn Stunden und acht Ladestopps. Mit dem methanolbetriebenen Transporter fuhren wir am Vortag die fünfhunderteins Kilometer von Ingolstadt nach Graz ohne Ladestopp und in der Hälfte der Zeit.

Aus unserer Perspektive ist die Testfahrt ein voller Erfolg. Gleichermaßen aber bin ich fassungslos angesichts der Probleme des E-Transporters. Die Reichweite von hundertdreißig Kilometern erwies sich als illusorisch, das Ladestationennetz als ungenügend. Zudem ist es nicht ratsam, die Batterie voll auszureizen, wenn man nicht im Nirgendwo auf der Autobahn mit leerem Akku liegenbleiben will.

Wir ziehen Resümee. Der Methanolantrieb schafft eine hohe Reichweite, die – vor allem, wenn man künftige Weiterentwicklungen dieser Technologie berücksichtigt – denen der Verbrennermotoren in nichts nachsteht. Wir vergeuden keine Zeit durch häufiges und oft problematisches Nachladen. Und wir sind, grünes Methanol vorausgesetzt, klimaneutral und umweltfreundlich. Dagegen erweisen sich die auf das Stromnetz angewiesenen E-Lkws als unwirtschaftlich. Die langen und häufigen Ladezeiten senken die Durchschnittsgeschwindigkeit drastisch, und das mangelnde Infrastrukturnetz macht E-Lkw-Fahrten zu einem unkalkulierbaren Abenteuer.

Es ist ein mühsamer Weg, die Öffentlichkeit und die Politik von der Überlegenheit der Methanol-Brennstoffzelle zu überzeugen. Dabei scheint es in der Bevölkerung ein starkes Interesse an alternativen Antriebssystemen zu geben. Ein Beitrag des Bayerischen Rundfunks über unsere Manufaktur und den Methanolantrieb konnte auf Youtube fast fünf Millionen Aufrufe und knapp hunderttausend Likes verbuchen. Die sechzehntausend Kommentare darunter zeigen eindrücklich die Bereitschaft zu einer öffentlichen Debatte über dieses Thema, auch wenn die politischen Vorgaben von vielen Herstellern als „alternativlos" gehandhabt werden.

Natürlich wird die E-Mobilität die Zukunft des Verkehrs bestimmen, wenn wir fossile Rohstoffe vermeiden wollen. Doch ebenso wird es notwendig sein, Weiterentwicklungen dieser Technologie ergebnisoffen und ohne Scheuklappen zu erforschen. Vielleicht wird Methanol künftig durch einen noch effizienteren Treibstoff abgelöst werden, wer weiß? Viele Techniker und Ingenieure überall auf der Welt arbeiten derzeit an neuen technologischen Möglichkeiten. Es ist nicht Aufgabe der Politik, diese Innovationen durch rigide Vorgaben zu blockieren. Vielmehr sollte sie neue Ansätze in Forschung und Wissenschaft unbürokratisch und effektiv unterstützen. Glücklicherweise konnten wir diesbezüglich auch ermutigende Erfahrungen machen. Es war beispielsweise jener Beitrag des Bayerischen Rundfunks, durch den der bayerische Wirtschaftsminister Hubert Aiwanger auf unsere Manufaktur aufmerksam wurde und das Projekt der Umrüstung des Transporters auf Methanol mit einer Förderung des Staatsministeriums ermöglichte – ein Engagement des Ministers, das ich sehr zu schätzen weiß.

Unsere Testfahrt mit dem Lkw nach Graz ist mehr als nur ermutigend. Sie zeigt, dass Beharrlichkeit und die Bereitschaft, sich für vielversprechende Innovationen einzusetzen, auch nach dornigen Wegen zum Erfolg führen können.

Lia sieht mich am Rechner sitzen und lächelt. In unserer Manufaktur herrscht längst wieder reger Betrieb, sie ist auferstanden wie Phönix aus der dunklen Zeit voller Befürchtungen.

Es geht weiter. Immer. Nicht aufgeben.

Sie sehen schon, dieses Buch wird ein offenes Ende haben.

„Wann willst du aufhören?“, fragt mich Lia.

„Jetzt“, antworte ich.

Die Zukunft ist nicht vorherbestimmt, sie ist abhängig von vielen Faktoren. Einige geschehen plötzlich und unerwartet, andere können wir mit einer gewissen Wahrscheinlichkeit prognostizieren, und auf diese sollten wir beizeiten reagieren. Nein, die Zukunft ist nicht vorherbestimmt, sie ist wie ein Nebel, der mit jedem Schritt, den wir unternehmen, zurückweicht. Also, achten wir auf unsere Schritte, auf unsere Entscheidungen und Handlungen. Setzen wir Prioritäten dort, wo sie angezeigt sind. Es werden neue Probleme auftauchen, dies gehört zu unserer menschlichen Existenz. Und wir werden auch für diese wiederum Lösungen finden, wenn wir uns unsere kindliche Natur und den spielerischen Forschergeist bewahren.

Ich werde weiterarbeiten. Diese Welt, in der meine Kinder leben werden, ist es mir wert.

Ich bin noch nicht fertig.

PERSONENREGISTER